工业和信息化精品系列教材
网络技术

Network Technology

电子活页微课版

Linux 操作系统
基础与应用
（CentOS Stream 9）

张宏甫 李永锋 刘娜 ◉ 主编
韦炎希 朱利军 ◉ 副主编

人 民 邮 电 出 版 社
北 京

图书在版编目（CIP）数据

Linux操作系统基础与应用 : CentOS Stream 9 : 电子活页微课版 / 张宏甫，李永锋，刘娜主编. -- 北京 : 人民邮电出版社，2024.4
工业和信息化精品系列教材. 网络技术
ISBN 978-7-115-63765-9

Ⅰ. ①L… Ⅱ. ①张… ②李… ③刘… Ⅲ. ①Linux操作系统—教材 Ⅳ. ①TP316.85

中国国家版本馆CIP数据核字(2024)第036845号

内容提要

本书以 CentOS Stream 9 为平台介绍 Linux 操作系统基础与应用，共 11 个项目，内容包括安装 Linux 操作系统、使用 Linux 命令、管理文件与目录、管理文本文件、配置网络功能、管理软件包与进程、管理用户和用户组、管理文件和目录的权限与所有者、管理文件系统与磁盘、入门 Shell 自动化运维，以及使用 LNMP 架构部署网站。

本书内容丰富、系统、全面，可以作为高校计算机网络技术、云计算技术应用等专业相关课程的教材，也可以作为 Linux 操作系统初学者和爱好者的参考书。

◆ 主　　编　张宏甫　李永锋　刘　娜
副 主 编　韦炎希　朱利军
责任编辑　顾梦宇
责任印制　王　郁　焦志炜

◆ 人民邮电出版社出版发行　　北京市丰台区成寿寺路 11 号
邮编　100164　　电子邮件　315@ptpress.com.cn
网址　https://www.ptpress.com.cn
北京市艺辉印刷有限公司印刷

◆ 开本：787×1092　1/16
印张：16.25　　2024 年 4 月第 1 版
字数：434 千字　　2024 年 4 月北京第 1 次印刷

定价：59.80 元

读者服务热线：(010)81055256　印装质量热线：(010)81055316
反盗版热线：(010)81055315
广告经营许可证：京东市监广登字 20170147 号

前言 FOREWORD

在现如今这个快速发展的科技时代，Linux 操作系统作为一种开源操作系统，被广泛应用于服务器、嵌入式系统、云计算等领域。对计算机专业的学生和相关行业的从业者而言，熟练掌握 Linux 操作系统的使用方法和管理技巧具有重要意义。

本书旨在帮助读者轻松入门 Linux 操作系统，并通过丰富的学习资源和系统的实践项目提升其理论与技能水平。本书融入工匠精神和职业精神，以项目化结构组织内容，以任务驱动形式组织教学，是一本“课证融通”的新形态教材。本书的主要特色列举如下。

（1）在编写思路上，本书遵循应用型技术人员的学习规律，重视知识传授、技能积累和职业素质培养，对职业标准、岗位需求、专业知识、岗位素养进行有机整合，使各个知识点衔接紧密。

（2）在目标设计上，本书以企业工作实际需求为向导，以培养学生熟练使用 Linux 操作系统的能力、基于 Linux 操作系统部署应用和调试运维的能力及岗位创新能力为目标，结构层层递进，讲解深入浅出。

（3）在内容选取上，本书以 1+X 证书等级标准为编写依据，结合生产环境实况，坚持先进性、科学性、实用性，尽可能选用新的且应用广泛的技术进行讲解。

（4）在表现形式上，本书采用学习目标、项目情景、分解任务、拓展知识、项目实训和项目小结六段式教学法，帮助读者巩固并深化所学的知识点，为后续深入学习打下坚实的基础。

本书作为教学用书的参考学时为 48～72 学时，建议采用理论与实践一体化教学模式，各项目的参考学时见学时分配表。

学时分配表

项目和课程内容	学时
项目 1　安装 Linux 操作系统	2～4
项目 2　使用 Linux 命令	4～6
项目 3　管理文件与目录	4～6
项目 4　管理文本文件	2～4
项目 5　配置网络功能	4～6
项目 6　管理软件包与进程	4～6
项目 7　管理用户和用户组	4～6
项目 8　管理文件和目录的权限与所有者	4～6
项目 9　管理文件系统与磁盘	4～6
项目 10　入门 Shell 自动化运维	8～11
项目 11　使用 LNMP 架构部署网站	8～11
学时总计	48～72

本书由西安航空职业技术学院的张宏甫、李永锋、刘娜任主编，韦炎希和朱利军任副主编。张宏甫编写了项目 1、项目 5、项目 10，李永锋编写了项目 2、项目 3、项目 4，韦炎希和朱利军编写了项目 6、项目 11，刘娜编写了项目 7、项目 8、项目 9。

为了方便教学，读者可以通过人邮教育社区（www.ryjiaoyu.com）下载本书配套的活页工单、PPT 课件、教学大纲等相关教学资源。

由于编者水平和经验有限，书中难免有欠妥之处，恳请读者批评指正。

编　者

2023 年 12 月

目录 CONTENTS

项目 3

项目 4

项目 5

项目 1 安装Linux操作系统

01

【学习目标】

【知识目标】

- 了解 Linux 操作系统的优点。
- 熟悉 Linux 操作系统的发行版本。
- 掌握 Linux 操作系统的安装方法。
- 掌握硬盘的分区规划。

【能力目标】

- 能通过 VMware Workstation 16 Pro 搭建系统的安装环境。
- 掌握 CentOS Stream 9 在图形界面下的安装方法及在安装过程中进行磁盘分区的方法。
- 掌握图形界面下用户的登录、注销，系统的重启、关闭等日常操作方法。

【素养目标】

- 能够严格按照网络运维工程师职业规范要求完成指定的工作。

【项目情景】

小陈大学毕业后，在某中型网络公司找到了一份工作，公司采用 CentOS Stream 9 作为公司服务器网络操作系统平台。为了尽快适应工作岗位，小陈需要尽快学习 CentOS Stream 9 的安装与使用。

任务 1-1 初识 Linux

【任务目标】

自 Linux 内核出现以来，已经形成了众多具有特色的 Linux 发行版。版本众多是 Linux 的发展优势，也是其缺点。对小陈来说，选择合适的版本来学习尤为重要。

因此，小陈制订了如下任务目标。

① 了解 Linux 的发展历程。

② 熟悉 Linux 操作系统的组成。

③ 熟悉 Linux 常见发行版及其优缺点。

微课 1.1 Linux 的发展历程

1.1.1 Linux 的发展历程

Linux 是一种免费、开源且符合可移植操作系统接口（Portable Operating System

Interface of UNIX，POSIX）标准的类 UNIX 操作系统。它的诞生、发展与 UNIX 操作系统、GNU 计划以及 MINIX 系统密不可分。

UNIX 操作系统于 1969 年在贝尔实验室被开发。20 世纪 70 年代，UNIX 操作系统逐步盛行，这期间又产生了一个比较重要的分支——大约 1977 年诞生的伯克利软件套件（Berkeley Software Distribution，BSD）系统。从 BSD 系统开始，各大厂商和公司开始根据自身的硬件架构，以 BSD 系统为基础进行 UNIX 操作系统的研发，从而产生了各种版本的 UNIX 操作系统，如 Sun 公司的 Solaris、IBM 公司的 AIX、HP 公司的 HP UNIX 等。

20 世纪 70 年代末，UNIX 面临突如其来的被 AT&T 公司回收版权的重大问题，特别是要求禁止对学生群体提供 UNIX 操作系统源码，这导致很多大学停止了对 UNIX 操作系统的研究。

UNIX 面临版权回收和代码不开源等问题，导致新的类 UNIX 操作系统的诞生及自由软件运动的产生和发展。

1984 年，理查德·斯托尔曼（Richard Stallman）创立了自由软件体系（GNU is Not UNIX，GNU），拟定了通用公共许可（General Public License，GPL）协议。GPL 协议下的自由软件都遵循以下原则：自由软件允许用户自由复制、修改和销售，但是对其源码的任何修改必须向所有用户公开。自由软件不受任何商业软件的版权制约，人们能自由使用。

GNU 的目标是开发一种兼容、类 UNIX 且是自由软件的操作系统。

20 世纪 80 年代初期，同样是由于 UNIX 操作系统版权和源码限制等问题，当时在大学里 UNIX 系统的教学束缚很大。因此，荷兰教授安德鲁·S. 塔嫩鲍姆（Andrew S. Tanenbaum）于大概 1984 年开始编写新的用于教学的 UNIX 操作系统，目标是开发尽可能与原有的 UNIX 操作系统兼容的新 UNIX 操作系统，并且可以运行于 x86 计算机平台，这个系统的名称为 MINIX。由于开发 MINIX 系统的目的只是辅助教学，因此，MINIX 操作系统的功能无法满足商用的需求，它的实际应用价值并不大。但是 MINIX 的产生对于 Linux 的诞生又是至关重要的。

芬兰赫尔辛基大学的莱纳斯·托瓦尔兹（Linus Torvalds）在大学期间接触到了学校的 UNIX 操作系统，但是当时的 UNIX 操作系统仅为一台主机，且对应多个终端窗口，使用时存在操作等待时间长等问题，无法满足他的使用需求。因此，他萌生了自己开发一个 UNIX 的想法。于是他参考 MINIX 的设计理念与源码，开始了 Linux 操作系统雏形的设计和开发。在 1991 年 10 月 5 日，莱纳斯在 Internet 上发布了一款名为 Linux 的操作系统内核。因具有较高的代码质量以及基于 GNU GPL 协议的开放源码的特性，Linux 内核受到 GNU 计划追随者的喜爱，他们对其进行不断完善，最终使其成为一种功能完备的操作系统。

微课 1.2　Linux 操作系统的组成和版本的演进

1.1.2　Linux 操作系统的组成

Linux 操作系统一般包含 4 个主要组成部分——内核、Shell、文件系统和应用程序，如图 1.1 所示。内核、Shell 和文件系统形成了基本的操作系统结构，它们使得用户可以运行程序、管理文件并有效地使用系统资源。

1. 内核

内核是操作系统的核心，利用内核可以实现软、硬件对话。内核具有很多基本功能，如虚拟内存、多任务、共享库、需求加载、可执行程序和传输控制协议/互联网协议（Transmission Control Protocol/Internet Protocol，TCP/IP）网络等。内核决定了操作系统的性能和稳定性。Linux 内核分为以下几个部分：存储管理、中央处理器（Central Processing Unit，CPU）和进

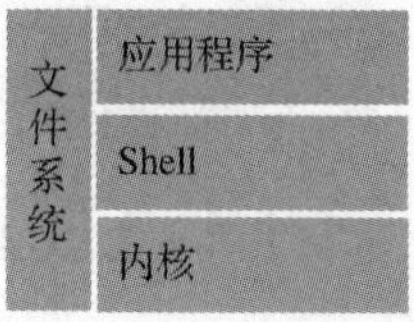

图 1.1　Linux 操作系统的组成

程管理、文件系统、设备管理和驱动、网络通信、系统的初始化和系统调用等。

2. Shell

Shell 是操作系统的用户界面，提供了用户与内核进行交互操作的接口。它接收用户输入的命令并将其送入内核去执行，处理完毕后再将结果反馈给用户。它可以让用户能够更加高效、安全、低成本地使用 Linux 内核，它实质上是一个命令解释器。

3. 文件系统

文件系统是操作系统用于明确存储设备（常见的是机械硬盘或固态硬盘）或分区上的文件的方法和数据结构，即在存储设备上组织文件的方法。操作系统中负责管理和存储文件信息的软件机构称为文件管理系统，简称文件系统。文件系统由 3 个部分组成：文件系统的接口、操纵和管理对象的软件集合、对象及属性。从系统角度来看，文件系统是对文件存储设备的空间进行组织和分配，负责文件存储并对存入的文件进行保护和检索的系统。具体地说，它负责为用户建立文件，存入、读出、修改、转储文件，控制文件的存取，当用户不再使用时撤销文件等。Linux 系统支持多种文件系统，如 ext2、ext3、XFS、FAT、FAT32 和 VFAT 等。

4. 应用程序

标准的 Linux 操作系统除系统核心程序外一般有一套应用程序集，以方便用户使用，通常包括文本编辑器、编程语言、办公套件、Internet 工具和数据库等。

1.1.3 Linux 操作系统版本的演进

Linux 操作系统分为两种主要版本：Linux 内核（Kernel）版与 Linux 发行（Distribution）版。

1. Linux 内核版

Linux 内核是 Linux 操作系统的核心组件，会定期更新，每次更新都会有一个版本号。在 Linux 内核版发展的不同阶段，版本号有 3 种不同的表示方式。自 2011 年 7 月发布 3.0 版本后，版本号的表示方式调整为 3.A.B，其中 A 表示内核版本，B 表示安全补丁。该表示方式一直延续使用，2015 年 4 月发布的 4.0 版本，只是将主版本号变更为 4。如果读者有需要，则可以通过 Linux 内核官方网站获取最新内核版本的信息。目前（截至本书完稿）最新的版本号是 2022 年 3 月 19 日发布的 5.16.16。

读者需要注意以下两点。

（1）自 3.0 版本发布之后，内核版本号中 A 的奇偶性已经不能代表该版本是稳定版还是预览版。

（2）如果选用内核版本希望获得更长时间的技术支持，则建议选用长期支持（Long Term Support，LTS）版本。

> **注意** LTS 版本被认为是较稳定的版本，经过了广泛的测试，并且包含多年积累的改进。但是 LTS 版本不提供最新和最强的功能。然而，在 LTS 版本的更新中，用户将得到更长周期的软件更新与安全维护。因此，LTS 版本被推荐给生产级的消费者、企业和商家。

2. Linux 发行版

Linux 发行版也被叫作 GNU/Linux 发行版，根据维护者的不同，大体可以分为两类。一类是由商业公司维护的发行版，另一类是由社区组织维护的发行版。前者以 RHEL 系列为代表，后者以 Debian 为代表。

Linux 发行版为一般用户预先集成好 Linux 操作系统及各种应用软件。用户不需要对其进行重新编译，直接安装后，小幅度更改设置便可以使用，通常以软件包管理系统来进行应用软件的管理。Linux

发行版通常包含桌面环境、办公包、媒体播放器、数据库等应用软件。目前市面上已经有 300 余个 Linux 发行版，大部分的 Linux 发行版正处于被活跃的开发阶段，并不断地被改进。

下面介绍一些常见的 Linux 发行版。

（1）RHEL

红帽企业 Linux（Red Hat Enterprise Linux，RHEL）是全世界使用最广泛的 Linux 操作系统之一。RHEL 具有较好的性能与稳定性，并且在全球范围内拥有完善的技术支持。RHEL 标志如图 1.2 所示。

（2）CentOS

CentOS（社区企业操作系统）源自 RHEL。它根据开放源码规定释出的源码编译而成。虽然 CentOS 与 RHEL 共享相同的源码，但因为许多已知的漏洞已被修正，因此，相对于其他 Linux 发行版，CentOS 具有可靠的稳定性，许多对稳定性要求较高的服务器也选择使用 CentOS 替代商业版的 RHEL。与 RHEL 不同，CentOS 是完全开源的。2014 年，红帽企业收购了 CentOS，获得了 CentOS 项目商标的所有权及大量核心开发人员。2019 年，CentOS 团队宣布与红帽企业合作推出一个新的滚动版 Linux：CentOS Stream。2020 年 12 月 8 日，CentOS 团队宣布对 CentOS 8 的支持将在 2021 年年底结束，而 CentOS 7 将按计划维护至其生命周期结束，即 2024 年 6 月 30 日，并表示以后会将重心放在 CentOS Stream 上。遗憾的是，官方并不推荐将 CentOS Stream 用于企业生产环境。CentOS 标志如图 1.3 所示。

图 1.2　RHEL 标志

图 1.3　CentOS 标志

学思启示

CentOS版本停止更新很突然，但这也是国产操作系统快速发展的契机，给国产操作系统留出了更大的市场空间。深度操作系统、优麒麟、EulerOS、统信操作系统、阿里云系统迎来了更好的发展时机，诸多国内企业将受益于操作系统可替代和自主可控的政策环境。

（3）Ubuntu

Ubuntu 是一个以桌面应用为主的开源 GNU/Linux 操作系统，它基于 Debian GNU/Linux，支持 x86、AMD64（即 x64）、ARM 和 PPC 架构。它由全球化的专业开发团队（Canonical 有限公司）打造。Ubuntu 的目标是为一般用户提供一种新的且相当稳定的操作系统，它主要由自由软件构建而成。Ubuntu 拥有庞大的社区力量，用户可以方便地从社区获得帮助。Ubuntu 在推广 GNU/Linux 和桌面版系统方面做出了巨大贡献，使更多人能够分享开源软件的成果和精彩。Ubuntu 标志如图 1.4 所示。

（4）Debian

Debian 是由自由软件基金会发行，完全由 Linux 爱好者负责维护的发行套件。Debian 极其丰富，有 5 万个以上的软件包，升级容易，软件间联系性强，安全性较好。

对于 Debian 的整个系统，只要应用层面不出现逻辑缺陷，基本上“固若金汤”。Debian 系统核心非常小，不仅稳定，所占硬盘空间及内存也很小，128MB 的虚拟专用服务器（Virtual Private Server，VPS）即可流畅运行 Debian。由于其优秀的表现与稳定性，Debian 非常受 VPS 用户欢迎。Debian 标志如图 1.5 所示。

图 1.4　Ubuntu 标志

图 1.5　Debian 标志

（5）openSUSE

openSUSE 是由 Novell 公司发起的开源社区项目，旨在推进 Linux 的广泛使用，并提供了自由、简单的方法来获得世界上最好用的 Linux 发行版之一。

openSUSE 对个人用户是完全免费的。它采用 KDE5 作为默认桌面环境，同时提供 GNOME 桌面版本。它的软件包管理系统采用红帽软件包管理器（RedHat Package Manager，RPM）和自主开发的 zypper，并提供了一种管理系统和 zypper 的特色工具——YaST。YaST 颇受好评，且其用户界面非常友好。openSUSE 标志如图 1.6 所示。

（6）deepin

深度（deepin）操作系统是由武汉深之度科技有限公司开发的 Linux 发行版。deepin 操作系统是一种基于 Linux 的操作系统，专注于使用者对日常办公、学习、生活和娱乐的操作体验，适合笔记本电脑、个人计算机和一体机。它包含很多应用程序，如网页浏览器、幻灯片演示器、文档编辑器、电子表格，以及娱乐软件、声音处理和图片处理软件、即时通信软件等。deepin 标志如图 1.7 所示。

图 1.6　openSUSE 标志

图 1.7　deepin 标志

deepin 操作系统是我国最活跃的 Linux 发行版之一，旨在为大多数用户提供稳定、高效的操作系统，强调安全、易用、美观。

任务 1-2　Linux 操作系统的安装方法

【任务目标】

2020 年年底，红帽企业宣布作为 RHEL 8 重建版本的 CentOS 8 将在 2021 年年底结束支持。之后，CentOS Stream 项目会继续运行，作为 RHEL 的上游（开发）分支。对 CentOS 用户而言，较好的选择是在 2021 年年底之前转向 CentOS Stream。目前 CentOS Stream 9 已经得到较广泛的应用，要在生产环境中使用，首先要了解 CentOS Stream 9。

因此，小陈制订了如下任务目标。

① 了解 VMware Workstation 软件基本应用。

② 学会创建虚拟机。

③ 能够正确安装 CentOS Stream 9。

④ 会登录并简单地使用系统。

1.2.1 安装与创建虚拟机

微课 1.3 安装与创建虚拟机

虚拟机软件可以在物理机中虚拟出多个计算机硬件环境，并为每台虚拟机安装独立的操作系统，以在一台物理机上同时模拟运行多个操作系统。对难以抛弃 Windows 系统的初学者来说，使用虚拟机软件是一个非常好的选择。因此，本书采用虚拟机的方式进行 CentOS Stream 9 的安装。

1. 下载 VMware Workstation 软件

首先，在 VMware 官方网站下载 VMware Workstation 软件。VMware 公司提供了免费试用版的 VMware Workstation 软件，读者可以在其官方网站注册账号，获取免费试用的序列号，并下载相应版本的 VMware Workstation 软件。本书使用 VMware Workstation 16 Pro。因为 VMware Workstation 软件在使用的过程中需要 CPU 的虚拟化支持，所以在安装软件后，需要在本地计算机中进行基本输入/输出系统（Basic Input/Output System，BIOS）设置，启用 CPU 的虚拟化功能，不同计算机的参数设置方法略有差异，用户根据各自计算机的要求启用虚拟化功能即可。

2. 获取安装源

通常，在安装操作系统的过程中，需要用到只读存储光盘（Compact Disc Read-Only Memory，CD-ROM）或 ISO 安装源。在本书中，读者可以提前在 CentOS 官方网站下载“CentOS-Stream-9-x86_64-********-dvd1.iso”文件，以备后续安装使用，在采用 VMware Workstation 软件进行安装时，可以直接使用 ISO 映像文件，不需要额外刻录光盘。

3. 创建虚拟机

（1）成功安装 VMware Workstation 后的虚拟机管理界面如图 1.8 所示。

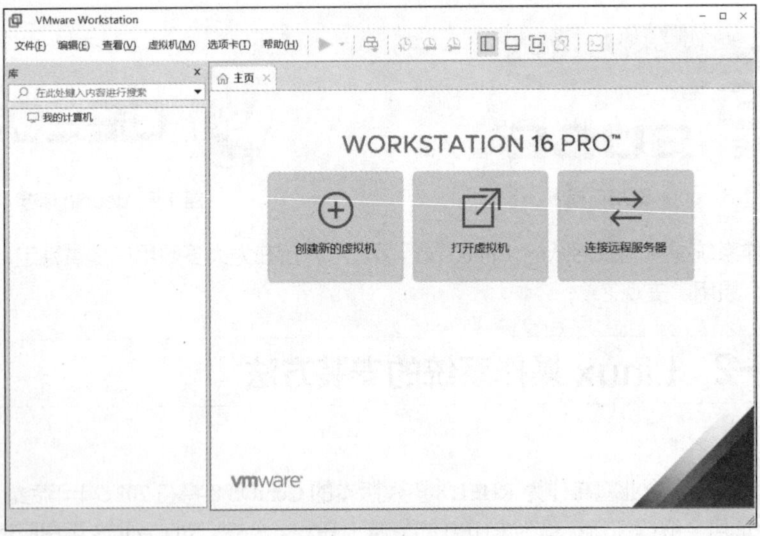

图 1.8 虚拟机管理界面

（2）在图 1.8 所示的界面中，单击“创建新的虚拟机”按钮，并在弹出的“新建虚拟机向导”对话框中选中“自定义(高级)”单选按钮，单击“下一步”按钮，如图 1.9 所示。

（3）在“选择虚拟机硬件兼容性”界面中，保持默认设置，单击“下一步”按钮，如图 1.10 所示。

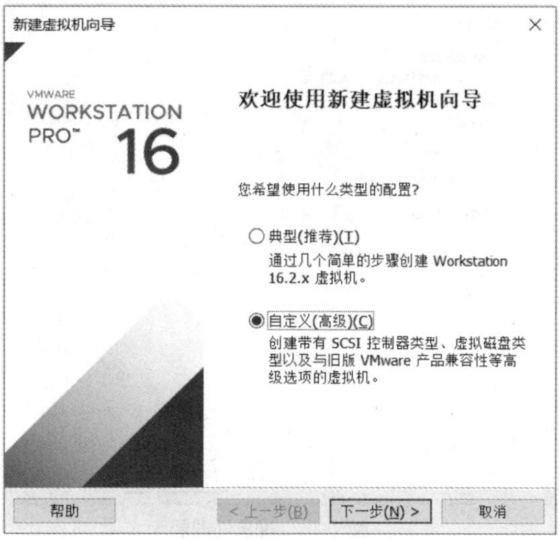

图 1.9 “新建虚拟机向导”对话框

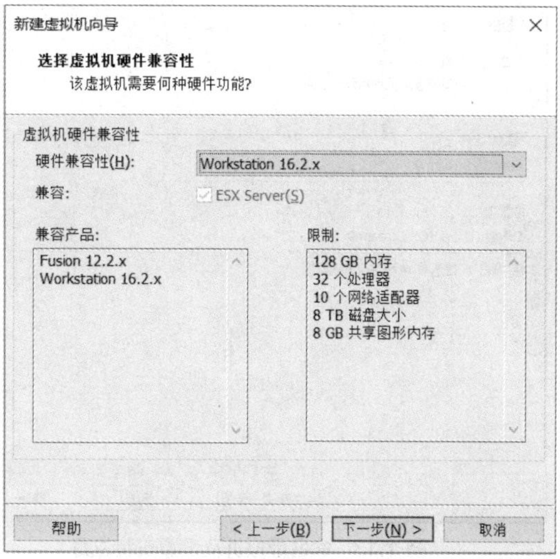

图 1.10 选择虚拟机硬件兼容性

（4）在图 1.11 所示的界面中，选中“稍后安装操作系统”单选按钮，单击“下一步”按钮。

（5）在图 1.12 所示的界面中，将客户机操作系统的类型设置为“Linux”，版本设置为“CentOS 8 64 位”，单击“下一步”按钮。

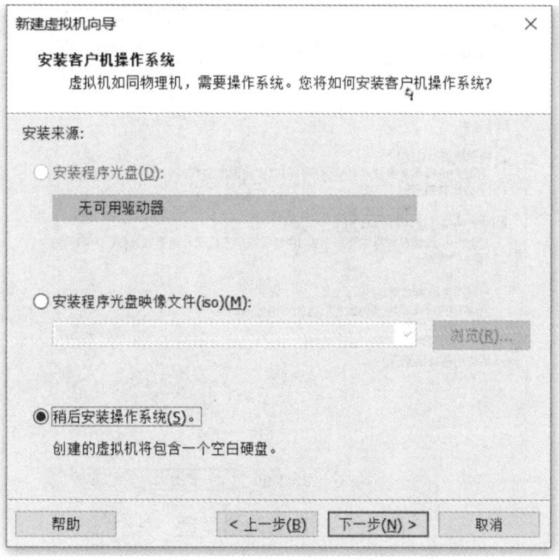

图 1.11 选择虚拟机的安装来源

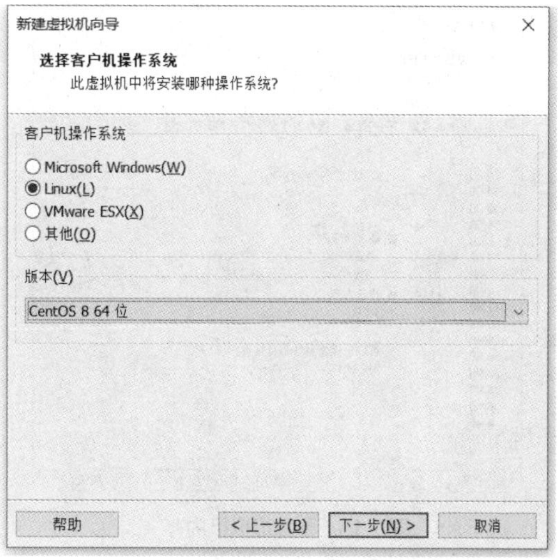

图 1.12 选择客户机操作系统的版本

需要说明的是，VMware Workstation 16.2.x 版本目前支持的 Linux 操作系统的最高版本为 CentOS 8，因此此处版本选择为“CentOS 8 64 位”。版本选择只是为了给虚拟机创建时分配默认空间和进行相应配置，不影响后续虚拟机操作和 CentOS Stream 9 的安装。

（6）在图 1.13 所示的界面中，填写“虚拟机名称”字段，并在设置安装位置之后单击“下一步”按钮。

（7）在图 1.14 所示的“处理器配置”界面中，调整处理器配置，其中，将“处理器数量”设置为 1，“每个处理器的内核数量”设置为 4，单击“下一步”按钮。需要注意的是，此处处理器参数直接决定了虚拟机的性能，建议读者根据实际情况合理设置。

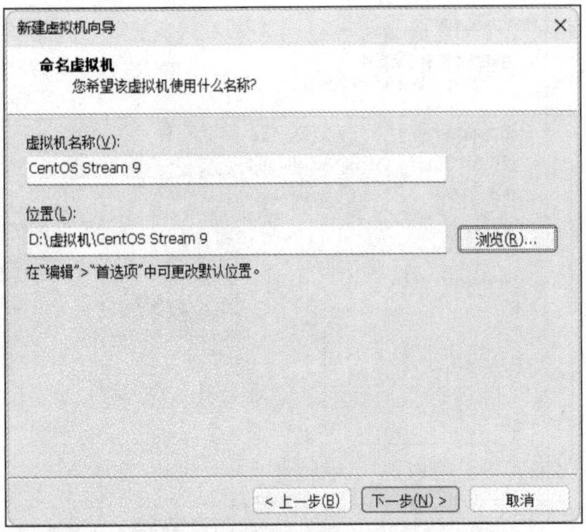

图 1.13　命名虚拟机及设置安装位置

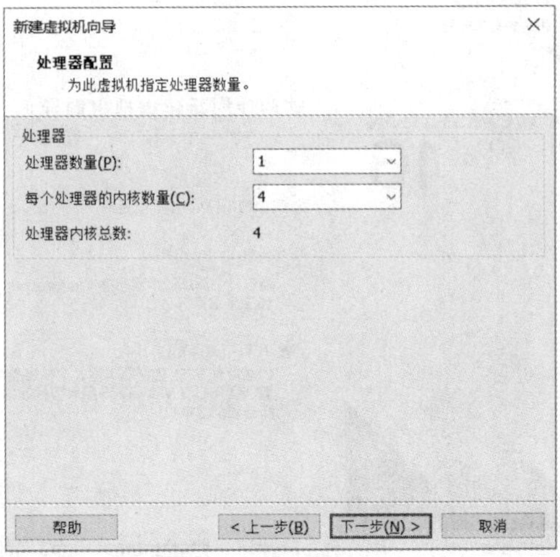

图 1.14　配置处理器

（8）在“此虚拟机的内存”界面中配置虚拟机内存，这里调整为 4096MB，单击“下一步”按钮，如图 1.15 所示。

（9）在“网络类型”界面中，选中“使用网络地址转换(NAT)”单选按钮，单击“下一步”按钮，如图 1.16 所示。

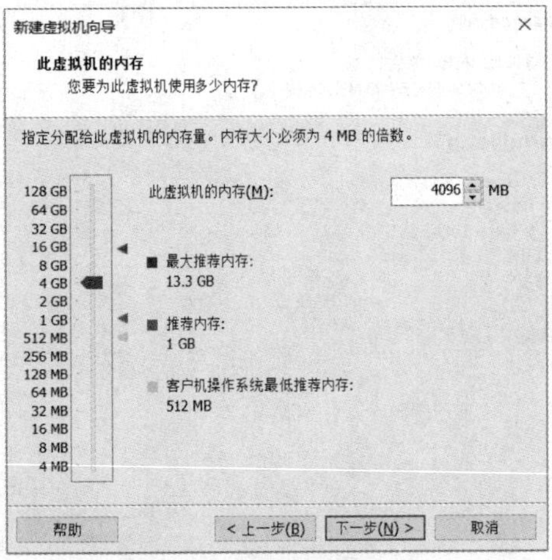

图 1.15　配置虚拟机内存

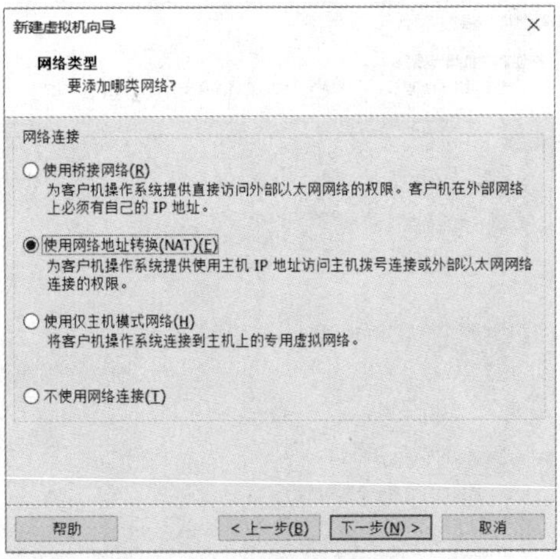

图 1.16　配置网络类型

注意　VMware Workstation 为用户提供了 4 种可选的网络模式，分别为“使用桥接网络”“使用网络地址转换(NAT)”“使用仅主机模式网络”“不使用网络连接”。其相关介绍分别如下。

① 使用桥接网络：相当于在物理主机与虚拟机网卡之间架设了一座桥梁，从而可以通过物理主机的网卡访问外网。

② 使用网络地址转换(NAT)：让虚拟机的网络服务发挥路由器的作用，使得通过虚拟机软件模拟的主机可以通过物理主机访问外网；在物理主机中对应的物理网卡是 VMnet8。

③ 使用仅主机模式网络：仅让虚拟机的系统与物理主机通信，不能访问外网；在物理主机中对应的物理网卡是 VMnet1。

④ 不使用网络连接：此模式下虚拟机不会配置网卡。

（10）在“选择 I/O 控制器类型”界面中，保持默认设置，单击“下一步”按钮。在“选择磁盘类型”界面中，设置虚拟磁盘类型为“SCSI”，单击“下一步”按钮，如图 1.17 所示。

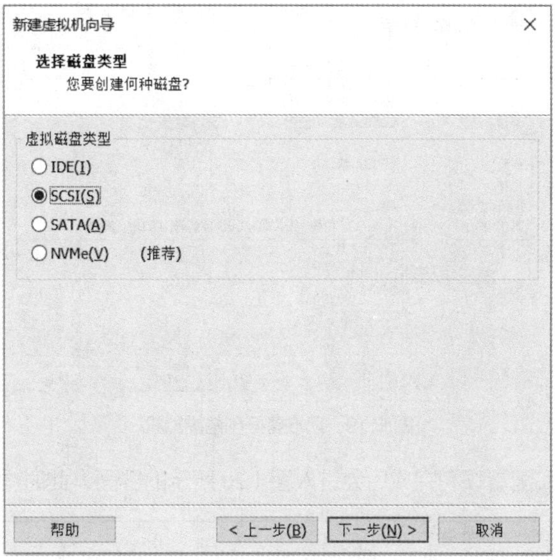

图 1.17　设置磁盘类型

（11）在进入的界面中，选择“创建新虚拟磁盘”选项，单击“下一步”按钮。在“指定磁盘容量”界面中，将虚拟机系统的“最大磁盘大小（GB）”设置为 60GB。如果以后此虚拟机可能需要使用 U 盘移动到其他物理机，则建议选中“将虚拟磁盘拆分成多个文件”单选按钮，单击“下一步”按钮，如图 1.18 所示。

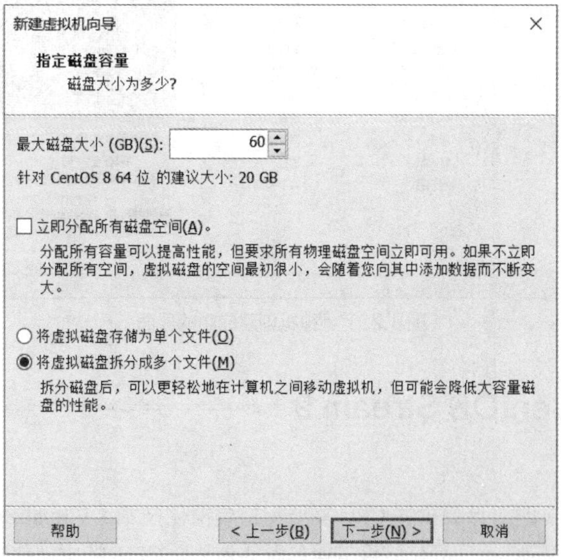

图 1.18　设置虚拟机最大磁盘大小

（12）在“指定磁盘文件”界面中，保持默认设置，单击“下一步”按钮。之后会进入“已准备好创建虚拟机”界面，如图 1.19 所示，在此界面中单击“完成”按钮即可完成虚拟机的创建。如果需要对虚拟机做一些个性化的设置，则可以单击“自定义硬件”按钮进行设置，这里不多做介绍。

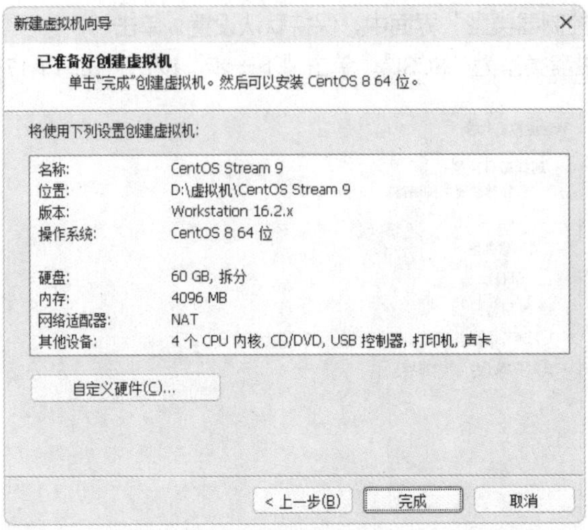

图 1.19　已准备好创建虚拟机

（13）虚拟机的创建和配置顺利完成后会进入图 1.20 所示的界面，此时虚拟机已经创建成功了。

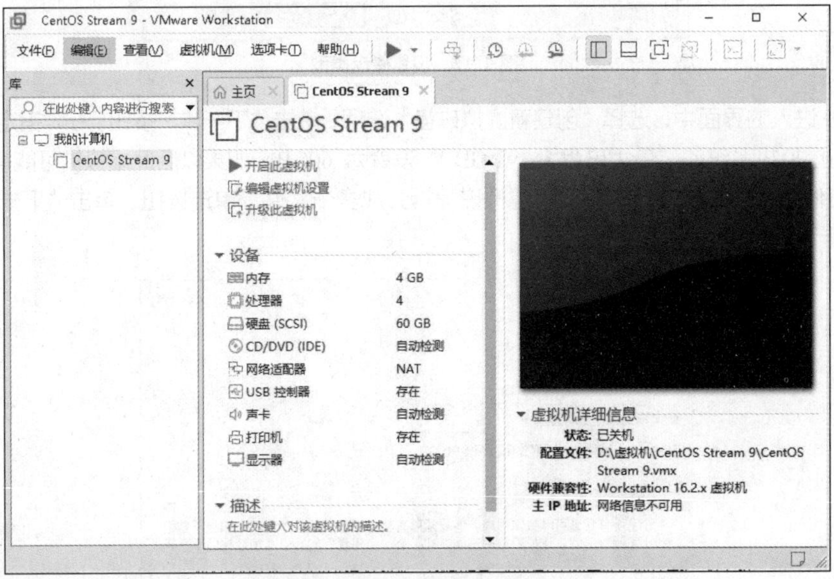

图 1.20　虚拟机创建成功的界面

1.2.2　安装 CentOS Stream 9

1. 安装系统

安装 CentOS Stream 9 时，计算机的 CPU 需要支持虚拟化技术（Virtualization Technology，VT）。虚拟化技术可以扩大硬件的容量，简化软件的重新配置过程。CPU 的虚拟化技术可以单 CPU 模拟多 CPU 并行，允许一个平台同时运行多个操作系统，并且各个系统都可以在相互独立的空间内运行而互不影响，从而显著提高计算机的工作效率。如果开启虚拟机后依然提示“CPU 不支持 VT 技术”等信息，则重启计算机并进入 BIOS 将“VT 虚拟化”功能启用即可。

（1）在 VMware Workstation 16 Pro 中进入“CentOS Stream 9”虚拟机管理界面，单击该界面中的

“编辑虚拟机设置”按钮，如图 1.21 所示。

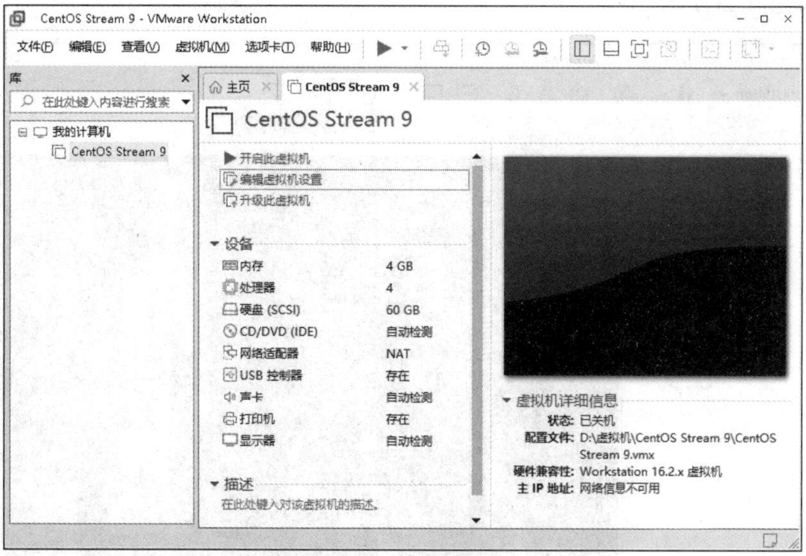

图 1.21　虚拟机管理界面

（2）弹出“虚拟机设置”对话框，选择“CD/DVD（IDE）”选项，再选中该对话框右侧的“使用 ISO 映像文件”单选按钮，单击“浏览”按钮，弹出“浏览 ISO 映像”对话框，选择本地磁盘中的 CentOS Stream 9 的 ISO 映像文件，如图 1.22 所示，单击“确定”按钮。

图 1.22　“虚拟机设置”对话框

（3）单击虚拟机管理界面中的“开启此虚拟机”按钮，启动虚拟机，进入 CentOS Stream 9 的初始安装界面，如图 1.23 所示。

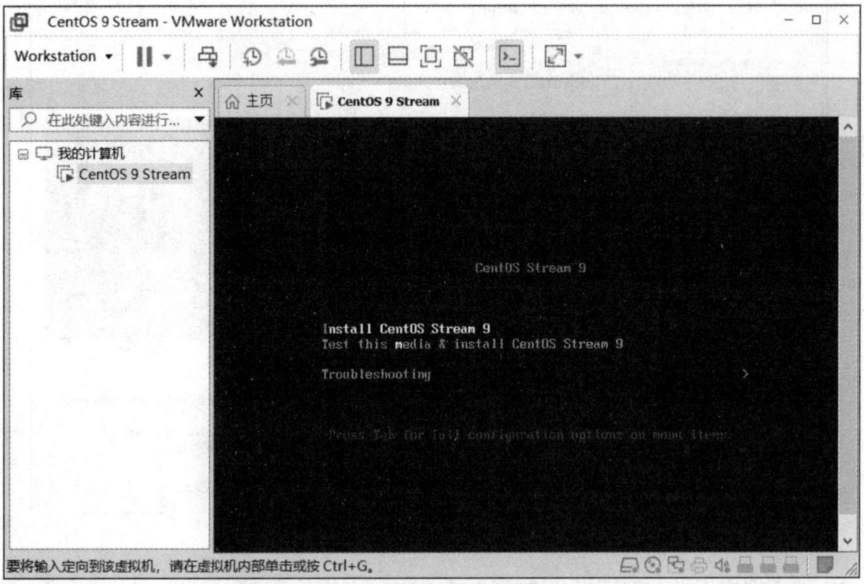

图 1.23　CentOS Stream 9 的初始安装界面

单击黑色窗口，切换到虚拟机操作界面（按【Ctrl + Alt】组合键可以切换回物理机操作界面）。在虚拟机操作界面中，可以使用键盘中的“↑”“↓”方向键选择要执行的选项，一般情况下选择第一项“Install CentOS Stream 9”，再按“Enter”键即可开始安装。该界面中，“Test this media & install CentOS Stream 9”和“Troubleshooting”的作用分别是校验光盘完整性后再安装以及启动救援模式。

（4）按“Enter”键后开始加载、安装映像，所需时间为 30～60s，请耐心等待，选择系统的安装语言（简体中文）后单击“继续”按钮。

（5）在“安装信息摘要”界面中选择“时间和日期”选项，如图 1.24 所示。

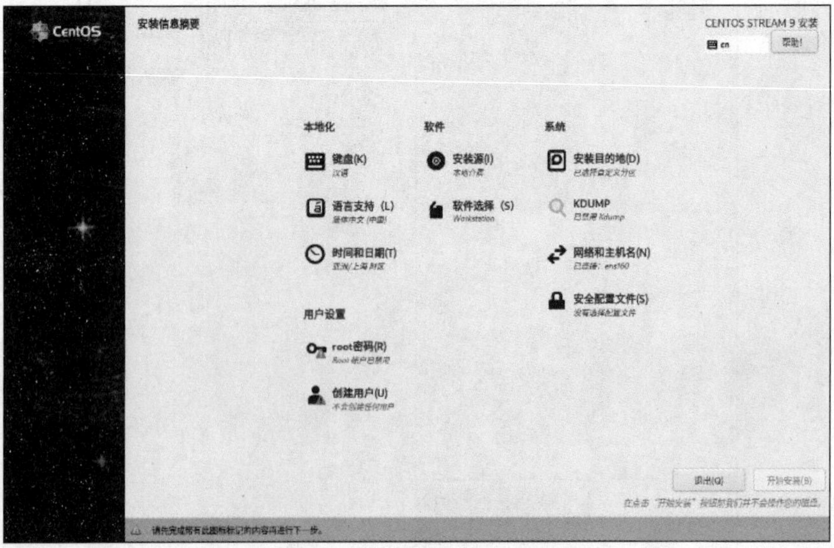

图 1.24　“安装信息摘要”界面

（6）在“时间和日期”界面中，将地区设置为亚洲，城市设置为上海，并打开“网络时间”开关，单击“完成”按钮。

（7）在图 1.24 所示的界面选择“软件选择”选项，进入“软件选择”界面，选择安装基本环境为“Workstation”，在“已选环境的附加软件”列表框中选择需要一并安装的一些日常应用软件，如图 1.25 所示，单击“完成”按钮。

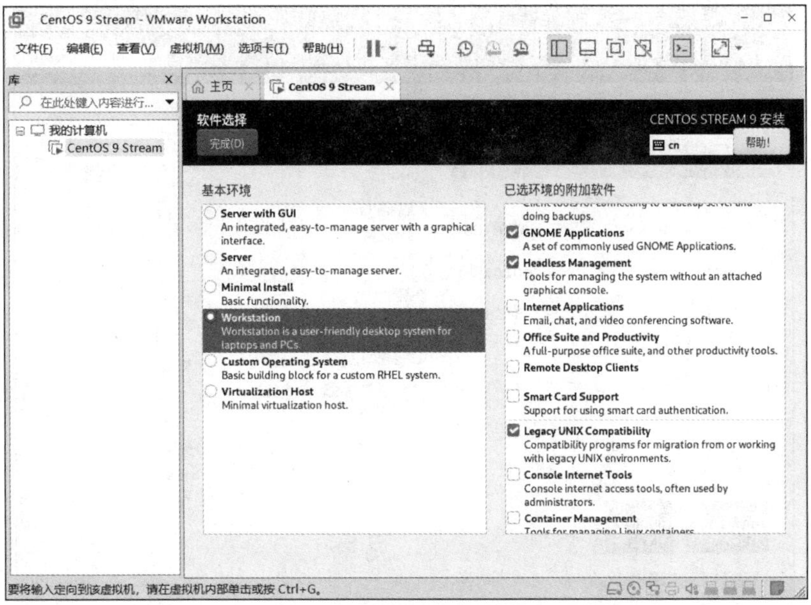

图 1.25 “软件选择”界面

（8）在图 1.24 所示的界面中选择“安装目的地”选项，在图 1.26 所示的“安装目标位置”界面中，选择唯一的本地标准磁盘，将存储配置设置为“自定义”，单击“完成”按钮。

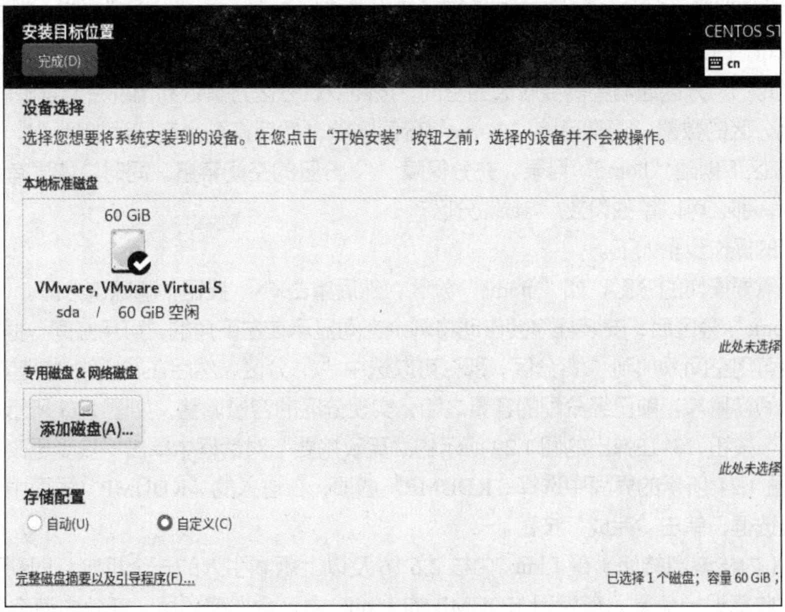

图 1.26 “安装目标位置”界面

（9）在进入的“手动分区”界面中，根据需要调整磁盘分区信息。建议“设备类型”选择默认的逻辑卷管理（Logical Volume Management，LVM）方案。如果采用默认的LVM方案，则安装程序将在指定的磁盘中创建4个分区，如图1.27所示。“/boot”分区用于存储Linux启动的相关文件，如内核文件等；“swap”分区为交换分区；“/home”分区用于存储普通用户的目录；“/”分区用于存储系统安装后自带的各类文件。

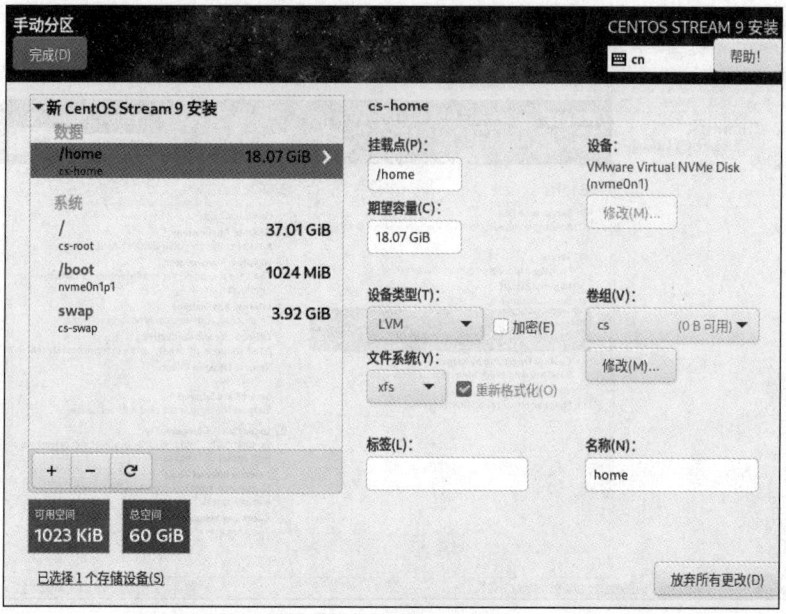

图1.27 “手动分区”界面

如果即将安装的Linux所需的磁盘空间较大，则默认情况下，根据4个分区的方案，“/”分区将使用约50GiB的空间，除“swap”分区和“/boot”分区外，安装进程会把剩余的空间全部分配给“/home”分区。在大多数情况下，“/home”分区并不需要太大的空间，在CentOS中安装部署文件传送协议（File Transfer Protocol，FTP）、Web等服务器时，默认将在“/”分区的“var”目录中存储共享文件及Web页面的内容，因此“/”分区通常会需要较大的空间，按照默认分区方案容易出现空间紧缺的情况。因此，可以适当简化分区的数量，通常可将“/home”分区删除，然后将剩余空间添加到“/”分区，系统会自动在“/”分区下创建“home”目录，充分保障“/”分区的空间容量。同时，如果有更详细的磁盘空间使用规划，那么可以单独设立“/var”分区。

调整分区的操作步骤如下。

首先选中需要操作的分区，如“/home”分区，然后单击“-”按钮，删除该分区。

删除“/home”分区后，安装程序会自动将剩余空间显示在左下角的“可用空间”框中，此时，如果需要将所有可用空间添加到“/”分区，那么可以选中“/”分区，然后在右侧的“期望容量”文本框中输入可用空间容量与当前已经分配的容量之和，实现分区的容量调整，如图1.28所示。之后连续两次单击“完成”按钮，并在弹出的图1.29所示的“更改摘要”对话框中单击“接受更改”按钮。

（10）在图1.24所示的界面中选择“KDUMP”选项，在进入的“KDUMP”界面中取消勾选“启用kdump”复选框，单击“完成”按钮。

KDUMP（内核崩溃转储）是Linux内核2.6.16及以上版本引入的一个机制，即利用kexec工具在内核崩溃时收集现场信息。在启用KDUMP的Linux中，会提前预留一部分内存空间。当系统启动后，Linux 会使用正常的内存空间生成一个正常运行的内核（即生产内核）。当生产内核崩溃时，Linux 会在预留的内存空间中启动一个内核副本（即捕获内核）。捕获内核启动后会将生产内核崩溃的现场信息写入磁盘文件中，然后通过相应的工具对崩溃现场进行分析（即查找原因）。在本次安装过程中（以教学为目的），考虑到节约存储空间，取消勾选“启用 kdump”复选框，关闭 KDUMP 功能，如图 1.30 所示。

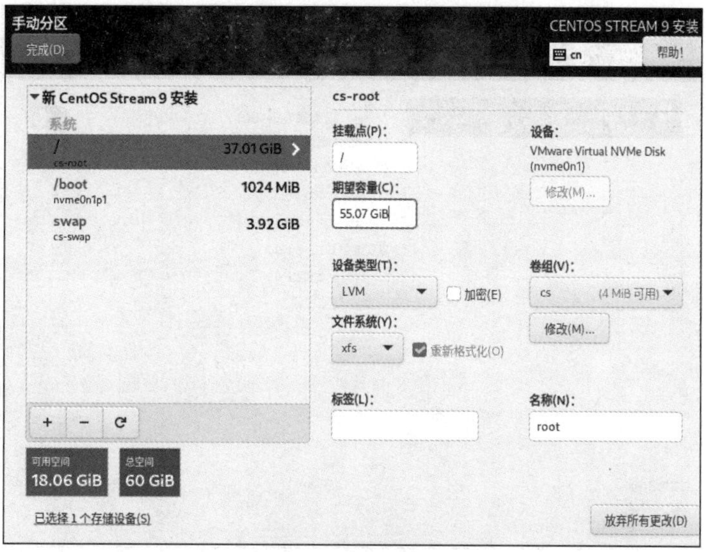

图 1.28 分区容量调整

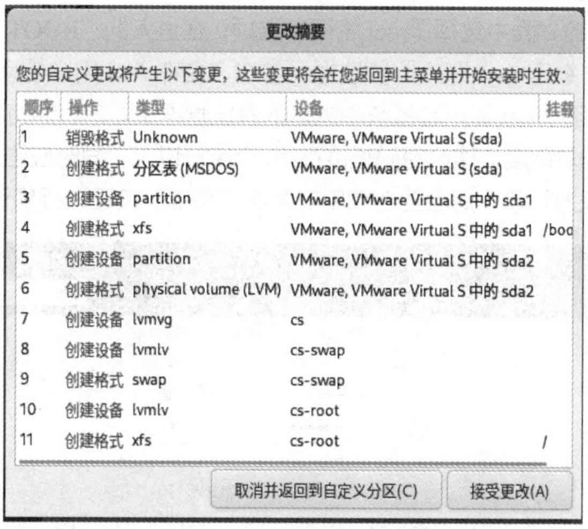

图 1.29 “更改摘要”对话框

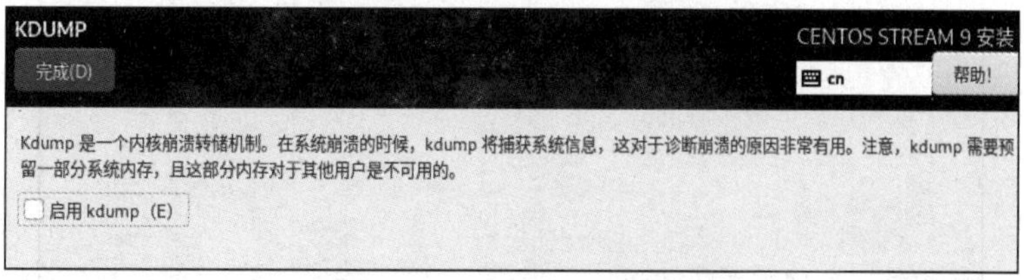

图 1.30 关闭 KDUMP 功能

（11）在图 1.24 所示的界面中选择“网络和主机名”选项，在进入的“网络和主机名”界面中将右上角的滑块移至右侧，如图 1.31 所示，打开网卡，系统默认会用动态主机配置协议（Dynamic Host Configuration Protocol，DHCP）的方法获取 IP 信息，并单击“完成”按钮。本次安装中设置的网卡采用 NAT 模式，开启网卡 ens160 后，系统会自动获取网络地址等信息。如果无法获取，则需要检查 VMware 的网络环境配置。

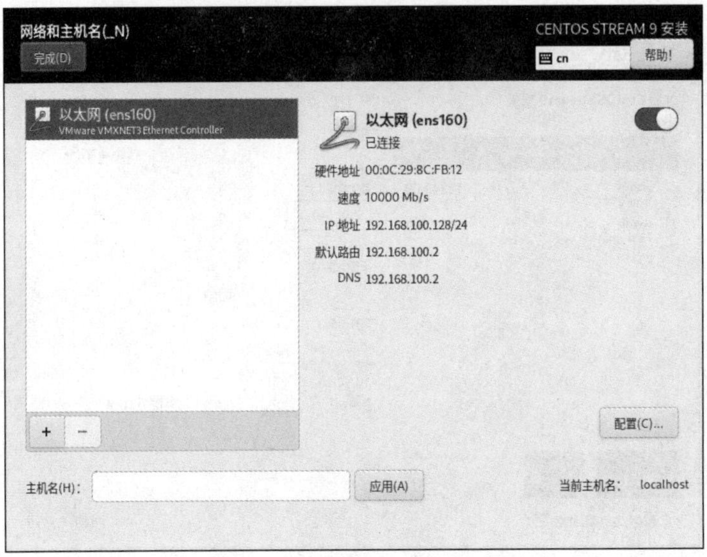

图 1.31 “网络和主机名”界面

（12）在图 1.24 所示的界面中选择“root 密码”选项，在进入的“ROOT 密码”界面中，设置 root 账户的密码，取消勾选“锁定 root 账户”复选框，勾选“允许 root 用户使用密码进行 SSH 登录”复选框，如图 1.32 所示。因为 root 账户是系统中默认的系统管理员账户，拥有最高权限，所以建议设置的密码要有足够的长度和复杂度。建议密码长度在 10 个字符以上，同时应当包含大、小写字母，数字和特殊符号。如果密码较为简单，则需要连续单击两次“完成”按钮进行确认。

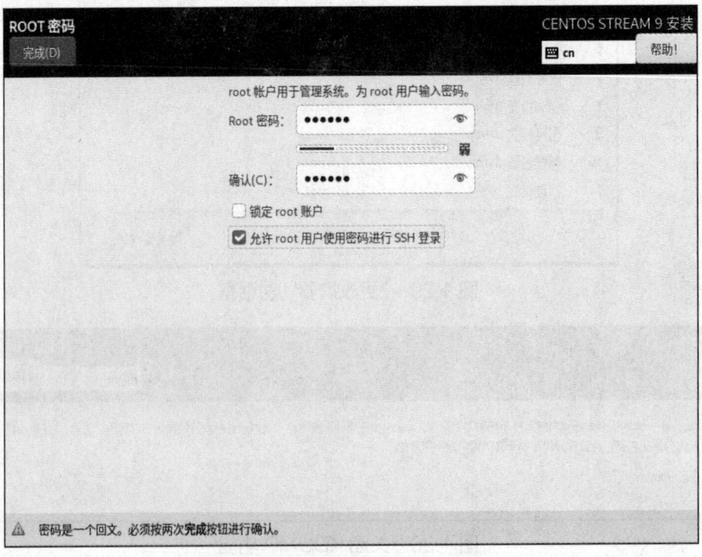

图 1.32 “ROOT 密码”界面

注意 此步骤中务必取消勾选“锁定 root 账户”复选框，同时勾选“允许 root 用户使用密码进行 SSH 登录”复选框，否则系统安装好后 root 账户功能会受限，并且无法使用 SSH 服务的登录系统。

（13）在图 1.24 所示的界面中选择“创建用户”选项，在进入的“创建用户”界面中，安装进程会创建一个普通用户，在此界面中，可以设置用户的“全名”“用户名”“密码”等信息，如图 1.33 所示。同时，可以根据实际需要，决定是否将创建的第一个用户设置为系统管理员账户，并设置该用户在登录系统时是否需要验证密码。单击“高级”按钮之后，在进入的“高级用户配置”界面中，还可以设置该用户的 Home 目录，指定用户 ID（User ID，UID）和组 ID（Group ID，GID），并设置组成员等信息，如图 1.34 所示。设置完成后单击“保存更改”和“完成”按钮，返回图 1.24 所示的界面。

图 1.33 “创建用户”界面

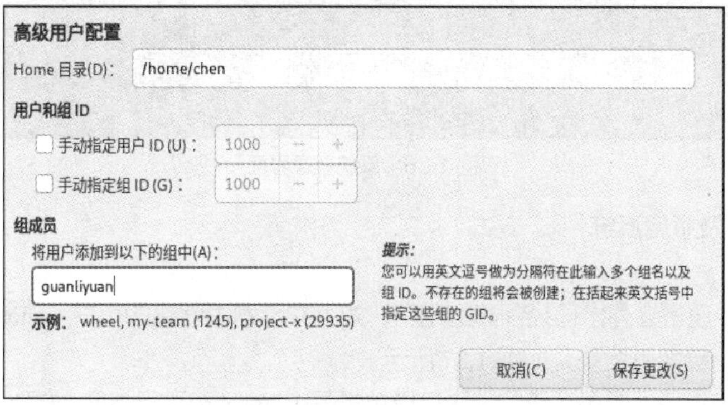

图 1.34 “高级用户配置”界面

（14）此时，图 1.24 所示界面中的“开始安装”按钮变为可用状态，单击该按钮即可开始系统的安装。当所有的软件包及系统设置完成后，即完成安装后如图 1.35 所示，单击“重启系统”按钮。

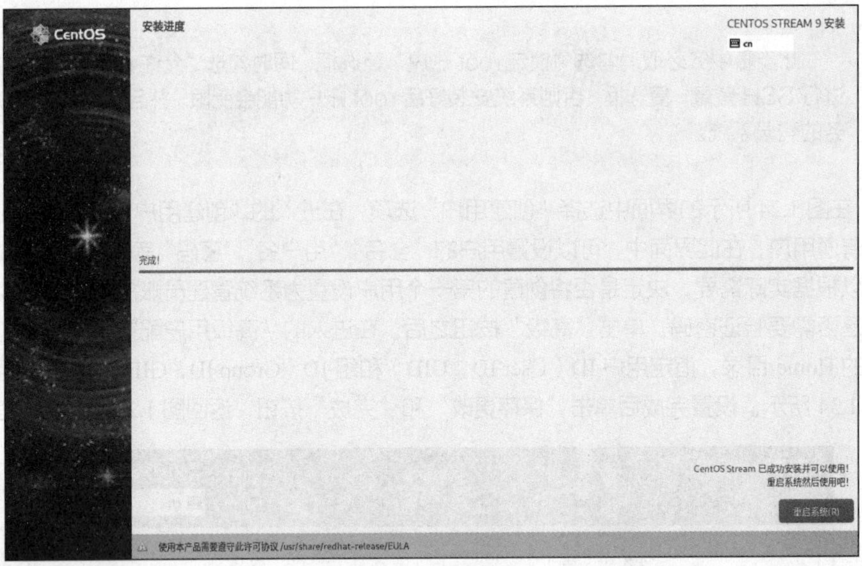

图 1.35　完成安装

系统重启后进入图 1.36 所示的系统登录界面即表示 CentOS Stream 9 安装成功。

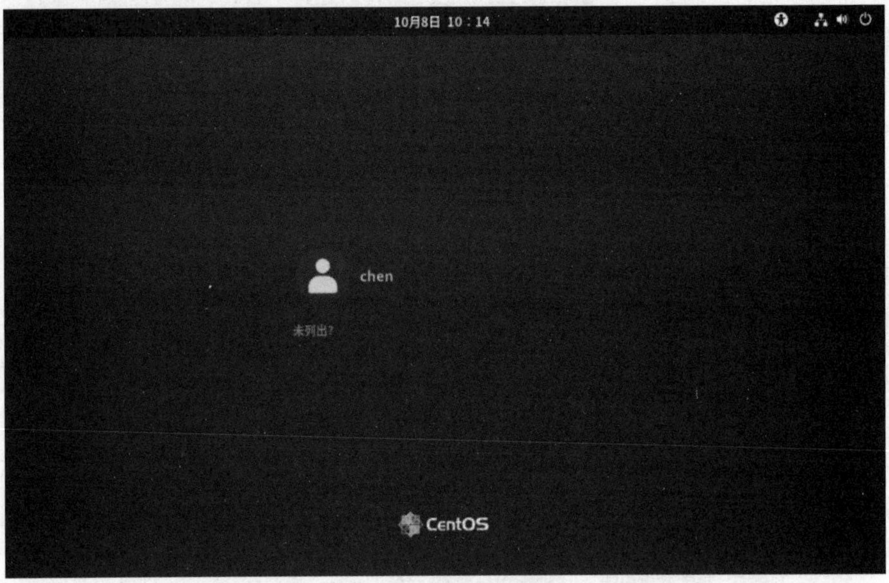

图 1.36　系统登录界面

2. 登录、注销及重启系统

（1）登录系统

系统登录界面中通常会列出已经创建的用户，如上文示例中创建的用户“chen”，单击该用户，输入密码，按“Enter”键即可登录，如图 1.37 所示。

如果是以 root 用户身份登录系统的，则可以单击图 1.36 所示界面中的“未列出？”按钮，进入图 1.38 所示的界面。在“用户名”文本框中输入 root（全部小写），然后按“Enter”键，在进入的界面中输入 root 账户的密码，再次按“Enter”键进行密码验证，如果验证通过，则以 root 用户身份登录系统。用户首次登录成功之后，会自动进入图 1.39 所示的界面，用户可以根据提示完成后续操作。

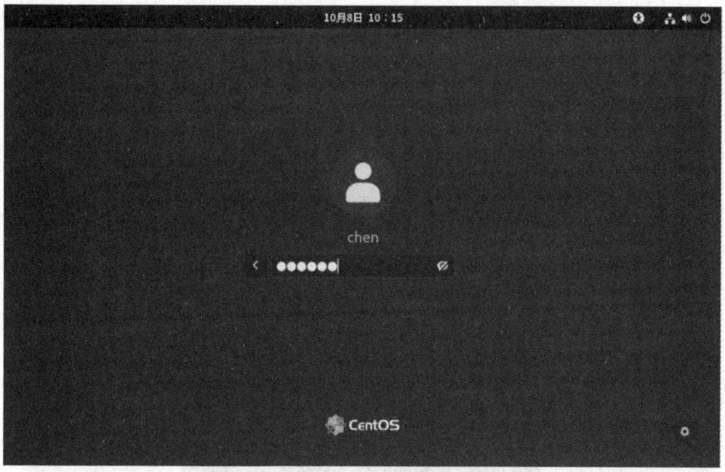

图 1.37　登录验证

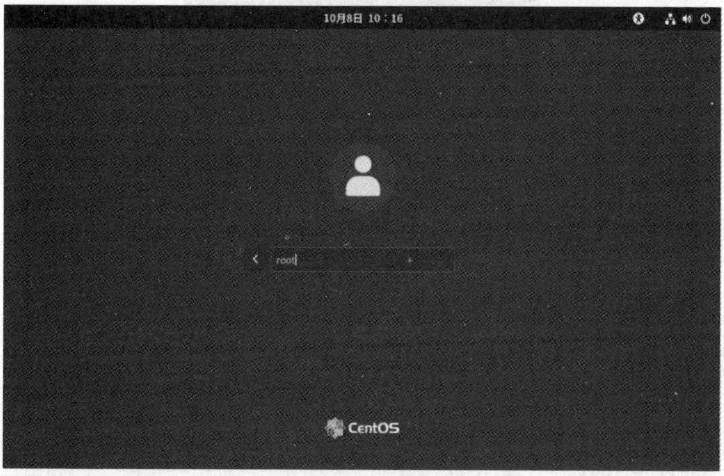

图 1.38　root 用户登录

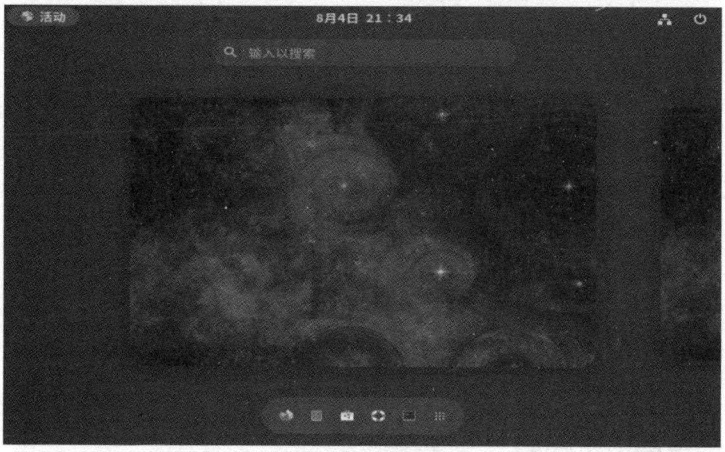

图 1.39　用户界面

（2）注销用户

当用户要临时离开计算机一段时间时，可以选择注销用户，等返回时再重新登录，这样可以提高系统的安全性，避免他人在非授权情况下操作计算机。要注销当前用户，可以单击桌面右上角的 按钮，弹出下拉菜单，选择菜单中已登录用户名下方的“注销”选项，即可注销用户，如图 1.40 所示。

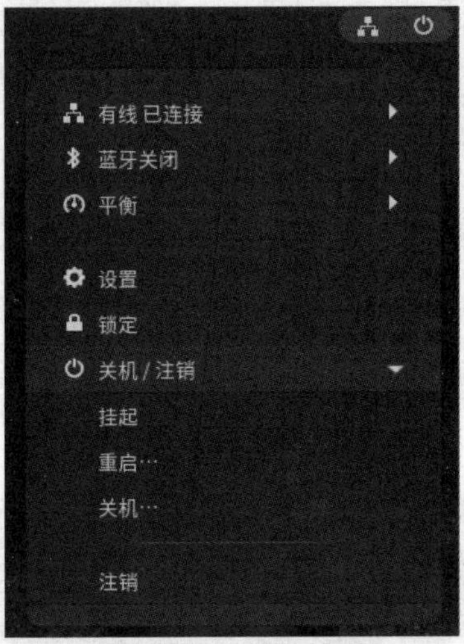

图 1.40　注销用户设置界面

（3）重启系统

在图 1.40 所示的界面中，单击 按钮，在弹出的下拉菜单中选择“重启”选项即可完成相应操作。

任务 1-3　备份 VMware 虚拟机

【任务目标】

VMware 公司成立于 1998 年，是 EMC 公司的子公司，总部位于美国。作为全球桌面到数据中心虚拟化解决方案的厂商，VMware 公司是全球虚拟化和云基础架构先进厂商，并是全球最大的虚拟机软件厂商之一。多年来，VMware 公司开发的 VMware Workstation 产品一直受到全球广大用户的认可。该产品允许用户在一台机器上同时运行两个甚至更多的 Windows、磁盘操作系统（Disk Operating System，DOS）、Linux、macOS。VMware Workstation 实现了在主系统平台上真正“同时”运行多个操作系统的功能，并能像标准 Windows 应用程序一样进行切换。同时运行的每个操作系统都可以在虚拟的分区中进行配置，而不会影响真实硬盘上的数据，甚至可以通过网卡将多台虚拟机连接为一个局域网，非常方便。对运维人员来说，能够合理使用 VMware Workstation 是一项非常必要的技能。

因此，小陈制订了如下任务目标。

① 了解快照的概念。

② 会拍摄和使用快照。

③ 能创建并使用原始虚拟机的副本。

1.3.1　拍摄虚拟机快照

在 VMware Workstation 中，当系统崩溃或者出现异常时，可以使用虚拟机快照恢复到之前的某一正常状态。

1. 快照的概念

微课 1.4 拍摄虚拟机快照及克隆虚拟机

虚拟机快照，是指某个特定文件系统在某个特定时间内的一个具有只读属性的映像。当用户需要重复返回某一系统状态，又不想创建多个虚拟机时，就可以使用虚拟机快照功能。VMware Workstation 16 Pro 支持多重快照功能，用户可以针对一台虚拟机创建两个及以上的虚拟机快照，这就意味着其可以针对不同时刻的系统环境制作多个虚拟机快照，以后在任意时间点也可以将操作系统恢复到拍摄虚拟机快照时的状态。

虚拟机快照是在原来虚拟机状态的基础上，增加该虚拟机的还原点。随着虚拟机快照的增多，其占用的磁盘空间必然会增大，因此不宜保留太多的虚拟机快照。

2. 拍摄虚拟机快照和恢复虚拟机

（1）拍摄虚拟机快照

选择一个虚拟机，在菜单栏中选择“虚拟机”→“快照”→“拍摄快照”命令，弹出图 1.41 所示的对话框，输入虚拟机快照名称和相关描述，完成后单击“拍摄快照”按钮，即可创建一个虚拟机快照。

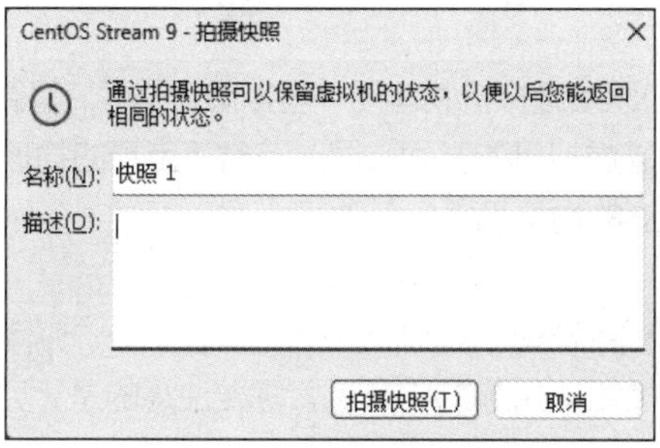

图 1.41 “CentOS Stream 9-拍摄快照”对话框

（2）将虚拟机恢复到创建快照时的状态

创建虚拟机快照以后，要想还原到某个状态，可在菜单栏中选择“虚拟机”→“快照”→“快照管理器”命令，在弹出的“CentOS Stream 9-快照管理器”对话框中选择相应的快照，单击“转到”按钮完成还原，如图 1.42 所示。需要注意的是，一旦要恢复某一虚拟机快照状态，虚拟机当前状态就会被清除。

图 1.42 “CentOS Stream 9-快照管理器”对话框

1.3.2 克隆虚拟机

克隆是 VMware Workstation 的一个常用功能，使用克隆功能能够复制出与原始虚拟机完全一样的系统。

1. 克隆的概念

在 VMware Workstation 中，克隆和快照功能相似，但又有所不同，稍不注意就容易混淆。克隆虚拟机意味着创建原始虚拟机全部状态的一个副本，或者称为一个映像。克隆过程不会对原始虚拟机产生任何影响，一旦克隆操作完成，克隆的虚拟机就可以独立存在，与原始虚拟机相互独立，彼此之间的操作不会相互影响。在克隆过程中，VMware Workstation 会为克隆的虚拟机生成与原始虚拟机不同的 MAC 地址和通用唯一识别码（Universally Unique Identifier，UUID），这样克隆的虚拟机就可以与原始虚拟机在同一网络中共存，而且不会引起任何冲突。

VMware Workstation 支持两种类型的克隆：完整克隆与链接克隆，具体介绍如下。

① 完整克隆虚拟机是完全独立的一个副本，它不和原始虚拟机共享任何资源，可以脱离原始虚拟机独立使用。

② 链接克隆虚拟机需要和原始虚拟机共享同一虚拟磁盘文件，不能脱离原始虚拟机独立运行。但这种类型的克隆大大缩短了克隆虚拟机的时间，同时节省了宝贵的物理磁盘空间。通过链接克隆，可以轻松地为不同的任务创建独立的虚拟机。

2. 克隆虚拟机的操作

选择一个虚拟机，在菜单栏中选择“虚拟机”→“管理”→“克隆”命令，弹出“克隆虚拟机向导”对话框，单击“下一页”按钮，如图 1.43 所示。需要注意的是，克隆虚拟机只能在虚拟机关机的状态下进行。

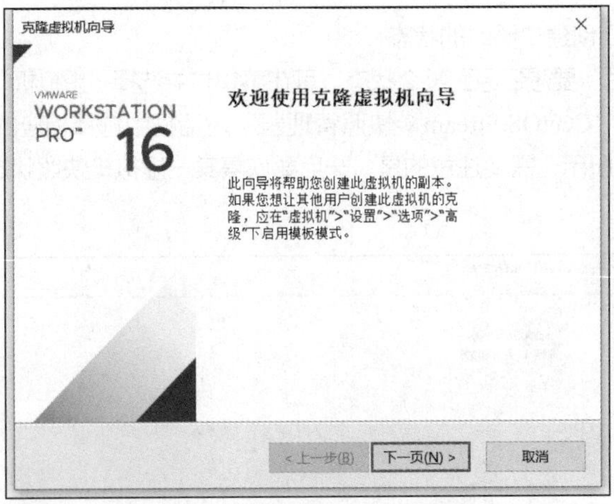

图 1.43 “克隆虚拟机向导”对话框

克隆源有两个单选按钮：“虚拟机中的当前状态”和“现有快照（仅限关闭的虚拟机）”。在此处选中“虚拟机中的当前状态”单选按钮，单击“下一页”按钮，如图 1.44 所示。

进入“克隆类型”界面，其中有“创建链接克隆”和“创建完整克隆”两个单选按钮。这里选中“创建完整克隆”单选按钮，单击“下一页”按钮，如图 1.45 所示。

进入“新虚拟机名称”界面，输入将要克隆的新虚拟机的名称“CentOS Stream 9 的克隆”，并确认新虚拟机的安装位置，单击“完成”按钮，如图 1.46 所示。

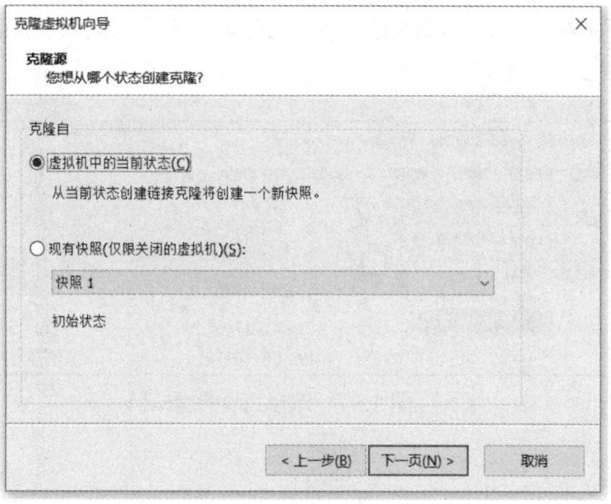

图 1.44　选择克隆源

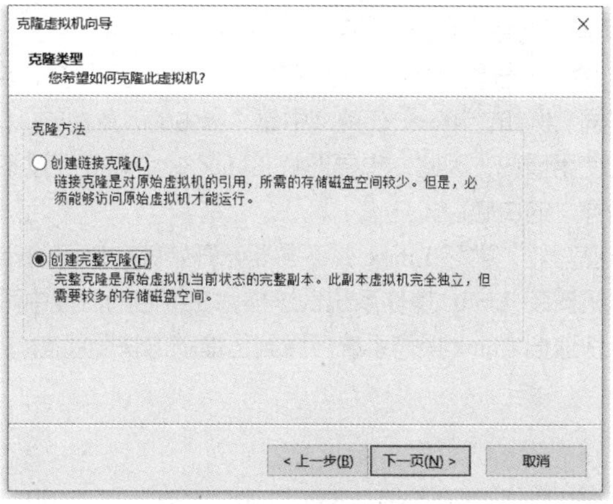

图 1.45　选择克隆类型

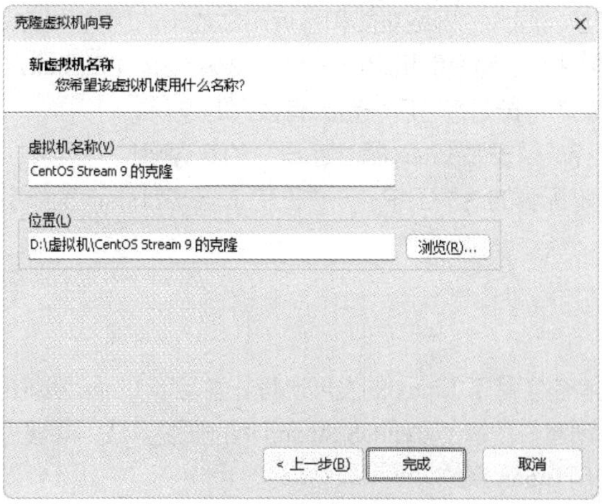

图 1.46　命名新虚拟机

完成上述配置后，单击“完成”按钮即可开始新虚拟机的克隆工作，等待几秒即可完成克隆操作。

3. 使用克隆好的虚拟机

在 VMware Workstation 16 Pro 主界面中，选择菜单栏中的“选项卡”菜单，其下拉菜单中将显示原始虚拟机和已克隆的虚拟机。选择菜单中的虚拟机名称，如“CentOS Stream 9 的克隆”，切换到相应的虚拟机，如图 1.47 所示。

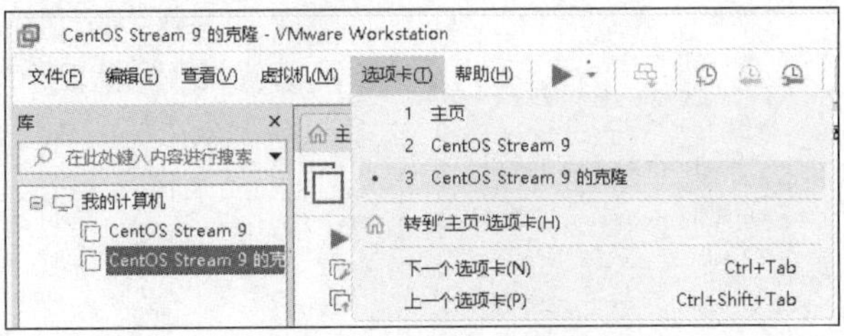

图 1.47 选择克隆的虚拟机

【拓展知识】

初次接触 Linux 的读者可能会担心自身的英语水平会限制后期的学习。其实，大家不必担心，因为 Linux 系统中的 Linux 命令一般具有特定的功能和意义，并非英文单词本身的含义，很多命令和英文相似但实际含义完全不同。例如，“free”在英文中是“自由的，免费的”的意思，而 Linux 中的 free 命令的作用是查看内存的使用情况。因此，想要理解 Linux 命令需要经过不懈的坚持和反复地应用，要有“绳锯木断，水滴石穿”的决心。

“工欲善其事，必先利其器”，学习 Linux 并不需要一开始就在自己的计算机上直接安装 Linux 操作系统，建议先通过虚拟机安装 Linux 操作系统。这样，在练习的过程中可以避免误操作造成的数据丢失或系统出错，也可以快速把 Linux 操作系统还原到出错前的快照状态。

【项目实训】

作为一家提供网络服务的公司，一般会采用 Linux 作为企业业务运营平台。Linux 作为自由和开源的操作系统，以其代码开放、强大的网络功能和接近于零成本的优势，被众多厂家和用户所支持。此外，Linux 具有很高的安全性，容易识别和定位故障。小陈作为一名 Linux 初学者，需要做的就是坚持使用 Linux，多动手实践操作，长期练习后一定会有很大的收获。

就让我们和小陈一起完成“安装 Linux 操作系统”的实训吧！

此部分内容请参考本书配套的活页工单——“工单 1. 安装 Linux 操作系统”。

【项目小结】

通过学习本项目，读者应了解了 Linux 的发展历程，学习了 Linux 系统的组成，熟悉了 Linux 系统的版本，掌握了虚拟机的创建，了解了 CentOS Stream 9 的安装方法，能够进行简单的磁盘分区，并能够在图形界面下登录并使用 Linux 系统。

Linux 系统大多基于开源内核开发，因此市场上有数百种的 Linux 软件版本。近年来，我国越来越重视科技产业的自主性和网络安全的重要性，加大了各类型操作系统的开发力度。各国产软件企业纷纷自主开发了操作系统，目前已经涌现出了一大批优秀的国产操作系统，如深度操作系统、优麒麟、EulerOS、统信操作系统、阿里云系统等。

项目 2 使用Linux命令

02

【学习目标】

【知识目标】

- 掌握用户的登录和退出。
- 熟悉基本用户命令的使用。
- 掌握联机帮助命令。
- 了解获取和设置系统基本信息的相关命令。
- 掌握查看和设置系统日期时间的相关命令。

【能力目标】

- 能登录、退出、重启和关闭 Linux 系统。
- 能熟练修改系统基本信息，并养成良好的习惯。
- 能够使用帮助命令。

【素养目标】

- 掌握在字符操作界面下使用命令进行日常操作，逐渐强化使用命令行操作 Linux 系统的能力。
- 提高沟通能力和表达能力，可以向他人清晰表达项目过程。
- 培养合作意识，做到与小组成员互相帮助，取长补短。

【项目情景】

小陈习惯于使用 Windows 等图形界面操作系统，在使用 Linux 操作系统时发现：日常的维护工作更多要借助 Linux 命令行，这使小陈很不适应，也给操作带来了极大的挑战。针对这种情况，师傅老王建议小陈先全面学习 Linux 操作系统的相关内容，学会利用 cli 命令来处理 Linux 操作系统日常操作，为以后在 Linux 命令行环境下工作打好基础。

任务 2-1 认识 Linux 字符操作界面

【任务目标】

初次接触 Linux 操作系统，小陈决定先从正常使用 Linux 操作系统开始。他首先尝试在命令模式下登录、退出、重启和关闭 Linux 操作系统。

因此，小陈制订了如下任务目标。

① 会使用字符操作界面。

② 认识 bash Shell 与 Linux 命令格式。

③ 掌握 echo 命令的使用方法。

2.1.1 使用字符操作界面

微课 2.1 使用字符操作界面

Linux 操作系统常用的字符操作界面有 3 种：终端窗口、虚拟控制台、命令行界面。

1. 终端窗口

终端窗口简称为终端（Terminal），是 Linux 操作系统图形界面提供的字符操作界面，用户可以通过在终端中输入命令来管理 Linux 操作系统。

用户进入 Linux 操作系统图形界面后，单击屏幕左上角的"活动"按钮，在进入的界面下端单击终端图标。图 2.1 所示为打开后的终端界面。

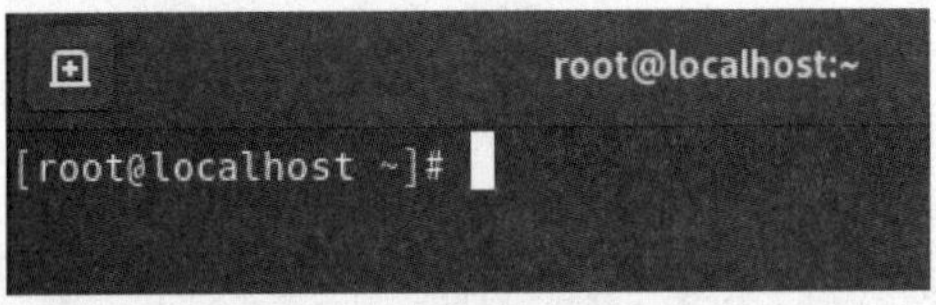

图 2.1 打开后的终端界面

单击终端右上角的关闭按钮，或在终端中输入 exit 命令，或按"Ctrl+D"组合键，可以退出终端。

> **说明** 当用户登录 Linux 操作系统之后，会显示图 2.1 所示的 bash 提示符。其中，root 表示当前登录的用户名称，localhost 表示当前主机名，~表示当前目录，#为命令提示符，命令提示符会随登录的用户类型变化而变化。root 用户的命令提示符是#，其他用户的命令提示符是$。

2. 虚拟控制台

基于虚拟控制台的访问方式，允许多个用户同时登录系统，也允许一个用户在同一时间多次重复登录。

通常情况下，Linux 会提供 6 个虚拟控制台，用户可以按"Ctrl+Alt+Fn"组合键（其中 Fn 表示键盘中的功能键，包含 F1 键~F6 键）进入虚拟控制台。进入新的虚拟控制台后，Linux 会显示登录提示符，需要输入用户名和密码，这时也支持不同的用户同时登录。在已经安装图形界面的早期 CentOS 中，若要返回图形界面，则需按"Ctrl+Alt+F7"组合键。在 VMware 或者 VirtualBox 等工具中使用虚拟控制台时，需要注意调整"Ctrl+Alt+Fn"组合键的使用，确认组合键是否已经被其他应用程序当作热键占用。

CentOS Stream 9 对虚拟控制台做了适当的调整，在安装了图形界面的 CentOS Stream 9 中，"Ctrl+Alt+F1"组合键和"Ctrl+Alt+F2"组合键分别用于进入两个不同的用户登录图形界面，系统默认使用"Ctrl+Alt+F2"组合键进入的界面作为初始用户登录图形界面，"Ctrl+Alt+F3"组合键和"Ctrl+Alt+F6"组合键用于进入命令行界面。

3. 命令行界面

使用命令行界面的方法主要有以下两种。

（1）在图形界面中开启终端，执行 init 3 命令，进入命令行界面。如果要返回图形界面，则可以执行 init 5 命令。

```
[root@localhost ~]# init 3
```

执行命令后进入 CentOS 命令行界面，如图 2.2 所示。

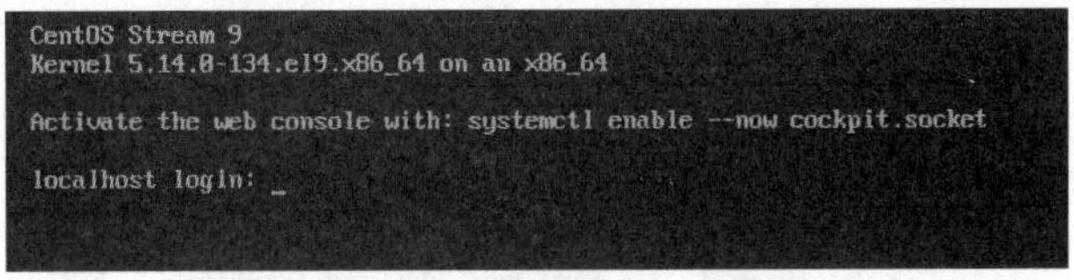

CentOS Stream 9
Kernel 5.14.0-134.el9.x86_64 on an x86_64
Activate the web console with: systemctl enable --now cockpit.socket
localhost login: _

图 2.2　CentOS 命令行界面

（2）使用远程登录方式（Telnet 或 SSH）进入命令行界面。通常，在 Windows 环境下使用 MobaXterm 登录远程 Linux 操作系统的具体操作步骤如下。

① 启动 MobaXterm。

② 在“会话设置”对话框中选择连接会话的类型，如 SSH；在“远程主机”文本框中输入 IP 地址（请确保 IP 地址正确，否则不能正常登录）；勾选“指定用户名”复选框，然后在其右侧文本框中输入用户名（如 root）；端口保持默认的“22”即可；单击“好的”按钮，如图 2.3 所示。

图 2.3　会话设置的具体操作示意

③ 如果是第一次连接远程系统，则系统会进入提示输入账户密码的界面，输入密码时界面上不会出现任何提示，输入完毕之后直接按“Enter”键即可登录远程系统。图 2.4 所示为使用 MobaXterm 成功登录远程 Linux 操作系统的界面。

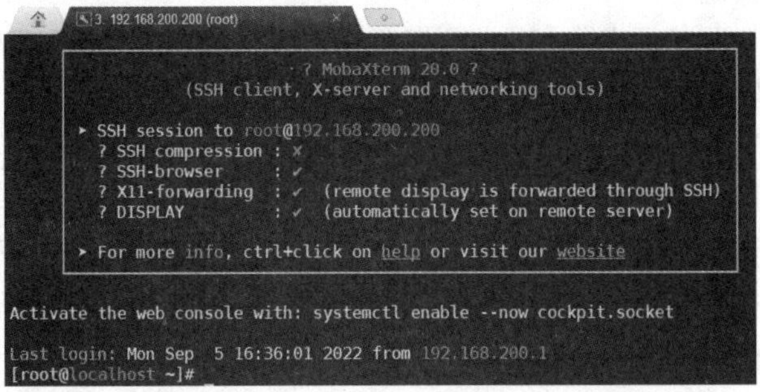

图 2.4　使用 MobaXterm 成功登录远程 Linux 操作系统的界面

2.1.2　认识 Bash 与 Linux 命令格式

微课 2.2　认识 Bash 与 Linux 命令格式

Shell（也称为终端或壳）是一种命令行工具，可充当用户与内核之间的“翻译官”。Shell 连接程序示意如图 2.5 所示。

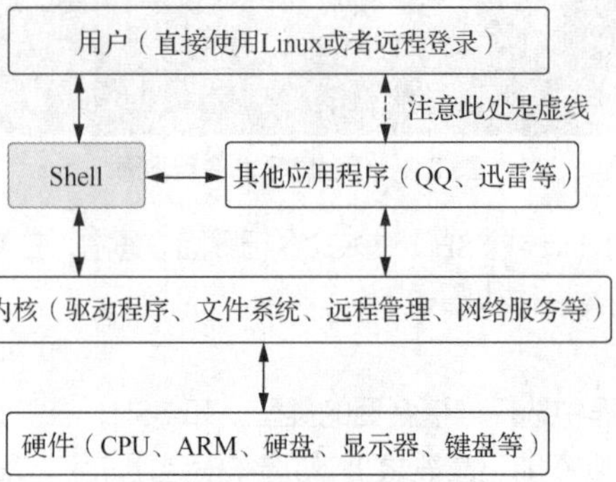

图 2.5　Shell 连接程序示意

1. Bash

现在包括 CentOS Stream 9 在内的许多主流 Linux 操作系统默认使用的终端是 Bash。Bash 是一种向下兼容，且吸收了许多其他 Shell 优点的、功能全面的 Shell。另外，Bash 还有很多自己的特色。例如，它可以使用方向键查阅以往执行过的命令，对命令进行编辑；在忘记命令名时，它可以向系统求助，使用命令补齐功能等。

2. Linux 命令格式

Linux 命令都具有相同的命令格式，具体格式如下。

```
命令名  [选项]  [参数 1]  [参数 2]…
```

其中，各部分的含义如下。

- 命令名：需要提交给系统执行的命令，一般由小写字母构成。这些命令是一个可执行文件或 Shell 脚本文件。例如，date 表示日期；who 表示系统中的使用者；cp 是“copy”的缩写，用于复制文件。
- 选项：对命令的特别定义，多以短横线（-）开始。
- 参数 1/参数 2：提供命令运行的信息或者命令执行过程中所使用的文件名。通常参数是一些文件名，用于告诉命令从哪里可以得到输入及将输出送到什么地方。如果命令行中没有提供参数，则命令将从标准输入（即键盘）文件处接收数据，输出结果将显示在标准输出（即显示器）文件上。可以使用重定向功能对这些文件进行重定向。

如果命令在正常执行后返回 0，则表示执行成功；如果在命令执行过程中出错而没有完成全部工作，则会返回一个非 0 值。在 Shell 脚本中可用此返回值作为控制逻辑流程的一部分。

除此以外，Linux 操作系统的联机帮助对每个命令的准确语法都做了说明，读者在使用过程中遇到困难时可以随时查阅。

微课 2.3　显示屏幕上的信息

2.1.3　显示屏幕上的信息

echo 是一个在终端设备上输出指定字符串或变量值的命令。它可以向用户提供简单的提示信息，也可以将输出的字符串内容与管道符一起传递给后续命令，作为标准输入信息进行二次处理；或者与输出重定向符一起使用，直接将信息写入文件。通常在 Shell 脚本中使用 echo 命令作为一种输出提示信息的方法。

echo 命令格式如下。

```
echo [选项] [字符串|$变量名]
```

echo 命令的常用选项及其说明如表 2.1 所示。

表 2.1 echo 命令的常用选项及其说明

常用选项	说明
n	不输出结尾的换行符
--version	查看版本信息
--help	查看帮助信息

例 2.1 显示字符串“This is an example for echo command.”。

```
[root@localhost ~]# echo "This is an example for echo command."
This is an example for echo command.
```

例 2.2 在 Shell 提示符下使用 echo 命令实现计算。

```
[root@localhost ~]# echo $((2 + 2))
4
```

说明 例 2.2 中的$((2 + 2))是算术表达式，它由数值和算术操作符组成。算术表达式只支持整数，但是能执行很多不同的操作。

例 2.3 使用 echo 命令显示交互信息。

```
[root@localhost ~]# echo -n "请输入姓名: "; read name; echo "姓名是:"$name
请输入姓名: zhangqiang
姓名是:zhangqiang
```

说明 read 命令的作用是读取用户从键盘输入的内容，并将其赋值给变量 name。命令之间的“;”表示顺序执行命令。

2.1.4 设置默认启动的目标

微课 2.4 设置默认启动的目标

CentOS 7 之前版本的运行级别被定义为 7 级，用数字 0～6 表示，各运行级别及其含义如表 2.2 所示。

表 2.2 运行级别及其含义

运行级别	含义
0	系统停机状态，系统默认运行级别不能设为 0，否则不能正常启动
1	单用户工作状态，root 权限，用于系统维护，禁止远程登录
2	多用户状态，不支持网络文件系统（Network File System，NFS）
3	完全的多用户模式，具有网络支持和命令行界面
4	系统未使用，保留
5	完全的多用户模式，具有网络支持和图形界面
6	系统重启，系统默认运行级别不能设为 6，否则不能正常启动

常用的运行级别是级别 3 和级别 5。一般服务器不需要安装图形界面，且需要支持网络连接，所以使用级别 3；个人计算机通常会安装图形界面，所以使用级别 5。

使用 runlevel 命令查看当前系统的运行级别，命令及执行结果如下。

```
[root@localhost ~]# runlevel
```

```
N 5
```

执行结果显示“N 5”，表示当前运行在级别 5。

使用 init 命令可以在不同运行级别间切换。例如，当前系统运行在级别 5，要想切换到级别 3，可执行如下命令。

```
[root@localhost ~]# init 3
```

自 CentOS 7 开始，系统的运行级别改为通过目标（Target）来实现。目标使用目标单元文件进行描述，目标单元文件的扩展名为.target。例如，graphical.target 目标元用于启动图形界面，相当于级别 5；multi-user.target 目标对应的是字符操作界面的系统运行方式，相当于级别 3。

运行级别与目标的对应关系如表 2.3 所示。

表 2.3　运行级别与目标的对应关系

运行级别	目标
0	poweroff.target
1	rescue.target
2	multi-user.target
3	multi-user.target
4	multi-user.target
5	graphical.target
6	reboot.target

在 CentOS 7 之后的系统中，虽然建议使用系统管理命令 systemctl 来完成目标切换，但仍支持使用 init 命令进行切换。

在安装 Linux 操作系统时，选择“带 GUI 的服务器”选项，系统安装好后默认目标为 graphical.target，即系统开机默认进入图形界面。

例 2.4　使用 systemctl get-default 命令查看默认目标。

```
[root@localhost ~]# systemctl get-default
graphical.target
```

例 2.5　使用 systemctl set-default 命令设置默认目标为 multi-user.target。

```
[root@localhost ~]# systemctl set-default multi-user.target
Removed /etc/systemd/system/default.target.
Created symlink /etc/systemd/system/default.target → /usr/lib/systemd/system/
multi-user.target.
```

默认启动目标 multi-user.target 设置完毕，使用 reboot 命令重启系统。

```
[root@localhost ~]# reboot
```

系统重启后，将默认进入字符操作界面。

建议：执行完上面的操作后，使用以下命令将系统开机默认目标设置为 graphical.target，以方便后续使用。

```
[root@localhost ~]# systemctl set-default graphical.target
```

任务 2-2　获取和设置系统基本信息

【任务目标】

小陈发现在使用 Linux 操作系统时需要学习太多的命令，因此他制订了一个命令学习计划。计划要求小陈学会使用 Linux 命令获取和设置与操作系统、计算机及内存相关的基本信息。

因此，小陈制订了如下任务目标。

① 学习使用 uname 命令获取系统信息。

② 学习使用 free 命令了解系统内存使用情况。

③ 掌握查看、修改主机名的命令。

2.2.1 获取计算机和操作系统的信息

微课 2.5 获取计算机和操作系统的信息

uname 命令是英文词组“UNIX name”的缩写，其功能是查看系统主机名、内核及硬件架构等信息。不加任何选项时，该命令的作用为显示操作系统内核名称，相当于加“-s”选项。

uname 命令格式如下。

```
uname [选项]
```

uname 命令的常用选项及其说明如表 2.4 所示。

表 2.4 uname 命令的常用选项及其说明

常用选项	说明
-r	显示操作系统的内核版本号
-m	显示计算机硬件架构
-s	显示操作系统内核名称
-a	显示全部信息

例 2.6 显示操作系统的内核版本号。

```
[root@localhost ~]# uname -r
5.14.0-142.el9.x86_64
```

例 2.7 显示系统所有相关信息（含内核名称、主机名、内核版本号及硬件架构）。

```
[root@localhost ~]# uname -a
Linux localhost.localdomain 5.14.0-142.el9.x86_64 #1 SMP PREEMPT_DYNAMIC Thu Aug
4 18:15:17 UTC 2022 x86_64 x86_64 x86_64 GNU/Linux
```

2.2.2 获取内存信息

free 命令的功能是显示系统内存使用情况，包含物理和交换内存的总量、使用量和空闲量。

free 命令格式如下。

```
free [选项]
```

free 命令的常用选项及其说明如表 2.5 所示。

微课 2.6 获取内存信息

表 2.5 free 命令的常用选项及其说明

选项	说明
-b	以 Byte 为单位显示系统的内存使用情况
-k	以 KB 为单位显示系统的内存使用情况
-m	以 MB 为单位显示系统的内存使用情况
-g	以 GB 为单位显示系统的内存使用情况
-h	以合适的单位显示系统的内存使用情况
-s	持续显示内存使用量信息

例 2.8 以合适的单位显示系统的内存使用情况。

```
[root@localhost ~]# free -h
              total        used        free      shared  buff/cache   available
Mem:          3.8Gi       989Mi       2.6Gi       17Mi       486Mi       2.8Gi
Swap:         3.9Gi          0B       3.9Gi
```

例 2.9 以合适的单位持续显示内存使用量信息，每隔 5s 刷新一次。

```
[root@localhost ~]# free -hs 5
              total        used        free      shared  buff/cache   available
Mem:          3.8Gi       989Mi       2.6Gi       17Mi       486Mi       2.8Gi
Swap:         3.9Gi          0B       3.9Gi

              total        used        free      shared  buff/cache   available
Mem:          3.8Gi       989Mi       2.6Gi       17Mi       486Mi       2.8Gi
Swap:         3.9Gi          0B       3.9Gi
```

说明

如果需要中断 free 命令的执行，则可以按【Ctrl+C】组合键。

2.2.3 显示和修改主机名

1. hostname 命令

hostname 命令的功能是显示和设置系统的主机名。Linux 操作系统中的 HOSTNAME 环境变量中保存了当前的主机名，使用 hostname 相关命令能够查看和设置此环境变量的值。而想要永久修改主机名则需要使用 hostnamectl 命令或直接编辑配置文件/etc/hostname。

微课 2.7 显示和修改主机名

hostname 命令格式如下。

```
hostname [选项] [主机名]
```

hostname 命令的常用选项及其说明如表 2.6 所示。

表 2.6 hostname 命令的常用选项及其说明

选项	说明
-a	显示主机别名
-d	显示 DNS 域名
-f	显示 FQDN 名称
-i	显示主机的 IP 地址
-s	显示短主机名称
-y	显示 NIS 域名

例 2.10 显示本机的主机名。

```
[root@localhost ~]# hostname
localhost.localdomain
```

例 2.11 临时修改当前计算机的主机名为 server。

```
[root@localhost ~]# hostname server
```

```
[root@localhost ~]# hostname
server
```

当前的主机名已修改为 server。此时，打开新的终端或重新登录 Shell 后，可以观察到 Bash 的提示符中的主机名变更为 server。

注意 使用 hostname 命令修改主机名会立即生效，但在系统重启后将丢失所做的修改，主机名还是原来的 localhost.localdomain。

2. hostnamectl 命令

hostnamectl 命令来自英文词组“hostname control”，其功能是显示与设置主机名。基于/etc/hostname 文件修改主机名需要重启服务器后才可生效，而 hostnamectl 命令设置过的主机名可以立即生效，效率更高。

hostnamectl 命令格式如下。

```
hostnamectl [选项]
```

hostnamectl 命令的常用选项及其说明如表 2.7 所示。

表 2.7 hostnamectl 命令的常用选项及其说明

选项	说明
-H	操作远程主机
status	显示当前系统的主机名及系统信息
set-hostname	设置系统主机名

例 2.12 使用 hostnamectl 命令显示当前系统的主机名及系统信息。

```
[root@localhost ~]# hostnamectl status
   Static hostname: localhost.localdomain
Transient hostname: server
         Icon name: computer-vm
           Chassis: vm
        Machine ID: 25b40c6bf19b4378aad37e4998e22e09
           Boot ID: b728140b4221442c918832925d8f568f
    Virtualization: vmware
  Operating System: CentOS Stream 9
       CPE OS Name: cpe:/o:centos:centos:9
            Kernel: Linux 5.14.0-142.el9.x86_64
      Architecture: x86-64
   Hardware Vendor: VMware, Inc.
    Hardware Model: VMware Virtual Platform
```

例 2.13 使用 hostnamectl 命令将主机名永久更改为 server。

```
[root@localhost ~]# hostnamectl set-hostname server
[root@server ~]#
```

提 示 打开新的终端或重新登录 Shell 后，可以观察到 Bash 的提示符中的主机名变更为 server。

任务 2-3 获取命令的帮助信息

【任务目标】

Linux 操作系统中有很多命令，小陈在学习过程中发现很难记住所有的 Linux 命令、选项和参数。小陈的师傅告诉他，掌握获取 Linux 操作系统命令帮助的方法非常重要。这样，在他无法记住命令时，可以及时找到命令，或者在遇到不熟悉的命令时能及时查阅帮助文档。

因此，小陈制订了如下任务目标。

① 学习命令自动补全功能的使用。

② 使用 man 命令帮助理解其他命令。

③ 掌握 help 和 info 命令的使用。

2.3.1 命令自动补全

微课 2.8 获取命令的帮助信息

使用 Linux 字符操作界面时，准确地记住每个命令的拼写并非易事，而使用 Bash 的命令自动补全功能可减轻学习压力。用户在提示符下输入某个命令的前面几个字符，然后按“Tab”键，相应的命令就会自动补全，或系统会列出以这几个字符开头的命令供用户选择。

例 2.14 使用 hostname 命令关闭系统，用户输入 hostn 后，按“Tab”键补全命令。

```
[root@server ~]# hostn<tab>
```

说明 以上命令中的<tab>表示按“Tab”键。

Bash 除了支持自动补全命令外，还可自动补全文件名、路径、用户名、主机名等。

例 2.15 使用 cd 命令从当前目录切换到“/tmp/”目录，输入 cd 命令的部分参数“/t”后，按“Tab”键补全路径“/tmp”，操作如下。

```
[root@server ~]# cd /t<tab>
```

但在一些情况下，按“Tab”键后，Shell 没有任何反应。

```
[root@server ~]# cd /b<tab>
bin/  boot/
```

说明 在“/”目录下存在多个以“b”开头的文件或目录，仅输入一个字符“b”无法判断出具体是哪个文件。此时，连续按两次“Tab”键，Shell 将以列表的形式显示当前目录下所有以“b”开头的文件或目录。

2.3.2 使用 man 命令显示在线帮助手册

Linux 操作系统中存在大量的命令，并且每个命令有许多选项和参数，要完全记住它们是相当困难的。为了解决这个问题，Linux 操作系统提供了在线帮助手册，用户可以方便地查询所有命令的完整说明，包括命令的格式、各选项和参数的含义，以及相关命令等信息。

man 命令来自英文单词“manual”，中文译为帮助手册，其用于查看命令、配置文件及服务的帮助信息。

man 命令格式如下。

```
man [选项] 命令名
```

man 命令的常用选项及其说明如表 2.8 所示。

表 2.8 man 命令的常用选项及其说明

选项	说明
-a	在所有的帮助手册中搜索
-d	检查新加入的文件是否有错误
-f	显示给定关键字的简短描述信息
-p	指定内容时使用分页程序
-M	指定帮助手册搜索的路径
-w	显示文件所在位置

例 2.16 浏览 ls 命令的帮助手册文档。

```
[root@server ~]# man ls
```

例 2.17 查看/etc/passwd 文件的帮助信息。

```
[root@server ~]# man 5 passwd
```

> **说明**
> 如果既有 passwd 命令，又有/etc/passwd 文件，则需要手动指定帮助信息的编号。编号规则如下：普通命令为 1，函数为 2，库文件为 3，设备为 4，配置文件为 5，游戏为 6，宏文件为 7，系统命令为 8，内核程序为 9，TK 指令为 10。

2.3.3 使用 help 命令

help 命令的功能是显示帮助信息，可以输出 Shell 内部命令的帮助内容。然而，对于外部命令，help 命令无法使用，需要使用 man 或 info 命令进行查看。

help 命令格式如下。

```
help [选项] [参数]
```

help 命令的常用选项及其说明如表 2.9 所示。

表 2.9 help 命令的常用选项及其说明

选项	说明
-d	输出每个命令的简短描述信息
-s	输出短格式的帮助信息
-m	以帮助手册的格式显示帮助信息

例 2.18 使用 help 命令查看 cd 命令的帮助信息。

```
[root@server ~]# help cd
```

2.3.4 使用 info 命令

info 命令也可以用于获取命令的帮助信息。与 man 命令不同的是，man 命令会将帮助信息一次性完整显示出来，而 info 命令获取的帮助信息以一本独立的电子书的形式展示，类似于按章节编号的书籍，两者在内容方面相差不大。

例 2.19 使用 info 命令获取 cp 命令的帮助信息。

```
[root@server ~]# info cp
```

任务 2-4 管理日期和时间

【任务目标】

小陈想要了解 Linux 服务器上的日期和时间。然而，Linux 字符操作界面中没有像 Windows 操作系统一样直接在屏幕右下角显示时间和日期。他向师傅请教后得知，Linux 操作系统提供了 cal、date 和 hwclock 命令来帮助用户管理系统的日期和时间。

因此，小陈制订了如下任务目标。

① 学习使用 cal 命令查看日历信息。

② 使用 date 和 hwclock 命令管理系统日期和时间。

2.4.1 显示日历信息

微课 2.9 显示日历信息

cal 命令来自英语单词“calendar”。该命令用来显示当前日历，或者显示指定日期的公历（公历是现在国际通用的历法，通称阳历）。若只有一个参数，则表示年份（1～9999）；若有两个参数，则表示月份和年份。

cal 命令格式如下。

```
cal [选项] [日期]
```

cal 命令的常用选项及其说明如表 2.10 所示。

表 2.10 cal 命令的常用选项及其说明

选项	说明
-l	单月输出日历
-3	显示最近 3 个月的日历
-s	将星期日作为月的第一天
-m	将星期一作为月的第一天
-j	显示在当年中的第几天
-y	显示当年的日历

例 2.20 显示 2022 年 8 月的日历。

```
[root@server ~]# cal 8 2022
      八月 2022
一 二 三 四 五 六 日
 1  2  3  4  5  6  7
 8  9 10 11 12 13 14
15 16 17 18 19 20 21
22 23 24 25 26 27 28
29 30 31
```

例 2.21 显示 2022 年 8 月、9 月、10 月这 3 个月的日历（假设当前月为 9 月，显示其前后两个月的日历）。

```
[root@server ~]# cal -3
```

```
        八月 2022                  九月 2022                 十月 2022
一  二  三  四  五  六  日    一  二  三  四  五  六  日    一  二  三  四  五  六  日
 1   2   3   4   5   6   7                1   2   3   4                       1   2
 8   9  10  11  12  13  14     5   6   7   8   9  10  11     3   4   5   6   7   8   9
15  16  17  18  19  20  21    12  13  14  15  16  17  18    10  11  12  13  14  15  16
22  23  24  25  26  27  28    19  20  21  22  23  24  25    17  18  19  20  21  22  23
29  30  31                    26  27  28  29  30            24  25  26  27  28  29  30
                                                            31
```

2.4.2 显示或设置系统日期和时间

1. date 命令

date 命令的功能是显示或设置系统日期和时间信息。运维人员可以根据想要的格式来输出系统时间信息，时间格式为 MMDDhhmm[CC][YY][.ss]。其中，MM 为月份，DD 为日，hh 为小时，mm 为分钟，CC 为年份前两位数字，YY 为年份后两位数字，ss 为秒。

date 命令格式如下。

```
date  [选项]
```

date 命令的常用选项及其说明如表 2.11 所示。

表 2.11　date 命令的常用选项及其说明

选项	说明
-d datestr	显示 datestr 中所设定的时间（非系统时间）
-s datestr	将系统时间设为 datestr 中所设定的时间
-u	显示目前的格林尼治时间
--help	显示帮助信息
--version	显示版本信息

例 2.22 显示当前的日期和具体时间。

```
[root@server ~]# date
2022年 08月 07日 星期三 11:17:53 CST
```

例 2.23 设置系统时间为 2023 年 7 月 24 日。

```
[root@server ~]# date  -s  20230724
2023年 07月 24日 星期一 00:00:00 CST
```

2. hwclock 命令

hwclock 命令用于显示与设定硬件时钟。

在 Linux 操作系统中，存在两种时钟，即硬件时钟和系统时钟。硬件时钟指的是主机上的时钟设备，通常可以在 BIOS 界面中进行设置。而系统时钟是指内核中的时钟。当 Linux 操作系统启动时，系统时钟会读取硬件时钟的设置，并在此基础上独立运行。所有与 Linux 操作系统相关的指令和函数都会读取系统时钟的设置。

hwclock 命令格式如下。

```
hwclock  [选项]
```

hwclock 命令的常用选项及其说明如表 2.12 所示。

表 2.12　hwclock 命令的常用选项及其说明

选项	说明
--hctosys	将系统时钟调整为与目前的硬件时钟一致
--set -date=<日期与时间>	设定硬件时钟
--show	显示硬件时钟的时间与日期
--systohc	将硬件时钟调整为与目前的系统时钟一致

例 2.24　查看硬件时钟的日期与时间。

```
[root@server ~]# hwclock
2022-09-07 00:00:42.994788+08:00
```

例 2.25　设置硬件时钟依赖于系统时钟。

```
[root@server ~]# hwclock  --systohc
```

学思启示

很多没有接触过Linux的人觉得学习Linux是极其枯燥的，因此望而却步。以编者多年的教学经验看，在学习Linux的过程中注重以下几点，通常能够取得事半功倍的效果。

① 暂时理解不了的原理，或者找不到问题的原因，可以先将其记录下来。随着实践经验的积累和对Linux理解的加深，很多原理会逐步得到理解，很多问题也会得到解决。

② 动手比背书更重要。Linux的学习大多是所见即所得，看十遍书也不如动手运行一次。

③ 即时验证是确保操作正确且高效的最佳方式之一。对Linux操作系统的初学者而言，使用“Tab”键自动补全就可以进行即时验证，如果输入错误，“Tab”键就无法补全，常用“Tab”键可以极大地提升初学者的操作效率。

④ 学习Linux命令切忌求全，掌握常用的Linux命令即可。Linux命令同样遵循“二八原则”，掌握常用的Linux命令即可应对80%以上的使用场景，其余命令待到需要时学习即可。

⑤ 将Linux学习和应用紧密结合起来，切忌漫无目的地学习。结合Linux的应用方向，如云计算、大数据等方向来学习Linux，可以将所学的Linux知识点像串珠子一样串起来，构建系统的知识架构，这样所学的Linux知识不容易被遗忘，且能进行实际运用。

⑥ 养成良好的Linux使用习惯，切忌不规范操作。例如，很多学习者为了方便，会直接在root用户下操作，一个误操作就可能导致出错；还有部分学习者会在输入一长串命令后才开始运行，这极易出错。这些都是不好的Linux使用习惯，初学者一定要注意规避。

【拓展知识】

学到这里，读者应该掌握了 Linux 操作系统的启动方法，会进行基本的命令操作，并且已经能够通过帮助文件查找帮助信息。

那么应该如何关机呢？在 Windows 操作系统中，如果遇到故障，则按住电源开关几秒可以强制关机。但是在 Linux 操作系统中，不建议采取这种做法。

因为 Windows（非 NT 内核）操作系统中是单用户多任务的情况，即使强制关闭计算机，对其他用户也不会造成影响。但是在 Linux 操作系统中，每个程序（或称为服务）都在后台执行，因此可能有很多用户在共享 Linux 操作系统的资源，如浏览网页、发送邮件及进行基于 FTP 的文件传输等。如果直接按电源开关强制关机，则很有可能导致其他人的数据中断。

此外，若不是正常关闭 Linux 主机，则可能会造成文件系统的损坏（因为来不及将数据回写到文件中，导致某些服务的文件异常）。因此，正常情况下，关机时需要注意以下几点。

① 观察系统的使用状态，通过使用 who 命令了解当前在线用户。除此以外，若要获得主机的网络联机状态，则可以使用 netstat -a 命令；若要获得后台执行的程序，则可以使用 ps-aux 命令。使用这些命令可以了解主机目前的使用状态，从而决定是否可以直接关机。

② 通知在线用户关机的时间，为其留出充分的准备时间。可以使用 shutdown 命令来实现此功能。

③ 使用正确的关机命令来进行关机。关机命令包括 shutdown 与 poweroff 两个。

【项目实训】

Linux 操作系统一般用作服务器。服务器对工作环境的要求很高，因此一般部署在远离办公区域的其他安全位置。但是一旦服务器出现故障，又需要管理员第一时间对其进行处理，快捷、高效的远程操作成为每个管理员必须掌握的技能。因此，小陈需要学习并掌握远程登录工具 SSH 和 MobaXterm，以及文件传输工具 SCP 和 WinSCP 的使用。

就让我们和小陈一起完成“使用 Linux 命令”的实训吧！

此部分内容请参考本书配套的活页工单——“工单 2. 使用 Linux 命令”。

【项目小结】

通过对本项目的学习，读者应该了解了字符操作界面的基本使用方法，熟悉了 Bash 与 Linux 命令的格式，并掌握了一些常见 Linux 命令的使用，如 echo、hostname 等。

在使用 Linux 操作系统时，有经验的用户通常习惯使用终端和命令行进行操作，而不像在 Windows 操作系统中那样依赖图形界面、鼠标和键盘的联合操作。因此，为了在 Linux 操作系统中准确、高效地完成各种任务，读者需要掌握常用 Linux 命令的用法，并根据实际情况灵活调整命令的选项和参数。

项目 3 管理文件与目录

03

【学习目标】

【知识目标】

- 了解 Linux 操作系统的文件类型和目录结构。
- 了解文件压缩归档命令。

【能力目标】

- 掌握 Linux 操作系统下文件和目录的基本操作。
- 掌握查找文件内容和文件位置的方法。
- 掌握 Linux 操作系统下打包、压缩等操作。

【素养目标】

- 提高沟通能力和表达能力，以向他人清晰表达项目过程。
- 培养合作意识，做到与小组成员互相帮助，取长补短。

【项目情景】

通过前期的学习，小陈已经能够在字符操作界面下完成一些基本操作。然而，仅仅掌握目前学习的几个命令还不足以高效地完成对目录和文件的操作。因此，小陈决定继续学习 Linux 操作系统中的目录与文件管理命令。

任务 3-1 了解文件类型与目录结构

【任务目标】

在 Linux 操作系统的管理与使用过程中，文件和目录是系统管理员最常接触的对象之一。对文件和目录的管理是 Linux 操作系统运行和维护的基础工作。计算机系统中有大量的文件，为了方便管理和查找这些文件，Linux 操作系统采用目录的方式将不同类型或功能的文件分类存储在不同的目录中。在本任务中，小陈需要熟悉 Linux 操作系统中不同类型的文件，并理解目录结构及作用。

因此，小陈制订了如下任务目标。

① 了解 Linux 文件类型及目录结构。

② 掌握文件和目录的常用操作命令。

微课 3.1 了解 Linux 文件类型

3.1.1 了解 Linux 文件类型

磁盘上的文件系统是分层次的，由若干目录及其子目录组成，最上层的目录称为根目录，用“/”表示。

1. 文件与目录的定义

文件与目录的相关定义如表 3.1 所示。

表 3.1　文件与目录的相关定义

名称	定义
文件系统	文件系统是磁盘上有特定格式的一块区域。操作系统通过文件系统可以方便地查询和访问其中所包含的磁盘块
文件	文件是文件系统中存储数据的一个命名对象。一个文件可能是空文件，但其仍可为操作系统提供其他信息
目录	目录是包含许多文件项目的一类特殊文件。目录支持文件系统的层次结构。文件系统中的每个文件都登记在一个（或多个）目录中
子目录	子目录是包含在另一个目录中的目录。包含子目录的目录称为父目录。除了根目录以外，所有的目录都是子目录，并且有它们的父目录。根目录为自己的父目录
文件名	用来标识文件的字符串，它保存在一个目录文件中
路径名	路径名是由“/”结合在一起的一个或多个文件名的集合。路径名指定一个文件在分层的树形结构（即文件系统）中的位置

2. 文件结构

文件是 Linux 操作系统处理信息的基本单位。所有软件都组织成文件形式。

（1）文件成分

无论文件是一个程序、一个文档、一个数据库，还是一个目录，操作系统都会赋予文件相同的结构，具体信息如下。

① 索引节点：又称 inode（元数据）。在文件系统中，索引节点包含相应文件信息的记录，这些信息包括文件类型、权限、硬链接数、所有者及所属组、文件大小、时间信息等。

② 数据：文件的具体内容存放地。

（2）文件名

文件名保存在目录文件中。Linux 的文件名几乎可以由 ASCII 字符的任意组合构成，文件名可长达 255 个字符。

为方便管理文件，文件名应遵循以下规则。

① 文件名应尽量简单，并且能反映出文件内容。文件名没有必要超过 14 个字符。

② 除“/”和空字符以外，文件名可以包含任意的 ASCII 字符，因为这两个字符会被内核当作路径名的特殊字符来解释。

③ 习惯上允许使用下画线“_”和句点“.”来区分文件的类型，使文件名更易读。但是应避免使用以下字符：: ; | < > ` " ' $! % & * ? \ ( ) [ ]。因为对系统的 Shell 来说，它们有特殊的含义。另外，文件名应避免使用空格、制表符或其他控制字符。

④ 同类文件应使用同样的扩展名。

⑤ Linux 操作系统区分文件名的字母大小写，如名为 letter 的文件与名为 Letter 的文件不是同一个文件。

> **说明**　以“.”开头的文件名是隐藏文件，默认情况下使用 ls 命令并不能将其在屏幕上显示出来。同样，在默认情况下，Shell 文件名扩展字符并不匹配这类文件名。

（3）文件名扩展字符

为了能一次处理多个文件，Shell 提供了几个特殊的字符，称为文件名扩展字符（也称通配符）。

文件名扩展字符主要有以下几种。

① 星号“*”：与 0 个或多个任意的字符相匹配，可以匹配当前目录下的所有文件，但以“.”开头的隐藏文件除外。例如，file*可以匹配 file123、fileabc 或 file 等。

② 问号“?”：只与一个任意的字符匹配。例如，file?可以与 file1、file2、file3 匹配，但不与 file23、file10 匹配。可以同时使用多个问号。

③ 方括号“[ ]”：只与方括号中字符之一匹配，可以用短横线代表一个范围内的字符，方括号中如果以叹号“!”开始，则表示不与叹号后的字符匹配。例如，file[1234]表示只与文件 file1、file2、file3 或 file4 匹配；file[!1234]表示除了 file1、file2、file3 和 file4 这 4 个文件外，与其他任何一个以 file 起始的文件名匹配。

3. 文件类型

Linux 操作系统共有 7 种类型的文件：普通文件、目录文件、符号链接文件、块设备文件、字符设备文件、套接字文件、管道文件。

（1）普通文件

普通文件（Regular File）是最常见的文件类型之一，包括文本文件、二进制文件、图像文件等。普通文件包含数据和信息。普通文件的第一个字符属性为[-]。

（2）目录文件

目录文件（Directory File）用于组织和存储其他文件及目录，包含文件和子目录的列表，允许用户在文件系统中组织和访问文件。目录文件的第一个字符属性为[d]。

（3）符号链接文件

符号链接文件（Symbolic Link File）是指向另一个文件或目录的引用，类似于 Windows 中的快捷方式，允许用户创建文件或目录的别名或引用。符号链接文件的第一个字符属性为[l]。

（4）块设备文件

块设备文件（Block Device File）用于与块设备进行交互，块设备通常是硬盘驱动器或其他类似设备。块设备以固定大小的块（通常为 512 字节或更大）来读写数据。这些块通常是随机访问的，可以独立读写。块设备文件支持随机访问和缓存，这使得它们适用于文件系统，因为文件系统需要随机访问数据块。块设备文件通常具有较大的缓存，以优化性能。硬盘分区（如/dev/sda1）就是块设备文件的一个示例。块设备文件的第一个字符属性为[b]。

（5）字符设备文件

字符设备文件（Character Device File）用于与字符设备进行交互，字符设备通常是一些与流式数据有关的设备，如终端、串口、键盘等。字符设备以字符流的方式读写数据，没有固定大小的块。数据通常是按照顺序处理的，不能随机访问。字符设备文件通常不具有缓存，因此数据直接传输给设备或从设备读取，没有中间缓冲区。串口设备（如/dev/ttyS0）就是字符设备文件的一个示例。字符设备文件的第一个字符属性为[c]。

（6）套接字文件

套接字文件（Socket File）通常用于网络编程或进程之间的通信。套接字文件的第一个字符属性为[s]。

（7）管道文件

管道文件（FIFO File），也称为命名管道，用于进程间通信，允许一个进程写入数据，另一个进程读取数据。管道文件可以分为两种类型：无名管道文件和命名管道文件。管道文件的第一个字符属性为[p]。

3.1.2 了解 Linux 目录结构

微课 3.2 了解 Linux 目录结构

Linux 操作系统使用分层目录结构来组织所有文件。这意味着所有的文件形成了一个树形目录，类似于 Windows 操作系统中的文件夹，这个树形目录包含文件和其他目录。文件系统中的第一级目录被称为根目录。根目录包含文件和子目录，子目录又包含更多的文件和子目录，以此类推。目录本身也是一种特殊类型的文件。Linux 操作系统通过目录将系统中的所有文件系统进行层级组织和分组组织，形成了 Linux 文件系统的树形结构。从根目录开始，所有其他目录都是从根目录衍生出来的，用户可以浏览整个系统，并可以进入任何一个有访问权限的目录，并访问该目录下的文件。

1. Linux 目录结构

Linux 操作系统中并不存在 C、D、E、F 等盘符，Linux 操作系统中的一切文件都是从根（/）目录开始的，Linux 操作系统的目录结构是一种单一的根目录结构。根目录位于 Linux 文件系统的顶层，所有分区都挂载到根目录下的某个目录中。Linux 目录结构如图 3.1 所示。

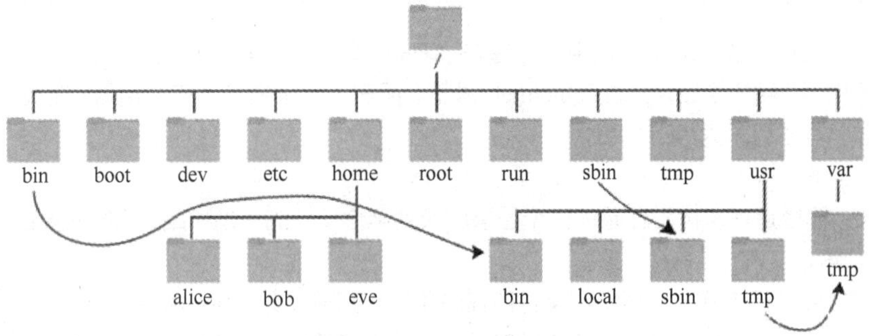

图 3.1 Linux 目录结构

Linux 操作系统的根目录非常重要，其原因有以下两点。

（1）所有目录都是由根目录衍生出来的。

（2）根目录与系统的开机、修复、还原密切相关。

因此，根目录必须包含开机软件、开机所需程序、函数库、修复系统程序等文件。Linux 操作系统中的常见目录如表 3.2 所示。

表 3.2 Linux 操作系统中的常见目录

目录	存放的内容
/	根目录
/bin	存放可运行的程序或命令
/boot	存放的主要是系统启动时需要用到的文件，如 EFI、GRUB，以及 Linux 内核
/dev	存放的是 Linux 的外围设备。在 Linux 中，访问设备的方式和访问文件的方式是相同的
/etc	存放所有的系统管理所需要的配置文件和子目录
/home	用户主目录。在 Linux 中，每个用户都有一个自己的目录，一般该目录名是以用户的账号命名的
/root	该目录为系统管理员目录，也称作超级用户主目录
/run	临时文件系统，存储系统启动以来的信息。当系统重启时，这个目录下的文件会被删除或清除
/sbin	存放的是系统管理员使用的系统管理程序
/tmp	存放一些临时文件
/usr	存放系统的应用程序和文件等软件资源，类似于 Windows 的 Program Files 目录
/var	存放着不断变化的文件，包括各种日志文件

2. 目录与路径的相关定义

目录与路径的相关定义如下。

（1）文件目录

所谓文件目录，是指将所有文件的说明信息采用树形结构组织起来，即常说的目录。也就是说，整个文件系统有一个“根”，然后在根上分“叉”，任何一个分叉上都可以再分叉，叉上也可以长出“叶子”。“根”和“叉”在 Linux 中被称为“目录”或“文件夹”，而“叶子”则是一个个文件。实践证明，这种结构的文件系统效率比较高。

实际上，各个目录中都会有一些文件和子目录。此外，系统在建立每一个目录时，都会自动为它建立两个目录文件：一个是“.”，代表目录自己；另一个是“..”，代表目录的父目录。对于根目录，“.”和“..”都代表其自己。

Linux 目录提供了管理文件的一个方便途径。每个目录中都包含文件。用户可以为特定的文件创建特定的目录，也可以将一个目录下的文件移动或复制到另一个目录下。

（2）当前工作目录

用户当前所在的目录称为当前工作目录。可以使用 pwd directory 命令来显示当前工作目录。

（3）用户主目录

用户主目录是在系统管理员创建用户时建立起来的，每个用户都有自己的主目录，不同用户的主目录一般互不相同。用户主目录一般在/home 目录下，用户主目录名与用户名相同。需要注意的是，用户登录系统时，其主目录为其工作目录。

（4）路径

顾名思义，路径是指从树形目录的某个目录层次到某个文件的一条道路。路径主要由目录名构成，中间用“/”分隔。

用户在对文件进行访问时，要给出文件所在的路径。路径又分为绝对路径和相对路径两种类型。绝对路径是指从“根”开始、到达相应文件的所有目录名连接而成的路径，绝对路径是唯一的，也称为完全路径；相对路径是从用户当前工作目录开始、到达相应文件的路径。

任务 3-2　文件和目录的基本操作

【任务目标】

通过对文件和目录结构的学习，小陈已经理解了 Linux 操作系统中的文件类型和目录结构，并希望通过命令来进行实际操作。他查阅了一些资料，了解到日常工作中文件和目录的基本操作包括查看、新建、复制、移动、删除、统计和压缩等。在本任务中，小陈需要学习与这些基本功能相对应的命令，以便能够快速、有效地完成日常工作。

因此，小陈制订了如下任务目标。

① 学习如何查找、定位文件。

② 掌握文件和目录基本操作所需要的命令的使用方法。

③ 能够创建链接。

④ 会使用命令查看文件、目录占用磁盘的情况。

3.2.1　查找与定位文件

微课 3.3　查找与定位文件

1. pwd 命令

pwd 命令是英文词组“print working directory”的缩写，其功能是显示当前工作目录的路径，即显示所在位置的绝对路径。

在实际工作中，读者经常会在不同目录之间进行切换。为了防止“迷路”，可以使用 pwd 命令快速查看当前工作目录所处的路径，方便开展后续工作。

pwd 命令及其运行结果如下。

```
[root@server ~]# pwd
/root
```

2. cd 命令

cd 命令是英文词组“change directory”的缩写，其功能是更改当前所处的工作目录，路径可以是绝对路径，也可以是相对路径，若省略不写，则会跳转至当前使用者的主目录。

cd 命令的格式如下。

```
cd [选项] [目录名]
```

cd 命令的常用选项及其说明如表 3.3 所示。

表 3.3　cd 命令的常用选项及其说明

选项	说明
P	如果切换的目标目录是一个符号链接，则直接切换到符号链接指向的目录
-L	如果切换的目标目录是一个符号链接，则直接切换到符号链接名所在的目录
--	仅使用“-”选项时，当前目录将被切换到环境变量“OLDPWD”对应值的目录
~	切换至当前用户主目录
..	切换至当前目录位置的上一级目录

3. ls 命令

ls 是英文单词“list”的缩写，其功能是列举指定目录下的文件名及其属性。

在默认不加参数的情况下，ls 命令会列出当前工作目录中的文件信息，其经常与 cd 和 pwd 命令搭配使用。

ls 命令的格式如下。

```
ls [选项] [文件]
```

ls 命令的常用选项及其说明如表 3.4 所示。

表 3.4　ls 命令的常用选项及其说明

选项	说明
-a	显示所有文件及目录（包括以“.”开头的隐藏文件）
-l	使用长格式列出文件及目录的详细信息
-r	将文件以相反次序（默认按英文字母正常次序）显示
-t	根据最后的修改时间排序
-A	同 -a，但不列出当前目录及父目录
-S	根据文件大小排序
-R	递归列出所有子目录
-d	查看目录的信息，而不是其中子文件的信息
-i	输出文件的索引节点信息
-m	水平列出文件，以逗号“,”分隔
-X	按文件扩展名排序
--color	输出信息中带有着色效果

例 3.1 将工作目录切换到/etc/yum.repos.d，使用 pwd 命令验证切换是否正确，并使用 ls 命令以长格式显示该目录下的文件。

以下是命令及其运行结果。

```
[root@server ~]# cd /etc/yum.repos.d
[root@server yum.repos.d]# pwd
/etc/yum.repos.d
[root@server yum.repos.d]# ls -l
总用量 28
-rw-r--r--. 1 root root 4229  3月  3  2022 centos-addons.repo
-rw-r--r--. 1 root root 2588  8月 23 21:24 centos.repo
```

例 3.2 将工作目录切换到/etc 目录，使用 pwd 命令验证切换是否正确，再列出当前目录下文件名中包含 4 个字符且扩展名为.conf 的文件。

以下是命令及其运行结果。

```
[root@server ~]# cd /etc
[root@server etc]# pwd
/etc
[root@server etc]# ls ????.conf
fuse.conf  host.conf  krb5.conf  sudo.conf
```

这里用到了通配符。通配符是一种特殊字符，通配符及其含义如表 3.5 所示。当不知道真正的字符或者不想输入多个字符时，常常使用通配符代替一个或多个真正的字符。熟练运用通配符可以提高工作效率并简化一些烦琐的处理步骤。

表 3.5 通配符及其含义

通配符	含义
*	代表任意数量的字符（包含 0）
?	代表任意一个字符
[]	表示可以匹配字符组中的任意一个。例如，[abc]表示可以匹配 a、b、c 中的任意一个，[1-9]表示可以匹配 1～9 的任意一个数字

4. tree 命令

tree 命令的功能是以树状图的形式列出目录内容，帮助运维人员快速了解到目录的层级关系。使用时直接输入该命令后按“Enter”键即可。

虽然 ls 命令可以很便捷地查看目录内有哪些文件，但是无法直观地获取目录下文件的层次结构。假如目录 a 中有 b，b 中又有 c，那么 ls 命令就只能看到最外面的 a 目录，显然这不太够用。而 tree 命令能够以树状图的形式列出目录下所有文件的层次结构。

分别使用 ls 命令和 tree 命令查看 root 用户主目录下的文件。

```
[root@server ~]# ls
公共  模板  视频  图片  文档  下载  音乐  桌面  a  anaconda-ks.cfg  chengji1.bak  link
link-h  link-s  test1
[root@server ~]# tree
.
├── 公共
```

```
├── 模板
├── 视频
├── 图片
├── 文档
├── 下载
├── 音乐
├── 桌面
├── a
│   └── b
│       └── c
│           └── d
│               └── e
├── anaconda-ks.cfg
├── chengji1.bak
├── link
├── link-h
├── link-s -> link
└── test1

13 directories, 7 files
```

3.2.2　查看文件

微课 3.4　查看文件

1. cat 命令

cat 命令是英文单词“concatenate”的缩写，其功能是查看文件内容。cat 命令适合查看内容较少的、纯文本的文件。另外，cat 命令可以用来连接两个文件或多个文件，形成新的文件。

cat 命令的格式如下。

```
cat [选项] [文件]
```

cat 命令的常用选项及其说明如表 3.6 所示。

表 3.6　cat 命令的常用选项及其说明

选项	说明
-n	显示行数（空行也编号）
-s	显示行数（多个空行算一个编号）
-b	显示行数（空行不编号）

例 3.3 使用 cat 命令查看/root 目录下的 anaconda-ks.cfg 文件，并显示行号。

以下是命令及其运行结果。

```
[root@server ~]# cat -n anaconda-ks.cfg
     1  # Generated by Anaconda 34.25.1.9
     2  # Generated by pykickstart v3.32
     3  #version=RHEL9
```

```
4 # Use graphical install
5 graphical
6 repo --name="AppStream" --baseurl=file:///run/install/sources/mount-0000-cdrom/AppStream
7
8 %addon com_redhat_kdump -disable
……此处省略部分输出信息……
```

例 3.4 使用 cat 命令搭配输出重定向，以键盘输入的方式创建 test1 文件。

以下是命令及其运行结果。

```
[root@server ~]# cat >test1
this is a test file!
987654321
welcome to xian!
使用“Ctrl+D”组合键结束输入
[root@server ~]# cat test1
this is a test file!
987654321
welcome to xian!
```

cat 命令可以同时查看多个文件，文件的内容依次显示；如果将多个文件的内容输出重定向到指定的文件，则 cat 命令可以实现文件内容的合并。

2. more 命令

more 命令的功能是分页显示文本文件的内容。使用 more 命令进行分页查看，可以将文本内容一页一页地显示在终端界面上。用户每按一次“Enter”键，就会显示下一行文本；每按一次“Space”键，就会显示下一页文本。用户可以通过按键来逐页或逐行浏览文本文件，直到查看完为止。

more 命令的格式如下。

```
more [选项] [文件]
```

more 命令的常用选项及其说明如表 3.7 所示。

表 3.7 more 命令的常用选项及其说明

选项	说明
-num	指定每屏显示的行数
+num	从第 num 行开始显示

使用 more 命令显示文件时，会逐行或逐页显示，方便用户阅读，其中基本的操作是按“Enter”键显示下一行，按“Space”键显示下一页，按“b”键显示上一页，按“q”键退出或查看文件结束时自动退出。

例 3.5 显示/root 目录下的 anaconda-ks.cfg，每页显示 5 行。

以下是命令及其运行结果。

```
[root@server ~]# more -5 anaconda-ks.cfg
# Generated by Anaconda 34.25.1.9
# Generated by pykickstart v3.32
#version=RHEL9
```

```
# Use graphical install
graphical
--更多--(7%)
```

3. head 命令

head 命令的功能是显示文件开头的内容，默认为显示文件前 10 行的内容。可以通过-n 选项设定显示的行数。

head 命令的格式如下。

```
head  [选项] [文件]
```

例 3.6 显示 anaconda-ks.cfg 文件的前 5 行内容。

以下是命令及其运行结果。

```
[root@server ~]# head -n 5 anaconda-ks.cfg
# Generated by Anaconda 34.25.1.9
# Generated by pykickstart v3.32
#version=RHEL9
# Use graphical install
graphical
```

4. tail 命令

tail 命令的功能是查看文件的尾部内容。默认情况下，它会在终端界面上显示指定文件的后 10 行内容。如果指定了多个文件，则 tail 命令会在显示每个文件的内容前加上文件名，以区分各文件。

在 tail 命令的高级用法中，-f 选项的作用是持续显示文件的最新内容。这类似于机场候机厅的大屏幕不断展示最新的消息给用户。它特别适用于查看日志文件，无须手动刷新页面，即可实时获取最新的日志信息。

tail 命令的格式如下。

```
tail  [选项] [文件]
```

例 3.7 显示/etc/passwd 文件的后 10 行内容。

以下是命令及其运行结果。

```
[root@server ~]# tail /etc/passwd
rpcuser:x:29:29:RPC Service User:/var/lib/nfs:/sbin/nologin
sshd:x:74:74:Privilege-separated SSH:/usr/share/empty.sshd:/sbin/nologin
chrony:x:979:978::/var/lib/chrony:/sbin/nologin
dnsmasq:x:978:977:Dnsmasq DHCP and DNS server:/var/lib/dnsmasq:/sbin/nologin
tcpdump:x:72:72::/:/sbin/nologin
chen:x:1000:1001:chen:/home/chen:/bin/bash
nginx:x:977:976:Nginx web server:/var/lib/nginx:/sbin/nologin
mysql:x:27:27:MySQL Server:/var/lib/mysql:/sbin/nologin
apache:x:48:48:Apache:/usr/share/httpd:/sbin/nologin
ntp:x:38:38::/var/lib/ntp:/sbin/nologin
```

例 3.8 持续刷新显示/var/log/messages 文件的后 10 行内容。

以下是命令及其运行结果。

```
[root@server ~]# tail -f /var/log/messages
Feb  1 10:33:25 server systemd[1]: systemd-hostnamed.service: Deactivated
```

```
successfully.
   Feb  1 10:35:57 server cupsd[923]: REQUEST localhost - - "POST / HTTP/1.1" 200 182
Renew-Subscription client-error-not-found
   Feb  1 10:40:01 server systemd[1]: Starting system activity accounting tool...
   Feb  1 10:40:01 server systemd[1]: sysstat-collect.service: Deactivated successfully.
   Feb  1 10:40:01 server systemd[1]: Finished system activity accounting tool.
   Feb  1 10:45:58 server systemd-logind[882]: New session 8 of user chen.
   Feb  1 10:45:58 server systemd[1]: Started Session 8 of User chen.
   Feb  1 10:45:58 server systemd[1]: Starting Hostname Service...
   Feb  1 10:45:58 server systemd[1]: Started Hostname Service.
   Feb  1 10:46:28 server systemd[1]: systemd-hostnamed.service: Deactivated successfully.
   ……此处省略部分输出信息……
```

3.2.3 文件常规操作

微课 3.5　文件常规操作命令 1

1. touch 命令

touch 命令的功能是创建文件或修改文件的时间戳。当指定的文件不存在时，touch 命令会创建一个空的文本文件；而当文件已经存在时，touch 命令会更新文件的访问时间（Access Time，Atime）和修改时间（Modify Time，Mtime）。

注意　touch 命令不会修改文件的创建时间（Change Time，Ctime），而是将访问时间和修改时间设置为当前时间。

touch 命令的格式如下。

```
touch  [选项] [文件]
```

touch 命令的常用选项及其说明如表 3.8 所示。

表 3.8　touch 命令的常用选项及其说明

选项	说明
-a	改变文件的访问时间记录
-m	改变文件的修改时间记录
-c	不创建新文件
-d	设定时间与日期，可以使用不同的格式
-t	设定文件的时间记录，格式与 date 命令的相同

例 3.9　使用 touch 命令创建 file1，使用 touch 命令配合通配符创建多个文件 file2～file7。以下是命令及其运行结果。

```
[root@server ~]# touch file1
[root@server ~]# touch file{2..7}
[root@server ~]# ls file*
file1  file2  file3  file4  file5  file6  file7
```

使用 touch 命令可以非常简洁地创建文件。创建完成后，每个文件主要有 3 个时间参数，可以通过使用 stat 命令进行查看。这 3 个时间参数分别是文件的访问时间、数据更改时间及状态改动时间。

stat 命令及其运行结果如下。

```
[root@server ~]# stat file1
  文件: file1
  大小: 0               块: 0          IO 块: 4096   普通空文件
设备: fd00h/64768d      Inode: 34637065    硬链接: 1
权限: (0644/-rw-r--r--)  Uid: (    0/    root)   Gid: (    0/    root)
最近访问: 2022-09-12 23:09:24.563906063 +0800
最近更改: 2022-09-12 23:09:24.563906063 +0800
最近改动: 2022-09-12 23:09:24.563906063 +0800
创建时间: 2022-09-12 23:09:24.563906063 +0800
```

（1）文件的访问时间。只要文件的内容被读取，文件的访问时间就会更新。例如，使用 cat 命令查看文件的内容后，此文件的访问时间会发生变化。

（2）数据更改时间。当文件的内容发生变化时，此文件的数据更改时间会相应发生变化。

（3）状态改动时间。当文件的状态发生变化时，这个时间会相应改变。例如，如果文件的权限或者属性发生变化，则此时间会相应改变。

例 3.10 在例 3.9 的基础上修改 file1 文件的访问时间。

以下是命令及其运行结果。

```
[root@server ~]# ll --time=atime file1
-rw-r--r-- 1 root root 0  9月 12 23:09 file1
[root@server ~]# touch file1
[root@server ~]# ll --time=atime file1
-rw-r--r-- 1 root root 0  9月 12 23:22 file1
```

例 3.11 将 file1 的访问时间修改为 2022-08-01 T 09：10。

以下是命令及其运行结果。

```
[root@server ~]#  ll --time=atime file1; ll --time=ctime file1
-rw-r--r-- 1 root root 0  8月  1 09:10 file1
-rw-r--r-- 1 root root 0  9月 12 23:25 file1
[root@server ~]#  touch -a -t 202208010910 file1
[root@server ~]#  ll --time=atime file1; ll --time=ctime file1
-rw-r--r--. 1 root root 0  8月  1  2022 file1
-rw-r--r-- 1 root root 0  9月 12 23:25 file1
```

> **注意**
> ① 在 filel 文件本身已经存在的情况下，再次创建 filel 文件后，其访问时间将会被改变。
> ② touch 命令可以只修改文件的访问时间，也可以只修改文件的数据更改时间，但不能只修改文件的状态改动时间。

2. mkdir 命令

mkdir 命令是英文词组“make directories”的缩写，其功能是创建目录文件。若要创建的目标目录已经存在，则会提示已存在而不继续创建，且不覆盖已有文件。若要创建的目录不存在，但具有嵌套的依赖关系，如 a/b/c/d/e/f，要想一次性创建，则需要加入-p 选项，进行递归操作。

mkdir 命令的格式如下。

```
mkdir [选项] [文件]
```

mkdir 命令的常用选项及其说明如表 3.9 所示。

表 3.9　mkdir 命令的常用选项及其说明

选项	说明
-p	递归创建多级目录
-m	创建目录的同时设置目录的权限

例 3.12 使用 mkdir 命令在当前工作目录下创建目录 dir1。

```
[root@server ~]# mkdir dir1
[root@server ~]# ls
 dir1    anaconda-ks.cfg
```

例 3.13 使用 mkdir 命令的-p 选项递归创建多级目录。

```
[root@server ~]# mkdir -p a/b/c/d/e
[root@server ~]# cd a/b/c/d/e/
[root@server e]# pwd
/root/a/b/c/d/e
```

3. cp 命令

cp 命令是英文单词“copy”的缩写，用于将一个或多个文件或目录复制到指定位置，亦常用于文件的备份工作。其-r 选项用于进行递归操作，若复制目录时忘记加该选项，则会直接报错；-f 选项用于当目标文件已存在时，直接覆盖源文件且不再询问。这两个选项尤为常用。

cp 命令的格式如下。

```
cp [选项] 源文件  目标文件
```

cp 命令的常用选项及其说明如表 3.10 所示。

表 3.10　cp 命令的常用选项及其说明

选项	说明
-f	若目标文件已存在，则会直接覆盖源文件
-i	若目标文件已存在，则会询问是否覆盖
-p	保留源文件或目录的所有属性
-r	递归复制文件和目录
-d	当复制符号链接时，把目标文件或目录也建立为符号链接，并指向与源文件或目录连接的源文件或目录
-l	对源文件建立硬链接，而非复制文件
-s	对源文件建立符号链接，而非复制文件
-b	覆盖已存在的目标文件前将目标文件备份

在 Linux 操作系统中，使用 cp 命令进行操作有以下 3 种情况。

（1）如果目标文件是目录，则会把源文件复制到该目录中。

（2）如果目标文件是普通文件，则会询问是否要覆盖它。

（3）如果目标文件不存在，则执行正常的复制操作。

需要注意的是，源文件可以有多个，但此时目标文件必须是目录。

例 3.14 在当前目录下创建递归目录 dir1/dir2。在 dir1 目录中创建文件 chengji1.txt、chengji2.txt、chengji3.txt；将 chengji1.txt 复制到当前目录下，并将其名称改为 chengji1.bak；将 chengji2.txt、chengji3.txt 复制到 dir2 目录下。

以下是命令及其运行结果。

```
[root@server ~]# mkdir -p dir1/dir2
[root@server ~]# cd dir1
[root@server dir1]# touch chengji1.txt chengji2.txt chengji3.txt
[root@server dir1]# ls
chengji1.txt  chengji2.txt  chengji3.txt  dir2
[root@server dir1]# cp chengji1.txt chengji1.bak
[root@server dir1]# ls
chengji1.bak  chengji1.txt  chengji2.txt  chengji3.txt  dir2
[root@server dir1]# cp chengji2.txt  chengji3.txt dir2
[root@server dir1]# ls ./dir2
chengji2.txt  chengji3.txt
```

4. mv 命令

mv 命令是英文单词“move”的缩写，用于对文件进行剪切操作。

mv 命令是一个常用的文件管理命令，需要注意它与 cp 命令的区别。cp 命令用于文件的复制操作，即在目标位置创建一个新的文件副本，而 mv 命令是对文件进行剪切操作。通过使用 mv 命令，文件的位置会发生变化，但总文件数不增加或减少。

微课 3.6　文件常规操作命令 2

在同一个目录内对文件进行剪切操作时，实际上可以理解为对文件进行重命名操作。

mv 命令的格式如下。

```
mv  [选项]  源文件  目标文件
```

mv 命令的常用选项及其说明如表 3.11 所示。

表 3.11　mv 命令的常用选项及其说明

选项	说明
-i	若存在同名文件，则询问用户是否覆盖该文件
-f	覆盖已有文件时，不进行任何提示
-b	当文件存在时，覆盖前为其创建一个备份文件
-u	当源文件比目标文件新，或者目标文件不存在时，才执行移动操作

例 3.15 将例 3.14 中 dir1 目录内的文件 chengji1.bak 移动到 dir2 目录中。

以下是命令及其运行结果。

```
[root@server dir1]# ls
chengji1.bak  chengji1.txt  chengji2.txt  chengji3.txt  dir2
[root@server dir1]# mv chengji1.bak dir2
[root@server dir1]# ls dir2
chengji1.bak  chengji2.txt  chengji3.txt
```

例 3.16 将 dir2 目录中的 chengji1.bak 重命名为 chengji1.txt。

以下是命令及其运行结果。

```
[root@server dir1]# cd dir2
[root@server dir2]# mv chengji1.bak chengji1.txt
[root@server dir2]# ls
chengji1.txt  chengji2.txt  chengji3.txt
```

5. rm 命令

rm 命令是英文单词“remove”的缩写，其功能是删除文件或目录。它可以一次性删除多个文件，也可以递归地删除目录及其内的所有子文件。

注意 在使用 rm 命令之前要确认当前所在的目录及要删除的文件或目录是否正确。例如，使用 rm -rf /*命令会清空系统中的所有文件，且这些文件可能无法恢复。因此，读者在使用 rm 命令时需要特别小心，以避免删除重要文件或系统文件。

rm 命令的格式如下。

```
rm  [选项]  文件或目标文件
```

rm 命令的常用选项及其说明如表 3.12 所示。

表 3.12　rm 命令的常用选项及其说明

选项	说明
-f	强制删除（不二次询问）
-i	删除前会询问用户是否执行该操作
-r/R	递归删除
-v	显示指令的详细执行过程

例 3.17 进入例 3.16 的 dir2 目录中，删除文件 chengji3.txt。

以下是命令及其运行结果。

```
[root@server dir2]# rm chengji3.txt
rm：是否删除普通空文件 'chengji3.txt'？y
[root@server dir2]# ls
chengji1.txt  chengji2.txt
```

例 3.18 切换到 dir2 的上层目录，并删除目录 dir2。

以下是命令及其运行结果。

```
[root@server dir2]# cd ..
[root@server dir1]# rm dir2
rm：无法删除 'dir2'：是一个目录
[root@server dir1]# rm -r dir2
rm：是否进入目录'dir2'？y
rm：是否删除普通空文件 'dir2/chengji2.txt'？y
rm：是否删除普通空文件 'dir2/chengji1.txt'？y
rm：是否删除目录 'dir2'？y
```

例 3.19 强制递归删除 dir1 目录及其内的文件及子目录。

```
[root@server ~]# rm -rf dir1
```

6. file 命令

file 命令用于识别文件的类型，也可以用来辨别一些内容的编码格式。Linux 操作系统并不是像 Windows 操作系统那样通过扩展名来定义文件类型的，因此用户无法直接通过文件名来进行分辨。file 命令可以解决此问题，其通过分析文件头部信息中的标识来显示文件类型。

file 命令的格式如下。

```
file [选项] 文件
```

file 命令的常用选项及其说明如表 3.13 所示。

表 3.13 file 命令的常用选项及其说明

选项	说明
-b	列出标识结果时，不显示文件名（简要模式）
-i	显示 MIME（多用途互联网邮件扩展）类别
-L	直接显示符号链接所指向的文件类型

例 3.20 查看 anaconda-ks.cfg 文件的类型。

以下是命令及其运行结果。

```
[root@server ~]# file anaconda-ks.cfg
anaconda-ks.cfg: ASCII text
```

例 3.21 查看/etc/passwd 文件的类型，但不显示文件名。

以下是命令及其运行结果。

```
[root@server ~]# file -b /etc/passwd
ASCII text
```

例 3.22 查看符号链接文件/dev/cdrom（快捷方式）的类型，并取得目标文件名。

以下是命令及其运行结果。

```
[root@server ~]# file /dev/cdrom
/dev/cdrom: symbolic link to sr0
```

3.2.4 创建链接

ln 命令是英文单词“link”的缩写，其功能是为某个文件在另外一个位置建立同步的链接。

微课 3.7 创建链接

Linux 操作系统中的链接文件有两种形式，一种是硬链接（Hard Link），另一种是符号链接（Symbolic Link），也称为软链接。符号链接相当于 Windows 操作系统中的快捷方式，源文件被移动或删除后，符号链接也将无法使用。而硬链接是通过复制文件的索引节点属性块来实现的，因此即使源文件被移动或删除了，硬链接也可以使用。

ln 命令的格式如下。

```
ln [选项] 源文件或目录 链接文件名
```

ln 命令的常用选项及其说明如表 3.14 所示。

表 3.14 ln 命令的常用选项及其说明

选项	说明
-s	对源文件建立符号链接，而非硬链接

ln 命令的常用选项为-s，表示创建的链接为符号链接，如果不加该选项，则默认创建硬链接。

链接的对象可以是文件，也可以是目录。如果链接指向目录，那么用户可以利用该链接直接进入被链接的目录，而不用给出到达该目录的一长串路径。

例 3.23 在当前目录下创建 link 文件，分别为其创建符号链接 link-s 和硬链接 link-h。

以下是命令及其运行结果。

```
[root@server ~]# cat >link
link test!
[root@server ~]# ln -s link link-s
[root@server ~]# ln  link link-h
[root@server ~]# ll link*
-rw-r--r-- 2 root root 11  9月 13 10:35 link
-rw-r--r-- 2 root root 11  9月 13 10:35 link-h
lrwxrwxrwx 1 root root  4  9月 13 10:37 link-s -> link
```

3.2.5 显示文件或目录的磁盘占用量

微课 3.8 显示文件或目录的磁盘占用量

du 命令是英文词组“disk usage”的缩写，其功能是查看文件或目录的大小，通常用于按照指定容量单位来查看文件或目录在磁盘中的占用情况。

du 命令的格式如下。

```
du  [选项]  目录名称
```

du 命令的常用选项及其说明如表 3.15 所示。

表 3.15 du 命令的常用选项及其说明

选项	说明
-a	显示目录中所有文件的大小
-k	以 KB 为单位显示文件的大小
-m	以 MB 为单位显示文件的大小
-g	以 GB 为单位显示文件的大小
-h	以易读方式显示文件的大小
-s	仅显示总计

例 3.24 以易读方式显示/etc 目录的大小。

以下是命令及其运行结果。

```
[root@server ~]# du -h /etc
4.0K    /etc/lvm/devices
4.0K    /etc/lvm/archive
4.0K    /etc/lvm/backup
0       /etc/lvm/cache
……此处省略部分输出信息……
```

例 3.25 以易读方式显示/root 目录的总计大小。

以下是命令及其运行结果。

```
[root@server ~]# du -sh /root
84M     /root
```

任务 3-3 查找文件内容和文件位置

【任务目标】

通过对前面内容的学习，小陈掌握了 Linux 操作系统中文件和目录的日常操作命令，已经能够完成大部分的日常操作任务。但是，他发现有时候很难找到自己想要处理的文件或目录，这严重影响了工作效率。师傅告诉他可以学习 Linux 中的查找命令，这样工作效率也会大幅度提高。

因此，小陈制订了如下任务目标。

① 掌握查找文件和目录的命令 find 及 locate 的使用方法。

② 掌握在命令输出结果中查找信息的命令 grep 的使用方法。

③ 掌握定位和可执行文件的命令 whereis 及 which 的使用方法。

3.3.1 查找与条件匹配的文件和字符串

合理利用查找功能可以提高搜索的效率，Linux 操作系统提供了多种查找命令，包括文件内容查找命令和文件位置查找命令。常用查找命令如下。

微课 3.9 查找与条件匹配的文件和字符串

1. find 命令

find 命令的功能是根据给定的路径和条件查找相关的文件或目录。它具有很多可用的参数，并且支持正则表达式。通过结合管道符，find 命令还可以实现更复杂的功能。对系统管理员和普通用户来说，find 命令是日常工作中必须掌握的命令之一。

find 命令通常从根目录开始进行全盘搜索。然而，在服务器负载较高的情况下，建议在高峰时段避免使用 find 命令进行模糊搜索，因为这可能会占用较多的系统资源。

find 命令的格式如下。

```
find [路径] [选项]
```

find 命令的常用选项及其说明如表 3.16 所示。

表 3.16 find 命令的常用选项及其说明

选项	说明
-name	匹配名称
-user	匹配所有者
-group	匹配所有组
-mtime -n +n	匹配修改内容的时间（-n 指 n 天以内，+n 指 n 天以前）
-atime -n +n	匹配访问时间（-n 指 n 天以内，+n 指 n 天以前）
-ctime -n +n	匹配修改文件权限的时间（-n 指 n 天以内，+n 指 n 天以前）
-nouser	匹配无所有者的文件
-nogroup	匹配无所有组的文件
-newer f1 !f2	匹配比文件 f1 新但比 f2 旧的文件

续表

选项	说明
-type b/d/c/p/l/f	匹配文件类型（后面的字母依次表示块设备文件、目录文件、字符设备文件、管道文件、链接文件、文本文件）
-size	匹配文件的大小（例如，+50KB 表示查找超过 50KB 的文件，而-50KB 表示查找小于 50KB 的文件）

例 3.26 find 命令常用功能示例。

（1）查找/etc 目录及其子目录下所有以“.conf”结尾的文件。

```
[root@server ~]# find /etc -name *.conf
```

（2）列出当前目录及其子目录中的所有文本文件。

```
[root@server ~]# find . -type  f
```

（3）列出/etc 及其子目录中所有近两天修改过的文件。

```
[root@server ~]# find /etc -ctime -2
```

（4）查找/var/log 目录中 3 天以内修改过的文件，并在删除它们之前进行询问。

```
[root@server ~]# find /var/log -type f -mtime +3 -ok rm {} \;
```

2. locate 命令

locate 命令的功能是快速查找文件或目录。与 find 命令进行全盘搜索不同，locate 命令基于数据库文件（/var/lib/mlocate/mlocate.db）进行定位查找，因此搜索速度更快。由于搜索范围被限定，locate 命令能够更快地找到所需的文件或目录。

在使用 locate 命令之前，建议先使用 updatedb 命令来更新数据库文件，再使用 locate 命令进行查找，这样能够保证结果的准确性。

locate 命令的格式如下。

```
locate  [选项] 匹配条件
```

locate 命令的常用选项及其说明如表 3.17 所示。

表 3.17　locate 命令的常用选项及其说明

选项	说明
-i	忽略字母大小写
-c	输出找到的文件数量
-r	以正则表达式的方式显示结果

例 3.27 搜索带有关键词 network 的文件。

以下是命令及其运行结果。

```
[root@server ~]# locate network
/etc/networks
/etc/sysconfig/network
/etc/sysconfig/network-scripts
/etc/sysconfig/network-scripts/readme-ifcfg-rh.txt
……此处省略部分输出信息……
```

例 3.28 在指定目录（/etc）下搜索带有指定关键字（nginx.conf）的文件。

以下是命令及其运行结果。

```
[root@server ~]# locate /etc/*nginx.conf*
```

```
/etc/nginx/nginx.conf
/etc/nginx/nginx.conf.default
```

注意 这里有可能会匹配不到内容。其解决方法是先使用 dnf install nginx 命令安装 Nginx，再使用 updatedb 命令更新数据库，再次进行查找就会有结果了。

3. grep 命令

grep 命令是英文词组“global search regular expression and print out the line”的缩写，用于全局搜索并输出匹配行，通常与正则表达式结合使用。grep 命令可以根据指定的模式进行搜索，并输出匹配的结果。人们经常使用不同的选项来补充搜索过程或筛选输出结果，这使得 grep 命令在使用时非常灵活。

grep 命令的格式如下。

```
grep [选项] 匹配条件
```

grep 命令的常用选项及其说明如表 3.18 所示。

表 3.18 grep 命令的常用选项及其说明

选项	说明
-i	忽略字母大小写
-c	只输出匹配行的数量
-n	输出所有的匹配行，显示行号
-v	显示不包含匹配文本的所有行
-r	递归搜索
-F	匹配固定字符串的内容
-E	支持扩展的正则表达式

grep 命令的用途非常广泛，有很多功能选项，结合正则表达式可以实现强大的文本搜索功能。通常用好 grep 命令的-n 和-v 选项就能完成日常中 80%的工作。

例 3.29 查询/etc/passwd 文件中不允许登录系统的所有用户（/sbin/nologin）并显示行号。

以下是命令及其运行结果。

```
[root@server ~]# grep  -n  /sbin/nologin /etc/passwd
2:bin:x:1:1:bin:/bin:/sbin/nologin
3:daemon:x:2:2:daemon:/sbin:/sbin/nologin
4:adm:x:3:4:adm:/var/adm:/sbin/nologin
5:lp:x:4:7:lp:/var/spool/lpd:/sbin/nologin
9:mail:x:8:12:mail:/var/spool/mail:/sbin/nologin
10:operator:x:11:0:operator:/root:/sbin/nologin
……此处省略部分输出信息……
```

例 3.30 查询/etc/hosts 文件中不包含字符串“127.0.0.1”的行。

以下是命令及其运行结果。

```
[root@server ~]# cat /etc/hosts
127.0.0.1   localhost localhost.localdomain localhost4 localhost4.localdomain4
::1         localhost localhost.localdomain localhost6 localhost6.localdomain6
[root@server ~]# grep -v 127.0.0.1 /etc/hosts
::1         localhost localhost.localdomain localhost6 localhost6.localdomain6
```

3.3.2 查找命令文件

微课3.10 查找命令文件

1. whereis 命令

whereis 命令用于查找可执行文件、源码文件和帮助手册等相关文件的路径。

whereis 命令的查找速度非常快，因为它是在一个数据库中进行查询的。该数据库是 Linux 操作系统自动创建的，包含本地所有文件的信息，并且每天通过自动执行 updatedb 命令进行更新。然而，正因为如此，whereis 命令的搜索结果有时可能不准确。例如，如果刚添加的文件尚未被更新到数据库中，那么该文件将无法被 whereis 命令找到。

whereis 命令的格式如下。

```
whereis [选项] 文件名
```

whereis 命令的常用选项及其说明如表 3.19 所示。

表 3.19 whereis 命令的常用选项及其说明

选项	说明
-b	查找可执行文件
-m	查找帮助手册
-s	只查找源码文件

例 3.31 查找 grep 命令的可执行文件所在的位置。

以下是命令及其运行结果。

```
[root@server ~]# whereis -b grep
grep: /usr/bin/grep
```

2. which 命令

which 命令用于查找命令文件，能够快速搜索可执行文件所对应的位置。

例如，查找 grep 命令可执行文件所在绝对路径的命令如下。

```
[root@server ~]# which grep
alias grep='grep --color=auto'
        /usr/bin/grep
```

任务 3-4 文件压缩、归档

【任务目标】

通过对前面内容的学习，小陈已经能够高效地完成对文件和目录的操作及管理。然而，他发现 Linux 中通过网络将多个文件传输给同事很不方便。师傅告诉他可以先对这些文件进行归档、打包和压缩，再进行传输，这样可以提高效率。

因此，小陈制订了如下任务目标。

① 掌握打包归档的常用方法。

② 掌握压缩和解压缩的方法。

3.4.1 认识 tar 包

微课 3.11 认识 tar 包

在 Windows 操作系统中，常见的压缩文件格式是.zip 和.rar。而在 Linux 操作系统中，常见的压缩文件格式是.gz、.tar.gz、.tgz、.bz2、.z 和.tar 等。

在 Linux 中，很多压缩命令只能针对一个文件进行操作，当有大量文件需要压缩时，就需要进行归档、打包，再使用压缩命令进行压缩。所以读者要理解以下 3 个概念。

（1）打包是指将许多文件和目录集中存储在一个文件中。

（2）压缩是指利用算法对文件进行处理，从而达到减少占用磁盘空间的目的。

（3）解包就是从归档文件中还原所需文件，也就是打包的逆过程。

3.4.2 使用和管理 tar 包

tar 命令的功能是压缩和解压缩文件，制作出 Linux 操作系统中常见的.tar、.tar.gz、.tar.bz2 等格式的压缩文件。对于 RHEL 7、CentOS 7 及以后版本的系统而言，解压缩文件时可以不加压缩格式选项（如 -z 或-j），系统能自动进行分析并解压缩文件。

tar 命令的格式如下。

```
tar [选项] 文件名或目录
```

tar 命令的常用选项及其说明如表 3.20 所示。

表 3.20 tar 命令的常用选项及其说明

选项	说明
-A	在已经存在的备份文件中新增内容
-c	建立新的备份文件
-f<备份文件>	指定备份文件
-v	显示指令执行过程
-x	对 tar 包执行解包操作
-t	列出 tar 包中有哪些文件或目录，不对 tar 包执行解包操作
-C	指定解包位置
-z	通过 gzip 命令过滤归档
-j	通过 bzip2 命令过滤归档
-t	列出归档文件中的内容，查看已经备份了哪些文件

例 3.32 打包/etc/yum.repos.d 目录，生成备份文件/etc/yum.repos.d.tar。

以下是命令及其运行结果。

```
[root@server ~]# tar cvf /etc/yum.repos.d.tar /etc/yum.repos.d
tar: 从成员名中删除开头的"/"
/etc/yum.repos.d/
/etc/yum.repos.d/centos-addons.repo
/etc/yum.repos.d/centos.repo
/etc/yum.repos.d/epel-next-testing.repo
/etc/yum.repos.d/epel-next.repo
/etc/yum.repos.d/epel-testing.repo
/etc/yum.repos.d/epel.repo
[root@server ~]# find /etc -name yum.repos.d.tar
/etc/yum.repos.d.tar
```

例 3.33 查看归档文件/etc/yum.repos.d.tar 中的内容。

以下是命令及其运行结果。

```
[root@server ~]# tar tvf /etc/yum.repos.d.tar
drwxr-xr-x root/root         0 2022-08-23 20:57 etc/yum.repos.d/
-rw-r--r-- root/root      4229 2022-03-03 02:30 etc/yum.repos.d/centos-addons.repo
-rw-r--r-- root/root      2588 2022-08-23 21:24 etc/yum.repos.d/centos.repo
-rw-r--r-- root/root      1621 2022-08-10 21:11 etc/yum.repos.d/epel-next-
testing.repo
-rw-r--r-- root/root      1519 2022-08-10 21:11 etc/yum.repos.d/epel-next.repo
-rw-r--r-- root/root      1552 2022-08-10 21:11 etc/yum.repos.d/epel-testing.repo
-rw-r--r-- root/root      1453 2022-08-10 21:11 etc/yum.repos.d/epel.repo
```

例 3.34 将归档文件/etc/yum.repos.d.tar 解包到/root 目录中。

以下是命令及其运行结果。

```
[root@server ~]# tar xvf /etc/yum.repos.d.tar -C /root/
etc/yum.repos.d/
etc/yum.repos.d/centos-addons.repo
etc/yum.repos.d/centos.repo
etc/yum.repos.d/epel-next-testing.repo
etc/yum.repos.d/epel-next.repo
etc/yum.repos.d/epel-testing.repo
etc/yum.repos.d/epel.repo
[root@server ~]# ls /root/etc/yum.repos.d/
centos-addons.repo  centos.repo  epel-next.repo  epel-next-testing.repo  epel.repo
epel-testing.repo
```

注意

关于 tar 命令有以下几点需要说明。

① -cvf 选项是习惯用法，打包时需要指定打包之后的文件名，且要用“.tar”作为扩展名。例 3.32 是打包单个文件和目录，tar 命令也可以用于打包多个文件或目录，只要用空格将文件或目录分开即可。

② 解包时，只是把打包选项-cvf 更换为-xvf。

③ 使用-xvf 选项时，可将包中的文件释放到工作目录下。如果要指定位置，则需要使用-C 选项。

3.4.3 压缩与解压缩文件

常用的压缩命令为 gzip，解压缩命令为 unzip。

微课 3.12 压缩与解压缩文件

1. gzip 命令

gzip 命令是英文单词“gunzip”的缩写，其功能是压缩和解压缩文件。gzip 是一种广泛使用的压缩工具，文件经过压缩后一般会以.gz 结尾，其与 tar 命令合用后即以.tar.gz 结尾。

一般情况下，gzip 命令对文本文件的压缩比通常为 60%～70%，压缩后可以很好地提升存储空间的使用率，还能够在网络传输文件时减少等待时间。

gzip 命令的格式如下。

```
gzip [选项] 文件名或目录
```

gzip 命令的常用选项及其说明如表 3.21 所示。

表 3.21 gzip 命令的常用选项及其说明

选项	说明
-d	解压缩文件
-k	保留源文件
-l	列出压缩文件的相关信息
-r	递归压缩指定目录及其子目录下的所有文件
-v	对于每一个压缩文件和解压缩的文件，显示相应的文件名和压缩比

例 3.35 使用 gzip 命令压缩例 3.32 中生成的打包文件/etc/yum.repos.d.tar 并显示相关信息。

```
[root@server ~]# gzip -l /etc/yum.repos.d.tar
         compressed        uncompressed  ratio uncompressed_name
               1389               20480  93.4% /etc/yum.repos.d.tar
[root@server ~]# ls /etc/yum.repos.d.tar*
/etc/yum.repos.d.tar.gz
```

例 3.36 对压缩文件/etc/yum.repos.d.tar.gz 进行解压缩。

```
[root@server ~]# gzip -d /etc/yum.repos.d.tar.gz
[root@server ~]# ls /etc/yum.repos.d*
/etc/yum.repos.d.tar
```

2. unzip 命令

unzip 命令用于解压缩.zip 的文件。虽然 Linux 操作系统中更多地使用 tar 命令对压缩包进行管理，但有时也会收到 Windows 操作系统中常用的.zip 和.rar 的压缩文件，unzip 命令便派上了用场。直接使用 unzip 命令解压缩文件后，压缩包内原有的文件会被提取并输出保存到当前工作目录下。

unzip 命令的常见用法有 3 种：将压缩文件解压到当前工作目录中，将压缩文件解压到指定目录中，测试压缩文件是否完整、有无损坏。其具体用法如下。

（1）将压缩文件解压到当前工作目录中，相关命令及运行结果如下。

```
[root@server ~]# unzip latest.zip
Archive:  latest.zip
   creating: wordpress/
  inflating: wordpress/xmlrpc.php
  inflating: wordpress/wp-blog-header.php
  inflating: wordpress/readme.html
……此处省略部分输出信息……
```

（2）将压缩文件解压到指定目录中，相关命令及运行结果如下。

```
[root@server ~]#  unzip latest.zip -d /home
Archive:  latest.zip
   creating: /home/wordpress/
  inflating: /home/wordpress/xmlrpc.php
```

```
  inflating: /home/wordpress/wp-blog-header.php
  inflating: /home/wordpress/readme.html
……此处省略部分输出信息……
```

（3）测试压缩文件是否完整、有无损坏，相关命令及运行结果如下。

```
[root@server ~]# unzip -t latest.zip
Archive:  latest.zip
    testing: wordpress/                   OK
    testing: wordpress/xmlrpc.php          OK
    testing: wordpress/wp-blog-header.php   OK
    testing: wordpress/readme.html         OK
……此处省略部分输出信息……
```

3.4.4 tar 包的特殊使用

在实际应用中，为了使操作简便高效，通常可以使用 tar 命令结合 gzip 命令来进行文件或目录的压缩和解压缩。tar 命令使用-z 选项来调用 gzip 命令。以下是 tar 命令调用 gzip 命令的示例。

例 3.37 将/root/anaconda-ks.cfg 压缩成/root/anaconda-ks.cfg.tar.gz 文件。

以下是命令及其运行结果。

```
[root@server ~]# tar -zcvf /root/anaconda-ks.cfg.tar.gz /root/anaconda-ks.cfg
tar: 从成员名中删除开头的"/"
/root/anaconda-ks.cfg
[root@server ~]# ls anaconda-ks*
anaconda-ks.cfg  anaconda-ks.cfg.tar.gz
```

例 3.38 对/root/anaconda-ks.cfg.tar.gz 文件进行解压缩。

以下是命令及其运行结果。

```
[root@server ~]# tar -zxvf /root/anaconda-ks.cfg.tar.gz
root/anaconda-ks.cfg
```

【拓展知识】

通过这 3 个项目的学习，部分读者应该已经拥有了强烈的学习热情，但还有一部分读者可能对 Linux 操作系统产生了畏难情绪。编者结合自己的教学经验，向读者提供几点学习建议。

（1）如何学习 Linux 操作系统

学习的过程一般是由浅入深、由表及里的，循序才能渐进。如果是 Linux 操作系统的初学者，则建议按照本书的编排顺序进行阅读，不要跳跃阅读。此外，强烈建议读者做好读书笔记，在阅读过程中多记录和思考。“学而不思则罔，思而不学则殆”，读者不应盲目学习，要养成良好的阅读习惯，具备思考的能力。

（2）忘记 Windows，改变思维模式

Linux 操作系统的初学者常会问：“是把 Linux 装在 C 盘吗？”可见，大多数初学者已经习惯了使用 Windows 操作系统的图形界面来完成操作。显然，这是错误的。因此，在开始学习 Linux 操作系统之前，读者需要先转变思维模式。

（3）多记忆 Linux 命令

对 Linux 操作系统的初学者而言，并不需要完整地学习所有 Linux 命令，熟练掌握常用命令即可。在后续学习时，可以通过学习 Shell 脚本编程来进行 Linux 命令的扩充。值得一提的是，在 Linux 操作系统中，命令可分为系统基本命令和应用程序命令，系统基本命令是所有类 UNIX 操作系统都支持的命令。

（4）遇到问题多想解决办法

读者在面对实际问题时，可以先尝试自己解决，再向有经验的人寻求帮助。在解决问题的过程中，读者可以积累丰富的实践经验。Linux 操作系统的一个重要优势是，当命令执行错误或系统设置错误时，会清晰地显示错误信息，定位产生错误的位置。因此，只要读者认真观察错误信息，就能大概判断问题出现在哪里及如何解决该问题。此外，Linux 操作系统的帮助文档是一种很好的工具，读者可以从中找到命令、选项、配置文件设置等方面的答案。

【项目实训】

Linux 传统用户界面是基于文本的命令行界面，即 Shell，它既可以联机使用，又可在文件上脱机使用。Shell 具有强大的编程能力，用户可以方便地使用它编写程序，从而为用户提供更高级的方式来扩展系统功能。因此，所有 Linux 用户都必须熟练掌握基本的 Linux 命令，以便能够快速、高效地完成各种操作。对初学者小陈来说更是如此。

就让我们和小陈一起完成“管理文件与目录”的实训吧！

此部分内容请参考本书配套的活页工单——“工单 3. 管理文件与目录”。

【项目小结】

通过学习本项目，读者应该了解了 Linux 中的文件类型和目录结构，学会了文件和目录的基本操作方法，掌握了查找文件内容、定位文件位置，以及打包和压缩文件的方法。

相信随着 Linux 操作系统的发展，会有越来越多、越来越好的图形界面供用户选择。

项目 4 管理文本文件

04

【学习目标】

【知识目标】

- 了解 Vim 编辑器。
- 了解 Nano 编辑器的安装和使用方法。
- 掌握输入/输出重定向的相关命令。

【能力目标】

- 能熟练掌握编辑器的操作方式，熟记各种快捷命令。
- 能使用 Vim 等文本编辑器编写配置文件。
- 能熟练使用重定向命令，提高工作效率。

【素养目标】

- 培养探索意识，走出图形界面操作的舒适区。

【项目情景】

经过一段时间的学习，小陈已经能够在 Linux 操作系统中进行一些基本的操作。最近，师傅告诉小陈，Linux 操作系统中“一切皆文件”，各种系统配置都可以通过修改配置文件的方式来完成。但是，具体应该如何进行修改呢？小陈对此问题产生了浓厚的兴趣，并开始学习如何管理文本文件。

任务 4-1 了解 Vim 编辑器

【任务目标】

Vim 是从 vi 发展出来的一种文本编辑器。从诞生至今经历了数十年的发展，Vim 已经是 Linux 操作系统用户使用的一种基于文本界面的编辑工具。其具有代码补全、编译及错误跳转等丰富的、方便编程的功能，在程序员中被广泛使用。作为一名 Linux 操作系统的用户，小陈必须掌握 Vim 这一工具的使用。

因此，小陈制订了如下任务目标。

① 了解 Vim 编辑器的工作模式。

② 会使用 Vim 编辑器编辑文件。

4.1.1 Vim 编辑器的工作模式

Vim 是英文词组“visual interface improved”的缩写。在 Vim 编辑器中，可以执行输出、删除、查找、替换、块操作等众多文本操作，且用户可以根据需求进行自定制，这是其他编辑程序所没有的功能。Vim 不是一个排版程序，它不像 Word 或 WPS 那样可以对字体、格式、段落等其他属性进行编排，它只是一个文本编辑程序。Vim 是全屏幕文本编辑器，它没有菜单，只有命令。

1. 启动与退出 Vim 编辑器

在命令提示符中，输入“vim 文件名”命令并按“Enter”键，如果指定文件存在，则打开该文件，否则将新建文件；如果仅输入“vim”命令，则启动 Vim 并自动新建一个未命名的文本文件，退出并保存文件时要对其进行命名。在终端中输入“vim”命令，按“Enter”键，即可进入图 4.1 所示的 Vim 编辑器欢迎界面。

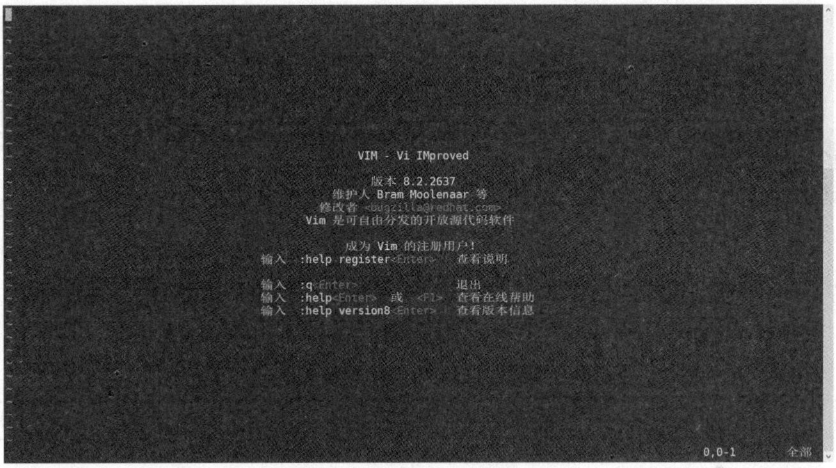

图 4.1 Vim 编辑器欢迎界面

如果想要退出 Vim 编辑器，则可以先按“Esc”键，再输入“: wq”，保存当前文件并退出 Vim 编辑器。

2. Vim 编辑器的工作模式

Vim 是一种全屏幕文本编辑器。使用 Vim 编辑器编辑文件时，为了区分按键的作用，实现各项功能，Vim 的工作模式被划分为 3 种，分别是命令模式、插入模式和末行模式。

（1）命令模式

使用 Vim 编辑器编辑文件时，默认处于命令模式。在此模式下，按键将作为命令直接执行，可使用方向键（“↑”键、“↓”键、“←”键、“→”键）或 k 键、j 键、h 键、l 键移动光标，还可以对文件内容进行复制、粘贴、替换、删除等操作。

（2）插入模式

按键将作为输入内容或相应操作对文件执行写操作，文件编辑完成后，按“Esc”键可返回命令模式。

（3）末行模式

末行模式用于对文件中的指定内容执行保存、查找和替换等操作。在命令模式下输入“:”，Vim 编辑器窗口的左下方出现一个“:”符号，即进入末行模式。在此模式下输入命令，并按“Enter”键，命令执行完会自动返回命令模式。

这 3 种工作模式之间的切换方法如图 4.2 所示。

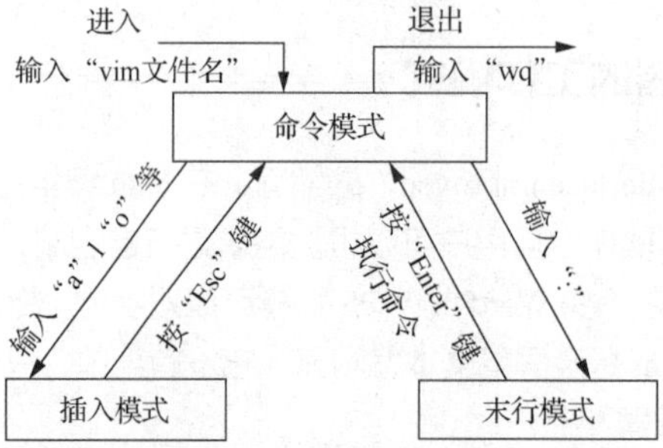

图 4.2　Vim 编辑器的 3 种工作模式之间的切换方法

> **注意**　当不知道编辑器处于何种模式时，可以多按几次“Esc”键返回命令模式，再从命令模式进入其他模式。

4.1.2　Vim 编辑器的基本操作

微课 4.1　Vim 编辑器的基本操作

1. Vim 编辑器的常规操作

使用 Vim 编辑器打开文件很简单，在命令提示符后面输入“vim 文件名”即可打开文件。

退出和保存等多数文件管理命令是在末行模式下执行的。末行模式下的常用按键操作如表 4.1 所示。

表 4.1　末行模式下的常用按键操作

按键命令	功能
:w	保存当前编辑的文件（常用）
:w!	当文件属性为只读时，强制保存，但能否写入与用户对该文件的权限有关
:q	退出 Vim（常用）
:q!	不管编辑或未编辑都不保存文件，并退出 Vim 编辑器
:wq	保存文件后退出 Vim，若为 :wq!，则为强制保存文件后退出 Vim（常用）
:w [filename]	将编辑的文件保存为文件 filename（类似另存新档）
:r [filename]	在当前光标所在行的下面读入 filename 文件的内容
:n1,n2 w [filename]	将 n1 到 n2 的内容保存为 filename 文件
:! command	暂时退出末行模式，在命令模式下显示执行命令（command）的结果。例如，“:! ls /home”即可在 Vim 中查看/home 下执行 ls 命令后输出的文件信息

2. 命令模式下移动光标

Vim 作为字符操作界面全屏幕文本编辑器，光标的移动与定位需要借助键盘按键实现。在命令模式下，Vim 编辑器提供了许多高效的移动光标的操作方法，具体操作方法如表 4.2 所示。

表 4.2　移动光标的操作方法

按键命令或快捷键	功能
h 或向左方向键（←）	光标向左移动一个字符
j 或向下方向键（↓）	光标向下移动一个字符
k 或向上方向键（↑）	光标向上移动一个字符

续表

按键命令或快捷键	功能
l 或向右方向键（→）	光标向右移动一个字符
【Ctrl + f】	屏幕向下移动一页，相当于“Page Down”键（常用）
【Ctrl + b】	屏幕向上移动一页，相当于“Page Up”键（常用）
【Ctrl + d】	屏幕向下移动半页
【Ctrl]+ u】	屏幕向上移动半页
+	光标移动到非空格符的下一行
-	光标移动到非空格符的上一行
n【Space】	n 为数字，如 20。输入数字后再按“Space”键，光标会向后移动 n 个字符。例如，20【Space】表示光标会向后移动 20 个字符
0 或功能键【Home】	数字 0，光标移动到这一行最前面的字符处（常用）
$ 或功能键【End】	光标移动到这一行最后面的字符处（常用）
H	光标移动到当前屏幕最上方那一行的第一个字符
M	光标移动到当前屏幕中央那一行的第一个字符
L	光标移动到当前屏幕最下方那一行的第一个字符
G	光标移动到当前文件的最后一行行首（常用）
nG	n 为数字，光标移动到当前文件的第 n 行。例如，20G 表示光标移动到当前文件的第 20 行（可配合:set nu 使用）
gg	光标移动到当前文件的第一行，相当于 1G（常用）
n【Enter】	n 为数字，光标向下移动 n 行（常用）

3. 命令模式下的复制、粘贴、删除

常用的复制、粘贴、删除等编辑命令如表 4.3 所示。

表 4.3 常用的复制、粘贴、删除等编辑命令

按键命令或快捷键	功能
yy	复制光标所在的那一行（常用）
nyy	n 为数字，复制光标所在的向下 n 行，例如，20yy 表示复制光标所在的向下 20 行（常用）
p	将复制的内容粘贴到光标所在的下一行
P	将复制的内容粘贴到光标所在的上一行
x, X	x 表示向后删除一个字符（相当于按“Delete”键），X 表示向前删除一个字符（常用）
nx	n 为数字，连续向后删除 n 个字符
dd	剪切光标所在的那一整行（常用），用 p/P 可以粘贴
ndd	n 为数字，剪切光标所在的向下 n 行（常用），用 p/P 可以粘贴
u	复原上一个动作（常用）
【Ctrl】+r	重复上一个动作（常用）

4. 文本查找与替换

Vim 编辑器在命令模式和末行模式下都有文本查找与替换功能，命令模式下的文本查找与替换命令如表 4.4 所示，末行模式下的文本查找与替换命令如表 4.5 所示。

表 4.4 命令模式下的文本查找与替换命令

按键命令或快捷键	功能
/word	在光标之后查找一个名称为 word 的字符串。找到第一个之后，按“n”键继续查找下一个。例如，要在文件内查找 vbird 这个字符串，输入 /vbird 即可（常用）

续表

按键命令或快捷键	功能
?word	在光标之前查找一个名称为 word 的字符串。找到第一个之后，按“n”键继续查找下一个
n	向同一方向重复上次的查找指令
N	向相反方向重复上次的查找指令
r	替换光标所在位置的字符
R	从光标所在位置开始替换字符，其输入内容会覆盖掉后面等长的文本内容，按“Esc”键可以结束替换

表 4.5　末行模式下的文本查找与替换命令

按键命令或快捷键	功能
:/word	在光标之后查找一个名称为 word 的字符串。找到第一个之后，按“n”键继续查找下一个。例如，要在文件内查找 vbird 这个字符串，输入:/vbird 即可（常用）
:?word	在光标之前查找一个名称为 word 的字符串。找到第一个之后，按“n”键继续查找下一个
:n1,n2s/word1/word2/g	在 n1 至 n2 行之间查找 word1 这个字符串并将其替换为 word2
:s/word1/word2/g	在全文中查找 word1 这个字符串并将其替换为 word2
:s/word1/word2/gc	在全文中查找 word1 这个字符串并将其替换为 word2，每次替换前需要用户确认

4.1.3　Vim 编辑器的环境变更

在 Linux 中，几乎所有的服务都有对应的配置文件，Vim 编辑器也不例外。可以在配置文件中配置启动项来打造更好用的 Vim 编辑器。配置文件一般位于用户目录下的 ~/.vimrc 文件中，通过在配置文件中添加配置命令并保存退出，再次启动 Vim 编辑器即可生效。Vim 编辑器的常用配置选项如表 4.6 所示。

表 4.6　Vim 编辑器的常用配置选项

按键命令或快捷键	功能
syntax on	语法高亮显示
set encoding=utf-8	将缓存文件、寄存器、脚本文件的编码类型设置为 UTF-8
set termencoding=utf-8	数据输出到终端时的编码类型
set number	显示行号
set nonumber	取消显示行号
set cursorline	突出显示当前行
set tabstop=4	设置按“Tab”键表示 4 个空格
set shiftwidth=4	设置按“Shift”键表示 4 个空格
set nowrap	禁止自动换行显示
set hlsearch	设置搜索时高亮匹配

任务 4-2　使用 Nano 编辑器

【任务目标】

小陈通过任务 4-1 的学习，已经掌握了使用 Vim 编辑器进行文本编辑的技巧。然而，小陈发现对初学者来说，Vim 仍然有一定的难度。因此，他向师傅询问是否有更简单、易用的文本编辑器。师傅向他介绍了 Nano 编辑器，并建议他尝试使用。

因此，小陈制订了如下任务目标。

① 熟悉 Nano 编辑器的功能。

② 掌握 Nano 编辑器的使用方法。

4.2.1 Nano 编辑器简介及安装

Nano 是 UNIX 和类 UNIX 操作系统中的一种文本编辑器，是 Pico 的复制品。Nano 编辑器的目标是具有类似 Pico 的全功能且更易于使用。Nano 编辑器是遵守 GNU GPL 协议的自由软件，自从 2.0.7 版发布后，其许可证等级从 GPL v2 升级到 GPL v3。

Nano 编辑器工作界面包括 4 个主要部分，如图 4.3 所示。

① 顶行显示程序版本、当前被编辑的文件名，以及该文件是否已被修改。

② 主要编辑区，显示正在编辑的文件。

③ 状态行位于倒数第三行，用来显示重要的信息。

④ 底部的两行显示了该编辑器中常用的快捷键。

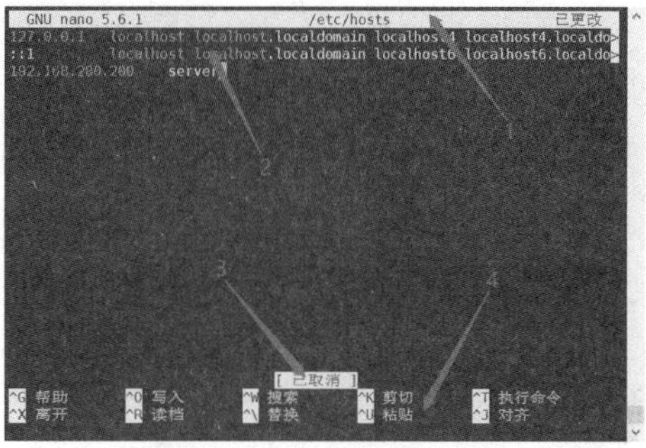

图 4.3 Nano 编辑器工作界面

CentOS Stream 9 中默认已经安装 Nano，如果其他版本默认没有安装，则可以使用以下命令进行安装。

```
[root@server ~]# dnf install nano
```

Nano 是面向键盘的，它的所有操作都可以使用快捷键来完成。使用 Nano 时，“Ctrl”由“^”表示。例如，如果要剪切一行文本，则可以使用“Ctrl+K”组合键，在 Nano 中就相当于“^k”。有一些命令需要按“Alt”键才有用，在 Nano 中由字母“M”表示，“M-R”表示按“Alt+R”组合键来执行。需要注意的是，macOS 用户需要使用“Esc”键而不是“Alt”键来执行这些命令。

微课 4.2 启动与退出 Nano 编辑器

4.2.2 启动与退出 Nano 编辑器

在命令提示符下输入“nano 文件名”命令或“nano”命令后，如果指定的文件存在，则打开该文件，否则新建该文件；如果不指定文件名，则新建一个未命名的文本文件，保存时再指定文件名。在终端中输入“nano”命令，按“Enter”键可以进入图 4.4 所示的 Nano 编辑器欢迎界面。

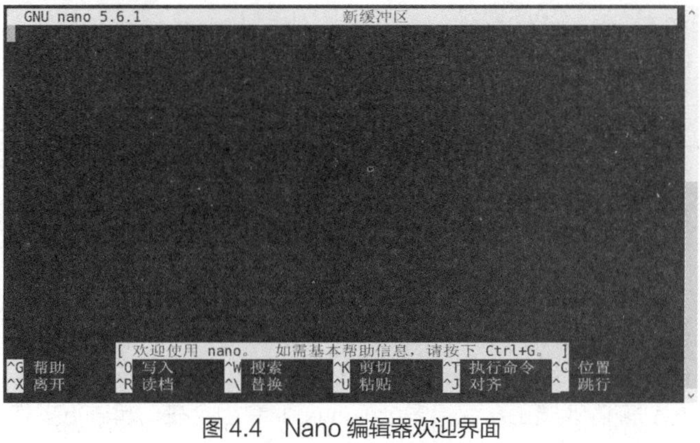

图 4.4 Nano 编辑器欢迎界面

退出 Nano 编辑器时，按“Ctrl+x”组合键即可。

注意 使用 Nano 编辑配置应用程序或系统实用程序的文件时，要使用“-w”标志启动 Nano，如“nano -w /etc/mysql/my.cnf”。其原因是有些文件中有很长的行，使用“-w”标志可以防止这些行因为过长而无法在屏幕中显示。

4.2.3 Nano 编辑器的基本操作

与 Vim 编辑器不同，Nano 编辑器在输入文本之前无须进入编辑模式，用户可以在编辑器窗口打开后立即开始输入，使用方向键可移动光标。部分可用命令显示在编辑器窗口的底部，用户可以根据需要随时调用。

1. 控制光标

Nano 编辑器中常用的移动光标的方法就是使用键盘上的方向键。也可以按“Alt+M”组合键，启用鼠标的支持，用鼠标来移动光标。

如果需要选择文字，则可以按住鼠标左键并拖动。其整体操作习惯与记事本非常相似。

2. 复制、粘贴、搜索

具体的操作说明如下。

① 复制一整行：按“Alt+6”组合键实现。

② 剪切一整行：按“Ctrl+K”组合键实现。

③ 粘贴：按“Ctrl+U”组合键实现。

如果需要复制 / 剪切多行或者一行中的一部分，则可先将光标移动到需要复制 / 剪切的文本的开头，按“Ctrl+6”（或者“Alt+A”）组合键进行标记，然后移动光标到待复制 / 剪切的文本末尾。这时选定的文本会反白，按“Alt+6”组合键即可复制，按“Ctrl+K”组合键即可剪切。若在选择文本过程中要取消，则需要再按一次“Ctrl+6”组合键。

④ 精确剪切：移动光标到待剪切文本的开头，按“Ctrl+6”（或者“Alt+A”）组合键，移动光标到待剪切文本的末尾。要想撤销文本标记，只需再按一次“Ctrl+6”（或者“Alt+A”）组合键。按照上面的步骤来剪切和粘贴即可。

⑤ 搜索：按“Ctrl+W”组合键，然后输入要搜索的关键字，按“Enter”键确定。这将会定位到第一个匹配的文本，接着可以按“Alt+W”组合键来定位到下一个匹配的文本。

3. 翻页、保存、退出

具体的操作说明如下。

① 翻页：按“Ctrl+Y”组合键翻页到上一页，按“Ctrl+V”组合键翻页到下一页。

② 保存：按“Ctrl+O”组合键保存所做的修改，输入文件名后按“Enter”键即可。

③ 退出：按“Ctrl+X”组合键可以退出编辑。若对文件进行了修改，则系统会询问是否需要保存修改。输入“Y”表示保存，输入“N”表示不保存，按“Ctrl+C”组合键表示取消并返回。

任务 4-3 重定向

【任务目标】

小陈在工作中注意到许多老员工喜欢将多个 Linux 命令组合在一起进行操作。这种操作看起来很

“酷”，也可以提高工作效率。受到启发，小陈决定学习这种技巧。

因此，小陈制订了如下任务目标。

① 熟悉输入/输出重定向的用法。

② 能够合理使用重定向技术。

4.3.1 标准输入/输出与重定向

1. 标准输入/输出文件

在 Linux 操作系统中，执行一个 Shell 命令时，通常会自动打开 3 个标准文件：标准输入（stdin）文件，通常对应的设备是终端的键盘；标准输出（stdout）文件和标准错误（stderr）输出文件，这两个文件对应的设备是终端的屏幕。由父进程创建子进程时，子进程就继承了父进程打开的这 3 个文件，因而可以利用键盘输入数据，从屏幕上显示计算结果及各种信息。在 Shell 中，这 3 个文件都可以通过重定向符进行重新定向。

标准输入/输出等文件的表述如表 4.7 所示。

表 4.7 标准输入/输出等文件的表述

设备	设备名	文件描述符	类型	符号表示	
键盘	/dev/stdin	0	标准输入	<	<<
屏幕	/dev/stdout	1	标准输出	>	>>
屏幕	/dev/stderr	2	标准错误	2>	2>>

“文件描述符”可以理解为 Linux 操作系统为文件分配的一个数字，范围是 0～2，通常 0 表示标准输入，1 表示标准输出，2 表示标准错误；“符号表示”代表实现方式。

2. 重定向

在 Linux 操作系统中，默认的输入设备、输出设备分别是键盘和屏幕，利用重定向符可以重新定义命令涉及的默认输入设备和输出设备对象，即重定向符可以将命令输入和输出数据流从默认设备重定向到其他位置。重定向符本身不是一条命令，而是命令中附加的可以改变命令的输入和输出对象的特殊符号，其中，表 4.7 中“符号表示”列的“>”“>>”称为输出重定向符，“>”表示覆盖源文件中的内容，如果文件不存在，则创建文件，如果文件存在，则将其清空；“>>”表示附加到源文件中的内容之后，如果文件不存在，则创建文件，如果文件存在，则将新的内容附加到该文件的末尾，该文件中的原有内容不受影响。“<”“<<”称为输入重定向符，功能是指定文件作为标准输入设备。

4.3.2 输出重定向

微课 4.3 输出重定向

1. 输出重定向符

输出重定向符“>”的作用是将命令（或可执行程序）的标准输出重新定向到指定文件。这样，该命令的输出就不在屏幕上显示，而是写入指定文件。

输出重定向的一般格式如下。

```
命令 > 文件名
```

其中，文件名可以是普通文件名，也可以是对应于输入/输出（Input/Output，I/O）设备的特殊文件名，如打印机。

举例如下。

```
[root@server ~]# who >outfile
```

其表示将 who 命令的输出重定向到 outfile 文件中，在屏幕上看不到 who 命令的运行结果。查看 outfile 文件的内容，就可以得到 who 命令的输出信息。

```
[root@server ~]# cat outfile
root     pts/0        2022-08-16 10:23 (192.168.100.1)
chen     tty2         2022-08-14 21:08 (tty2)
```

2. 输出附加重定向符

输出附加重定向符“>>”的作用是将命令（或可执行程序）的输出附加到指定文件的后面，而该文件原有的内容不被破坏。

输出附加重定向的一般格式如下。

```
命令 >> 文件名
```

举例如下。

```
[root@server ~]# ps -a >>outfile
[root@server ~]# cat outfile
root     pts/0        2022-08-16 10:23 (192.168.100.1)
chen     tty2         2022-08-14 21:08 (tty2)
    PID TTY          TIME CMD
   2426 tty2     00:00:00 gnome-session-b
   5130 pts/0    00:00:00 ps
```

其表示将 ps 命令的输出附加到 outfile 文件的结尾处。使用 cat 命令可以看到 outfile 文件的全部信息，包括原有内容和新添加的 3 行内容。

4.3.3 输入重定向

1. 输入重定向符

输入重定向符“<”的作用是将命令（或可执行程序）的标准输入重新定向到指定文件。

微课 4.4 输入重定向

输入重定向的一般格式如下。

```
命令 < 文件名
```

例如，使用输入重定向把 outfile 文件中的内容导入 wc -l 命令，统计文件中的内容行数，相关命令如下。

```
[root@server ~]# wc -l < outfile
5
```

使用 wc 命令统计 outfile 文件中的内容行数的运行结果如下。

```
[root@server ~]# wc -l outfile
5 outfile
```

由以上运行结果可知，采用输入重定向执行 wc 命令的结果中没有文件名。这是因为此前使用的 wc -l outfile 是一种非常标准的“命令+选项+对象”的执行格式，而这里的“wc -l < outfile”是将 outfile 文件中的内容通过操作符导入命令，没有被当作命令对象执行，因此 wc 命令只能读到信息流数据，而没有文件名的信息。

2. 即时文件定向符

即时文件定向符由重定向符“<<”、一对标记符及其中的若干输入符组成，它允许将 Shell 的输入

行重新定向到一个命令中。

即时文件的格式如下。

```
命令 ［参数］ <<标记符
……输入行
标记符
```

举例如下。

```
[root@server ~]# wc -l << EOF
> 小陈很努力!
> 小陈会学好 Linux 的!
> 小陈会成为网络管理员的!
> EOF
3
```

可以看到，这里将一对标记符“EOF”之间的内容作为输入传递给 wc 命令，并统计出输入的内容的行数是 3。

> **注意**
> ① 结尾的标记符一定要顶格写，其之前和之后都不能有任何字符，包括空格和缩进。
> ② 跟在<<后的标记符的前、后空格会被忽略。

4.3.4 错误重定向

错误重定向是指将执行命令后返回的错误信息输出到某个指定的文件中。错误重定向有两种用法，其语法格式如下。

```
命令 2> 文件名
```

或者命令 2>>文件名

例 4.1 查看不存在的 myfile 目录，将错误信息输出到 error.txt 中。

```
[root@server ~]# ls myfile
ls: 无法访问 'myfile': 没有那个文件或目录
[root@server ~]# ls myfile 2>error.txt
[root@server ~]# cat error.txt
ls: 无法访问 'myfile': 没有那个文件或目录
[root@server ~]#
```

4.3.5 同时实现标准输出重定向和标准错误重定向

需要同时重定向标准错误和标准输出信息到文件时，要使用两个重定向符，并且必须在重定向符前加上相应的文件描述符。

例 4.2 同时查看/etc 和 myfile 目录，其中，myfile 目录输入错误，将正确信息输出到 out.txt 中，将错误信息输出到 err.txt 中。

```
[root@server ~]# ls /etc  myfile 1>out.txt 2>err.txt
[root@server ~]# head out.txt err.txt
```

```
==> out.txt <==
/etc:
accountsservice
adjtime
aliases
alsa
alternatives
anacrontab
anthy-unicode.conf
Appstream.conf
asciidoc

==> err.txt <==
ls: 无法访问 'myfile': 没有那个文件或目录
[root@server ~]#
```

例 4.3 同时查看/etc 和 myfile 目录，将正确信息和错误信息都输出到 out.txt 中。

```
[root@server ~]# ls /etc myfile >out.txt 2>&1
[root@server ~]# head out.txt
==> out.txt <==
ls: 无法访问 'myfile': 没有那个文件或目录
/etc:
accountsservice
adjtime
aliases
alsa
alternatives
anacrontab
anthy-unicode.conf
Appstream.conf
[root@server ~]#
```

注意

“2>&1”表示将标准错误信息重定向到标准输出信息所在的文件中并保存这些信息。

例 4.4 同时查看/etc 和 myfile 目录，将标准输出信息和错误信息重定向到同一个文件中。

```
[root@server ~]# ls /etc myfile &>out.txt
[root@server ~]# head out.txt
ls: 无法访问 'myfile': 没有那个文件或目录
/etc:
accountsservice
adjtime
```

```
aliases
alsa
alternatives
anacrontab
anthy-unicode.conf
Appstream.conf
[root@server ~]#
```

注意

"&>file"是一种特殊的用法，也可以写为">&file"，二者的意思完全相同。

学思启示

Windows操作系统的图形界面对用户非常友好。因此，大部分Windows操作用户在初学Linux操作系统时可能会对命令模式和文本编辑器感到抵触。然而，经过一段时间的适应后，他们会发现Vim可以编辑Linux中的所有配置文件，且用户的编辑过程非常人性化，大部分用户都会逐渐习惯甚至爱上Vim编辑器。

因此，当读者接触新知识时，不要消极，而要以积极的态度去适应变化，可能会有意想不到的收获。

【拓展知识】

微课 4.5　管道符

同时按键盘上的"Shift+\"组合键即可输入管道符，其执行格式为"命令 A| 命令 B"。管道符的作用可以用一句话概括为"把前一个命令原本要输出到屏幕的信息当作后一个命令的标准输入"。

举例如下。

```
[root@server ~]# grep /sbin/nologin /etc/passwd | wc -l
35
```

这条命令的作用是通过匹配关键词/sbin/nologin 找出所有被限制登录的用户，并统计这样的用户有多少个。

管道符就像一个"法宝"，我们可以将它套用到其他不同的命令上，如以翻页的形式查看/etc 目录中的文件列表及属性信息（这些内容默认会显示到屏幕上，但内容太多，无法看清楚）。

```
[root@server ~]# ls -l /etc/ | more
总用量 1364
drwxr-xr-x.  3 root root      28  8月  4 21:03 accountsservice
-rw-r--r--.  1 root root      16  8月  4 21:13 adjtime
-rw-r--r--.  1 root root    1529  6月 23  2020 aliases
drwxr-xr-x.  3 root root      65  8月  4 21:07 alsa
drwxr-xr-x.  2 root root    4096  8月  4 21:10 alternatives
-rw-r--r--.  1 root root     541  7月 11 19:56 anacrontab
```

```
-rw-r--r--. 1 root root       269  5月  7 00:03 anthy-unicode.conf
-rw-r--r--. 1 root root       769  8月 29  2021 Appstream.conf
drwxr-xr-x. 4 root root      4096  8月  4 21:06 asciidoc
-rw-r--r--. 1 root root        55  7月  9 01:12 asound.conf
--更多--
```

在修改用户密码时，通常需要输入两次密码以进行确认，这在编写自动化脚本时将成为一个非常致命的缺陷。通过把管道符和 passwd 命令的--stdin 选项相结合，可以用一条命令来完成密码重置操作。

```
[root@server ~]# echo "xiaochen123" | passwd --stdin chen
更改用户 chen 的密码。
passwd：所有的身份验证令牌已经成功更新。
```

大家千万不要误以为管道符只能在一个命令组合中使用一次。用户完全可以这样使用命令："命令 A | 命令 B | 命令 C"。

例如，现在需要将管道符处理后的结果同时输出到屏幕并写入文件，则可以与 tee 命令结合使用。下述命令将显示系统中所有与 bash 相关的进程信息，同时将这些信息输出到屏幕并写入文件。

```
[root@server ~]#  ps aux | grep bash | tee result.txt
root       8145  0.0  0.1 224092  5728 pts/0    Ss   09:59   0:00 -bash
root       8217  0.0  0.0 221680  2332 pts/0    S+   10:10   0:00 grep --color=auto bash
[root@server ~]# cat result.txt
root       8145  0.0  0.1 224092  5728 pts/0    Ss   09:59   0:00 -bash
root       8217  0.0  0.0 221680  2332 pts/0    S+   10:10   0:00 grep --color=auto bash
```

【项目实训】

使用 Linux 时大多处于命令模式或者插入模式，因此熟练地掌握一到两种编辑器显得尤为重要。为了提高文本编辑能力，小陈决定针对文本文件的编辑管理进行进一步的实训加强。

就让我们和小陈一起完成"管理文本文件"的实训吧！

此部分内容请参考本书配套的活页工单——"工单 4. 管理文本文件"。

【项目小结】

通过学习本项目，读者应该学会了使用 Vim 和 Nano 编辑器进行文件编辑的方法，并掌握了重定向命令。读者现在可以使用这些编辑器对配置文件进行复制、粘贴、删除、搜索、替换等日常操作。

在今后的学习和工作中，读者将经常与编辑器"打交道"，因此能熟练地运用编辑器是对每个 Linux 用户的基本要求。此外，合理运用重定向能极大地提高工作效率。

项目 5 配置网络功能

05

【学习目标】

【知识目标】

- 了解 VMware 中虚拟机的 3 种网络工作模式。
- 掌握 CentOS Stream 9 网络参数的配置方法及常用命令。
- 熟悉常用的网络配置文件。
- 了解 systemctl 命令。
- 了解 SSH 服务。

【能力目标】

- 能熟练设置虚拟机网络环境。
- 能熟练使用命令行工具配置 CentOS Stream 9 网络参数。
- 能够正确设置服务的启动、停止、自启动等功能。
- 能够熟练进行 SSH 服务远程登录的配置并使用该服务。

【素养目标】

- 能够严格按照职业规范要求安全操作。

【项目情景】

小陈发现公司的服务器为用户提供服务、员工上网查找学习资料、更新软件等操作的前提都是所使用的操作系统能够联网。如何解决 CentOS Stream 9 系统的联网问题，已经成为小陈当前的工作重点。

任务 5-1 了解 VMware 的网络工作模式

【任务目标】

小陈目前正在使用部署在 VMware Workstation 中的 CentOS Stream 9 学习环境。因此，小陈需要了解 VMware 虚拟机软件支持的网络工作模式，并对其网络环境进行合理设置，以满足日常需求。

因此，小陈制订了如下任务目标。

① 了解 VMware 中虚拟机的 3 种网络工作模式。

② 配置 VMware 虚拟网络。

5.1.1 了解 VMware 的 3 种网络工作模式

VMware 为用户提供了 3 种可选的网络工作模式，分别为“桥接模式”“NAT 模式”“仅主机模式”。

在 VMware Workstation 16 Pro 主界面中，选择“虚拟机”→“设置”命令，弹出“虚拟机设置”对话框，如图 5.1 所示。在该对话框中，选择“硬件”选项卡中的“网络适配器”选项，右侧将显示其支持的网络工作模式。

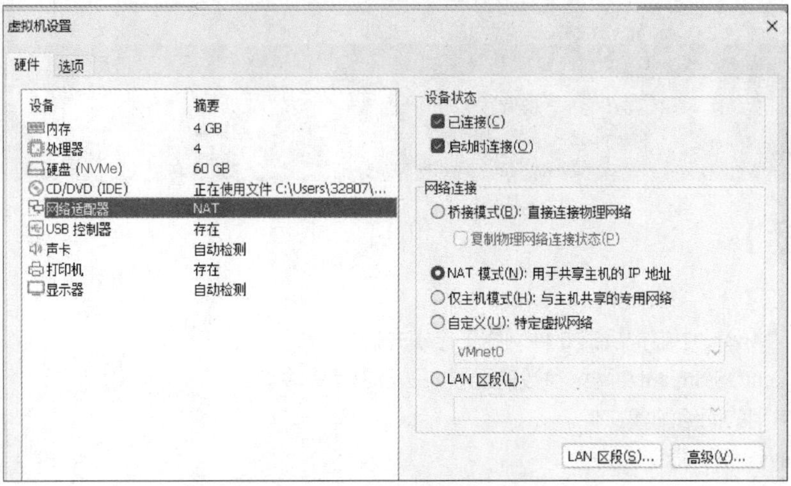

图 5.1 “虚拟机设置”对话框

这 3 种网络工作模式中会使用到不同的虚拟网卡和虚拟交换机等网络设备。安装 VMware 虚拟机软件时，会自动安装虚拟网卡、虚拟交换机等网络设备。其安装方法如下。

（1）虚拟网卡

以 Windows 10 操作系统为例，选择“控制面板”→“网络和 Internet”→“网络和共享中心”→“更改适配器设置”选项，打开“网络连接”窗口，发现两块新增的 VMware 虚拟网卡，如图 5.2 所示。

图 5.2 网络连接中的默认虚拟网卡

（2）虚拟交换机

在 VMware Workstation 16 Pro 主界面中，选择“编辑”→“虚拟网络编辑器”命令，单击“更改设置”按钮，弹出“虚拟网络编辑器”对话框。该对话框中显示了默认的 3 个虚拟网络 VMnet0、VMnet1 和 VMnet8，它们分别对应 3 种网络工作模式，如图 5.3 所示。

由图 5.3 可知，系统默认已经创建了 3 个虚拟交换机。

① VMnet0：桥接模式网络中的虚拟交换机。

② VMnet1：仅主机模式网络中的虚拟交换机。

③ VMnet8：NAT 模式网络中的虚拟交换机。

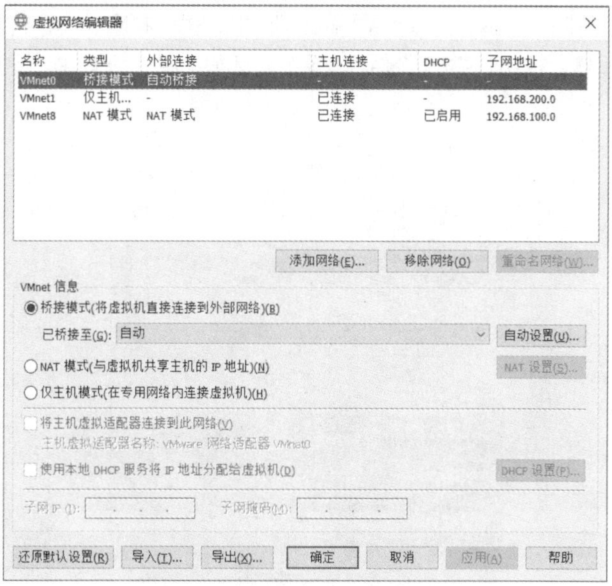

图 5.3 “虚拟网络编辑器”对话框

5.1.2 配置 VMware 虚拟网络

微课 5.1 配置 VMware 虚拟网络

通过虚拟网络编辑器可以配置 VMware 虚拟网络的子网 IP 地址、子网掩码、DHCP 地址池等网络参数。NAT 模式是 VMware 虚拟机默认的网络工作模式。接下来以 NAT 模式为例，介绍虚拟网络参数的配置方法。

（1）在“虚拟网络编辑器”对话框中选择“VMnet8”选项，将“子网 IP”配置为“192.168.100.0”，“子网掩码”配置为“255.255.255.0”，如图 5.4 所示。

（2）勾选“使用本地 DHCP 服务将 IP 地址分配给虚拟机”复选框，启用 VMware 虚拟 DHCP 服务器。单击“DHCP 设置”按钮，弹出“DHCP 设置”对话框，设置本网络的 IP 地址池信息，具体参数设置如图 5.5 所示。

图 5.4 设置“子网 IP”和“子网掩码”

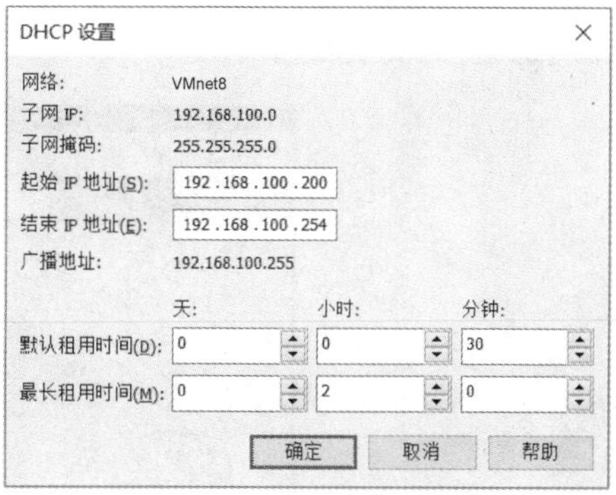

图 5.5 “DHCP 设置”对话框

（3）如果虚拟机要联网，则需要设置 NAT 模式网络的网关。在图 5.4 所示的“虚拟网络编辑器”对话框中单击“NAT 设置”按钮，弹出“NAT 设置”对话框，将“网关 IP”设置为“192.168.100.2”，如图 5.6 所示。

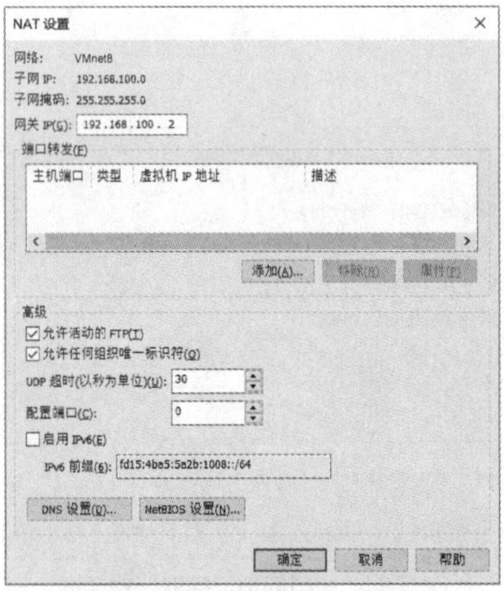

图 5.6 “NAT 设置”对话框

任务 5-2 配置网络功能

【任务目标】

小陈通过任务 5-1 的学习，已经能够正确配置 VMware 虚拟网络。然而，要创建一个实用的练习环境，他还需要正确配置 CentOS Stream 9 虚拟机的网络参数，这样才能使 CentOS Stream 9 虚拟机联网。

因此，小陈制订了如下任务目标。

① 通过多种方式配置主机名、IP 地址、子网掩码、默认网关、DNS 服务器等参数。

② 使用 systemctl 相关命令管理服务，实现启动、停止、自启动等功能。

5.2.1 打开有线连接

登录 CentOS Stream 9 图形界面，单击界面右上角的按钮，在弹出的下拉菜单中选择“有线已连接”选项，继续单击“有线设置”按钮，进入“设置”界面，如图 5.7 所示。在该界面中，单击界面右侧的按钮，虚拟机的有线连接会自动从 DHCP 服务器处获取网络地址信息（在此之前需完成 VMware 虚拟网络的配置）。

图 5.7 “设置”界面

单击该界面中的第一个 按钮，即可看到本机已经获取到的网络地址信息，如图 5.8 所示。

图 5.8 本机网络地址信息

5.2.2 编辑网卡配置文件

微课 5.2 编辑网卡配置文件

在 Linux 操作系统中，可以通过编辑网卡的配置文件来配置网卡的各项参数。在 CentOS Stream 9 中，网卡的配置文件保存在/etc/NetworkManager/system-connections/目录中。

例 5.1 查看网卡配置文件，理解其配置项及作用。

```
[root@server ~]# nano /etc/NetworkManager/system-connections/ens160.nmconnection
[connection]
id=ens160
uuid=eebaaea0-eac2-378f-bb6e-2d92386733a8
type=ethernet
autoconnect-priority=-999
interface-name=ens160
[ethernet]
[IPv4]
method=auto
[IPv6]
addr-gen-mode=eui64
method=auto
[proxy]
```

某些时候读者需要为网卡配置静态的、固定的网络参数，通常的做法如下：在默认的配置文件中修改 method 参数值为 manual，并在配置文件中的[IPv4]之后增加以下配置。

```
[IPv4]
method=manual
address1=192.168.100.200/24,192.168.100.2
dns=114.114.114.114;8.8.8.8;
```

当修改完 Linux 操作系统中的服务配置文件后，并不会立即产生效果。要想让服务程序获取到最新的配置文件，需要手动加载网络服务，并使用 ping 命令查看网络是否通畅。

```
[root@server ~]# nmcli connection reload ens160
[root@server ~]# nmcli connection up ens160
连接已成功激活（D-Bus 活动路径：/org/freedesktop/NetworkManager/ActiveConnection/9）
[root@server ~]# ping -c4 114.114.114.114
PING 114.114.114.114 (114.114.114.114) 56(84) 比特的数据。
64 比特，来自 114.114.114.114: icmp_seq=1 ttl=128 时间=24.4 毫秒
64 比特，来自 114.114.114.114: icmp_seq=2 ttl=128 时间=25.6 毫秒
64 比特，来自 114.114.114.114: icmp_seq=3 ttl=128 时间=26.7 毫秒
64 比特，来自 114.114.114.114: icmp_seq=4 ttl=128 时间=26.9 毫秒

--- 114.114.114.114 ping 统计 ---
已发送 4 个包，已接收 4 个包，0% packet loss, time 3007ms
rtt min/avg/max/mdev = 24.405/25.892/26.866/0.985 ms
```

5.2.3 修改主机 IP 地址与域名快速解析文件

hosts 文件是 Linux 操作系统中负责 IP 地址与域名快速解析的文件，以 ASCII 格式保存在/etc 目录下。hosts 文件包含 IP 地址和主机名/域名之间的映射，包括主机别名。在没有域名服务器的情况下，系统中的所有网络程序都通过查询 hosts 文件来解析某个主机名对应的 IP 地址，否则需要使用 DNS 服务程序来解析。通常可以将常用的域名和 IP 地址映射到 hosts 文件中，实现对该地址的快速访问。一般情况下，hosts 文件的每行代表一台主机，每行由 3 部分组成，分别是网络 IP 地址、主机名/域名、主机别名，各部分使用空格分隔，格式如下。

```
网络 IP 地址 主机名/域名（主机别名）
```

每行也可以只包括两部分，即网络 IP 地址和主机名/域名。主机名和域名的区别在于，主机名通常在局域网内使用，通过 hosts 文件，主机名可被解析为对应的 IP 地址；域名通常在 Internet 上使用，但如果不想使用 Internet 上的域名解析，则可以更改 hosts 文件，加入自己的域名解析。

> **注意**
>
> 主机名及域名解析优先级由高到低分别是 DNS 缓存>hosts>DNS 服务。

例 5.2 编辑 hosts 文件，在 IP 地址 192.168.100.200 和主机 server 之间建立映射关系。（此处的 IP 地址和主机名请根据真实情况修改。）

```
[root@server ~]# nano /etc/hosts
………
127.0.0.1   localhost localhost.localdomain localhost4 localhost4.localdomain4
::1         localhost localhost.localdomain localhost6 localhost6.localdomain6
192.168.100.200  server      #添加的映射关系
```

检测到映射效果如下。

```
[root@server ~]# ping -c4 server
```

```
PING server (192.168.100.200) 56(84) 比特的数据。
64 比特，来自 server (192.168.100.200): icmp_seq=1 ttl=64 时间=0.040 毫秒
64 比特，来自 server (192.168.100.200): icmp_seq=2 ttl=64 时间=0.093 毫秒
64 比特，来自 server (192.168.100.200): icmp_seq=3 ttl=64 时间=0.096 毫秒
64 比特，来自 server (192.168.100.200): icmp_seq=4 ttl=64 时间=0.100 毫秒

--- server ping 统计 ---
已发送 4 个包，已接收 4 个包, 0% packet loss, time 3092ms
rtt min/avg/max/mdev = 0.040/0.082/0.100/0.024 ms
```

5.2.4 常用网络命令

1. nmcli 命令

CentOS Stream 9 已废弃 network.service，只能通过 NetworkManager 进行网络配置。网卡操作可以使用 nmcli 命令，该命令可以完成网卡上的所有配置，并且可以将修改写入配置文件，使其永久生效。

微课 5.3 常用网络命令 1

nmcli 命令可以通过子命令来实现更多的功能，其格式如下。

```
nmcli <选项> <子命令> <操作>
```

nmcli 命令的常用选项及其说明如表 5.1 所示。

表 5.1 nmcli 命令的常用选项及其说明

选项	说明
-a	暂停程序，等待输入必要的参数后继续执行
-c	监控和管理网络设备的连接
-f	指定输出哪些字段
-d	监控和管理网络设备的接口
-g	输出指定字段中的值
-p	对齐页眉，以更易阅读
-t	简洁输出

nmcli 命令一共有 8 个子命令，每个子命令的主要功能如下。

① help：用于提供有关 nmcli 命令和使用方法的帮助信息。

② general：用于返回 NetworkManager 的状态和总体配置信息。

③ networking：用于查询某个网络连接的状态，启用、禁用连接功能。

④ radio：用于查询某个 Wi-Fi 网络连接的状态，启用、禁用连接功能。

⑤ monitor：提供命令来监控 NetworkManager 的活动并观察网络连接状态的改变。

⑥ connection：用于启用或禁用网络接口、添加新的连接、删除已有连接等。

⑦ device：用于更改与某个设备（如接口名称）相关联的连接参数或者使用一个已有的连接来连接设备。

⑧ secret：用于将 nmcli 注册为一个 NetworkManager 的秘密代理，监听秘密信息。该子命令很少会被用到，因为当连接到网络时，nmcli 会自动执行该操作。

常用的 nmcil 命令及其功能如表 5.2 所示。

表 5.2　常用的 nmcli 命令及其功能

常用命令	功能
nmcli connection help	查看 nmcli 帮助信息
nmcli radio wifi off	关闭 Wi-Fi
nmcli networking off	关闭网络
nmcli networking on	开启网络
nmcli -p networking connectivity	查看网络连通性
nmcli -p connection	显示所有网络连接信息
nmcli -p device status	查看所有的网卡设备状态
nmcli connection reload	重新加载配置文件
nmcli device show ens160	显示 ens160 网卡设备属性
nmcli connection down ens160	关闭 ens160 的网络连接
nmcli connection up ens160	打开 ens160 的网络连接
nmcli device disconnect ens160	断开 ens160 设备

例 5.3　使用 nmcli 命令查看本机网络的连接信息。

```
[root@server ~]# nmcli
ens160：已连接到 ens160
        "VMware VMXNET3"
        ethernet (vmxnet3), 00:0C:29:DA:C3:D6, 硬件, mtu 1500
        IP4 默认
        inet4 192.168.100.200/24
        route4 192.168.100.0/24 metric 100
        route4 default via 192.168.100.2 metric 100
        inet6 fe80::20c:29ff:feda:c3d6/64
        route6 fe80::/64 metric 1024

lo：未托管
        "lo"
        loopback (unknown), 00:00:00:00:00:00, 软件, mtu 65536

DNS configuration:
        servers: 114.114.114.114 8.8.8.8
        interface: ens160
```

例 5.4　使用 nmcli 命令查看 ens160 网卡设备属性。

```
[root@server ~]# nmcli device show ens160
GENERAL.DEVICE:                         ens160
GENERAL.TYPE:                           ethernet
GENERAL.HWADDR:                         00:0C:29:DA:C3:D6
GENERAL.MTU:                            1500
GENERAL.STATE:                          100（已连接）
GENERAL.CONNECTION:                     ens160
```

```
GENERAL.CON-PATH:              /org/freedesktop/NetworkManager/ActiveConnection/9
WIRED-PROPERTIES.CARRIER:              开
IP4.ADDRESS[1]:                        192.168.100.200/24
IP4.GATEWAY:                           192.168.100.2
IP4.ROUTE[1]:                          dst = 192.168.100.0/24, nh = 0.0.0.0, mt = 100
IP4.ROUTE[2]:                          dst = 0.0.0.0/0, nh = 192.168.100.2, mt = 100
IP4.DNS[1]:                            114.114.114.114
IP4.DNS[2]:                            8.8.8.8
IP6.ADDRESS[1]:                        fe80::20c:29ff:feda:c3d6/64
IP6.GATEWAY:                           --
IP6.ROUTE[1]:                          dst = fe80::/64, nh = ::, mt = 1024
```

注意

使用 nmcli 命令修改网卡（ens160）配置参数的示例如下。

```
nmcli connection modify ens160 connection.autoconnect yes
#设置 ens160 设备开机自启动
nmcli connection modify ens160 IPv4.method manual          #将网络连接模式设置为静态
nmcli connection modify ens160 IPv4.addresses 192.168.100.210/24
#修改 IPv4 地址
nmcli connection modify ens160 +IPv4.addresses 192.168.100.211/24
#添加 IPv4 地址
nmcli connection modify ens160 -IPv4.addresses 192.168.100.211/24
#删除 IPv4 地址
nmcli connection modify ens160 IPv4.gateway 192.168.100.2   #修改网关
nmcli connection modify ens160 IPv4.dns 114.114.114.114     #修改 DNS
nmcli connection modify ens160 +IPv4.dns 8.8.8.8            #添加 DNS
nmcli connection down ens160    #关闭网络连接
nmcli connection up ens160      #打开网络连接
```

2. ip 命令

ip 命令是一个强大的网络配置命令，可以用来显示或设置路由、网络设备、策略路由和隧道，它能够替代 ifconfig、route 等传统的网络管理命令。常用的 ip 命令及其功能如表 5.3 所示。

表 5.3　常用的 ip 命令及其功能

常用命令	功能
ip link show	显示网络接口信息
ip link set ens160 up	开启网卡
ip link set ens160 down	关闭网卡
ip link set ens160 promisc on	开启网卡的混合模式
ip link set ens160 promisc off	关闭网卡的混合模式
ip link set ens160 txqueuelen 1200	设置网卡的队列长度

续表

常用命令	功能
ip link set ens160 mtu 1400	设置网卡的最大传输单元
ip addr show	显示网卡的 IP 地址信息
ip addr add 192.168.100.10/24 dev ens160	设置网卡的 IP 地址为 192.168.100.10
ip addr del 192.168.100.10/24 dev ens160	删除网卡的 IP 地址
ip route show	显示系统路由
ip route add default via 192.168.100.254	设置系统默认路由
ip route list	查看路由信息
ip route add 192.168.100.0/24 via 192.168.100.254 dev ens160	设置 192.168.100.0 网段的网关为 192.168.100.254，数据通过 ens160 接口发送
ip route add default via 192.168.100.254 dev ens160	设置默认网关为 192.168.100.254
ip route del 192.168.100.0/24	删除 192.168.100.0 网段的网关
ip route del default	删除默认路由
ip route del 192.168.100.0/24 dev ens160	删除路由

例 5.5 使用 ip 命令查看所有设备的 IP 地址等信息。

```
[root@server ~]# ip addr show
1: lo: <LOOPBACK,UP,LOWER_UP> mtu 65536 qdisc noqueue state UNKNOWN group default qlen 1000
    link/loopback 00:00:00:00:00:00 brd 00:00:00:00:00:00
    inet 127.0.0.1/8 scope host lo
      valid_lft forever preferred_lft forever
    inet6 ::1/128 scope host
      valid_lft forever preferred_lft forever
2: ens160: <BROADCAST,MULTICAST,UP,LOWER_UP> mtu 1500 qdisc mq state UP group default qlen 1000
    link/ether 00:0c:29:da:c3:d6 brd ff:ff:ff:ff:ff:ff
    altname enp3s0
    inet 192.168.100.200/24 brd 192.168.100.255 scope global noprefixroute ens160
      valid_lft forever preferred_lft forever
    inet6 fe80::20c:29ff:feda:c3d6/64 scope link noprefixroute
      valid_lft forever preferred_lft forever
```

例 5.6 为网卡 ens160 设置一个 IP 地址，再将其删除。

```
[root@server ~]# ip addr add 192.168.100.10/24 dev ens160
[root@server ~]# ip addr del 192.168.100.10/24 dev ens160
```

3. ping 命令

ping 命令用于测试主机之间网络的连通性。此命令使用互联网控制报文协议（Internet Control Message Protocol，ICMP），向测试的目标主机发送要求回应的信息，若与目标主机之间网络通畅，则会收到回应信息，从而判断目标主机网络运行正常。

微课 5.4 常用网络命令 2

ping 命令的格式如下。

```
ping  [选项] 目标主机 IP 地址/域名
```

ping 命令的常用选项及其说明如表 5.4 所示。

表 5.4　ping 命令的常用选项及其说明

常用选项	说明
-c	<完成次数> 设置完成 ping 操作的次数
-i	<间隔秒数> 设置 ping 操作的间隔时间
-s	<数据包大小> 设置 ping 操作时发送的数据包的大小
-t	<存活数值> 设置 ping 操作时存活时间（Time To Live，TTL）的大小

例 5.7　使用 ping 命令测试本机与 baidu.com 网站的连通性，要求只测试 5 次，每次间隔 3s。

```
[root@server ~]# ping -c 5 -i 3  baidu.com
PING baidu.com (39.156.66.10) 56(84) bytes of data.
64 bytes from 39.156.66.10 (39.156.66.10): icmp_seq=1 ttl=128 time=26.4 ms
64 bytes from 39.156.66.10 (39.156.66.10): icmp_seq=2 ttl=128 time=27.7 ms
64 bytes from 39.156.66.10 (39.156.66.10): icmp_seq=3 ttl=128 time=27.6 ms
64 bytes from 39.156.66.10 (39.156.66.10): icmp_seq=4 ttl=128 time=28.4 ms
64 bytes from 39.156.66.10 (39.156.66.10): icmp_seq=5 ttl=128 time=30.4 ms

--- baidu.com ping statistics ---
5 packets transmitted, 5 received, 0% packet loss, time 12018ms
rtt min/avg/max/mdev = 26.446/28.118/30.393/1.303 ms
```

4. wget 命令

wget 命令是英文词组“web get”的缩写，其功能是从指定网址下载网络文件。wget 命令非常稳定，一般即便存在网络波动也不会导致下载失败，而是不断尝试重连，直至整个文件下载完毕。

wget 命令支持超文本传送协议（Hypertext Transfer Protocol，HTTP）、超文本传输安全协议（Hypertext Transfer Protocol Secure，HTTPS）、FTP 等常见协议，可以在命令行中直接下载网络文件。

wget 命令的格式如下。

```
wget  [选项]   网址
```

wget 命令的常用选项及其说明如表 5.5 所示。

表 5.5　wget 命令的常用选项及其说明

常用选项	说明
-V	显示版本信息
-h	显示帮助信息
-b	启动后转入后台执行
-c	支持断点续传
-O	定义本地文件名
-e <命令>	执行指定的命令
--limit-rate=<速率>	限制下载速度

例 5.8　从阿里云映像网站下载 CentOS Stream 9 的 ISO 映像文件，要求启用断点续传技术。需要注意的是，映像地址会随着更新变化，读者下载时要核实最新地址。

```
[root@server ~]#  wget -c  https://mirrors.aliyun.com/centos-stream/9-stream/BaseOS/x86_64/iso/CentOS-Stream-9-20220726.1-x86_64-dvd1.iso?spm=a2c6h.25603864.0.0.26f2408cYuSSCF
```

5. netstat 命令

netstat 命令是英文词组“network statistics”的缩写，其功能是显示各种网络相关信息，如网络连接状态、路由表信息、接口状态、NAT、多播成员等。netstat 命令不仅应用于 Linux 操作系统，还在 Windows XP、Windows 7、Windows 10 及 Windows 11 中均已默认支持，且可用参数相同，有经验的运维人员可以直接上手使用该命令。

netstat 命令的格式如下。

```
netstat  [选项]
```

netstat 命令的常用选项及其说明如表 5.6 所示。

表 5.6　netstat 命令的常用选项及其说明

常用选项	说明
-a	显示所有网络连接和监听端口
-p	显示正在使用套接字（Socket）的程序识别码和程序名称
-l	仅列出正在监听的服务状态
-t	显示 TCP 的连接状况
-u	显示 UDP 的连接状况
-i	显示网络接口的统计信息
-r	显示路由表信息
-n	以数字形式显示 IP 地址和端口号，不进行域名解析

例 5.9　显示网卡当前状态信息。

```
[root@server ~]# netstat -i
Kernel Interface table
Iface    MTU   RX-OK  RX-ERR RX-DRP RX-OVR  TX-OK   TX-ERR TX-DRP TX-OVR Flg
ens160   1500  241    0      0      0       268     0      0      0      BMRU
lo       65536 92     0      0      0       92      0      0      0      LRU
```

例 5.10　显示系统网络状态中的所有用户数据报协议（User Datagram Protocol，UDP）的连接状况。

```
[root@server ~]# netstat -apu
Active Internet connections (servers and established)
Proto  Recv-Q  Send-Q  Local Address   Foreign Address  State  PID/Program name
udp    0       0       0.0.0.0:mdns    0.0.0.0:*              805/avahi-daemon: r
udp    0       0       localhost.locald:bootpc 192.168.100.254:bootps ESTABLISHED
 979/NetworkManager
udp    0       0      0.0.0.0:sunrpc   0.0.0.0:*              1/systemd
udp    0       0      0.0.0.0:33677    0.0.0.0:*              805/avahi-daemon: r
udp6   0       0      [::]:mdns        [::]:*                 805/avahi-daemon: r
udp6   0       0      [::]:38954       [::]:*                 805/avahi-daemon: r
udp6   0       0      [::]:sunrpc      [::]:*                 1/systemd
```

例 5.11　显示系统网络状态中的 TCP 连接端口号使用信息。

```
[root@server ~]# netstat -apt
Active Internet connections (servers and established)
Proto  Recv-Q  Send-Q  Local Address  Foreign Address  State  PID/Program name
tcp   0    0    localhost:IPp          0.0.0.0:*    LISTEN   985/cupsd
tcp   0    0    0.0.0.0:ssh            0.0.0.0:*    LISTEN   988/sshd: /usr/sbin
```

```
tcp   0   0   0.0.0.0:sunrpc              0.0.0.0:*       LISTEN   1/systemd
tcp   0   0   localhos:x11-ssh-offset     0.0.0.0:*       LISTEN   2605/sshd: root@pts
tcp   0   64  localhost.localdoma:ssh     192.168.100.1:4954   ESTABLISHED
 2570/sshd: root [pr
tcp6  0   0   localhos:x11-ssh-offset     [::]:*          LISTEN   2605/sshd: root@pts
tcp6  0   0   [::]:ssh                    [::]:*          LISTEN   988/sshd: /usr/sbin
tcp6  0   0   [::]:sunrpc                 [::]:*          LISTEN   1/systemd
tcp6  0   0   localhost:IPp               [::]:*          LISTEN   985/cupsd
```

5.2.5 使用 systemctl 管理服务

微课 5.5 使用 systemctl 管理服务

服务是指在操作系统中用于支持各种功能的程序，CentOS Stream 9 使用 systemctl 相关命令对服务进程进行管理，如启动、停止服务，以及允许服务开机自启动等。

常用的 systemctl 相关命令及其功能如表 5.7 所示。

表 5.7 常用的 systemctl 相关命令及其功能

常用命令	功能
systemctl start 服务名	启动服务
systemctl restart 服务名	重启服务
systemctl stop 服务名	停止服务
systemctl reload 服务名	重新加载配置文件（不终止服务）
systemctl status 服务名	查看服务状态
systemctl enable 服务名	设置开机自启动服务
systemctl disable 服务名	禁止开机自启动服务
systemctl list-units	查看系统中所有正在运行的服务
systemctl list-unit-files	查看系统中所有服务的开机启动状态
systemctl list-dependencies 服务名	查看系统中服务的依赖关系

CentOS Stream 9 默认使用 NetworkManager 来提供网络服务，这是一种动态管理网络配置的守护进程，能够让网络设备保持连接状态。可以使用 nmcli 命令来管理 NetworkManager 服务程序。nmcli 是一种基于命令行的网络配置工具，功能丰富，参数众多。使用它可以轻松地查看网络信息或网络状态，该命令具体用法在 5.2.4 小节中已经介绍过，这里不赘述。

例 5.12 使用 systemctl 命令查看 NetworkManager 服务的运行状态。

```
[root@server ~]# systemctl status NetworkManager
● NetworkManager.service - Network Manager
     Loaded: loaded (/usr/lib/systemd/system/NetworkManager.service; enabled;
vendor preset: enabled)
     Active: active (running) since Sat 2022-08-06 15:58:13 CST; 4h 8min ago
       Docs: man:NetworkManager(8)
   Main PID: 979 (NetworkManager)
      Tasks: 3 (limit: 24461)
     Memory: 9.9M
……此处省略部分输出信息……
```

例 5.13 关闭 NetworkManager 服务，之后查看其运行状态。

```
[root@server ~]# systemctl stop NetworkManager
[root@server ~]# systemctl status NetworkManager
○ NetworkManager.service - Network Manager
     Loaded: loaded (/usr/lib/systemd/system/NetworkManager.service; enabled; vendor preset: enabled)
     Active: inactive (dead) since Sat 2022-08-06 20:10:06 CST; 2s ago
   Duration: 4h 11min 53.223s
       Docs: man:NetworkManager(8)
    Process: 979 ExecStart=/usr/sbin/NetworkManager --no-daemon
......此处省略部分输出信息......
```

例 5.14 启动（重启）NetworkManager 服务。

```
[root@server ~]# systemctl start NetworkManager
[root@server ~]# systemctl restart NetworkManager
```

任务 5-3 配置和使用 SSH 服务

【任务目标】

小陈发现在实际工作环境中，服务器通常部署在机房中，管理员无法一直在本地直接操作服务器，而是需要通过 SSH 服务进行远程连接来管理服务器，并使用 scp 命令在服务器之间进行文件的远程复制。因此，小陈决定学习配置和使用 SSH 服务的相关知识，掌握 SSH 服务远程登录的配置和使用，并学会使用 scp 命令进行文件的远程复制。

因此，小陈制订了如下任务目标。

① 利用 SSH 服务远程连接服务器。

② 通过密钥验证方式实现安全、快捷登录。

③ 使用 scp 命令远程复制文件。

5.3.1 远程连接 Linux 服务器

安全外壳（Secure Shell，SSH）服务是一种能够帮助用户以安全的方式进行远程登录的协议，也是目前远程连接并管理 Linux 操作系统的首选方式。在 SSH 服务被广泛使用之前，用户一般使用 FTP 或 Telnet 进行远程登录。但是它们以明文的形式在网络中传输账户密码和数据信息，因此很不安全，很容易受到黑客发起的中间人攻击，轻则篡改传输的数据信息，重则直接抓取服务器的账户密码。

CentOS Stream 9 中默认已经部署 sshd 服务程序。sshd 服务提供了两种安全验证的方法，分别是基于密码的验证和基于密钥的验证。

① 基于密码的验证，即用服务器中本地系统用户的登录名称、密码进行验证。

② 基于密钥的验证，先在客户端创建一对密钥文件（公钥、私钥），再将公钥文件放到服务器中的指定位置。远程登录时，系统将使用公钥、私钥进行加密/解密关联验证。

对比这两种方法，前者简便，但可能会被暴力破解；后者更安全，且可以免交互登录。当密码验证、密钥验证都启用时，服务器将优先使用密钥验证。

例 5.15 使用 SSH 服务远程连接 Linux 服务器。

需要使用两台虚拟机模拟应用场景，一台作为服务器，另一台作为客户端，具体配置参数如表 5.8 所示。

表 5.8　具体配置参数

主机地址	操作系统	作用
192.168.100.200	CentOS Stream 9	服务器
192.168.100.201	CentOS Stream 9	客户端

在客户端使用 ssh 命令远程连接服务器，其格式为“ssh [参数]主机 IP 地址”，要退出登录时可使用 exit 命令。第一次访问时需要输入 yes 来确认对方主机的指纹信息。

```
[root@client ~]# ssh 192.168.100.200
The authenticity of host '192.168.100.200 (192.168.100.200)' can't be established.
ED25519 key fingerprint is SHA256:6PMnYv8+NUx6qqCbTKNGzKQAdumbcOnnGcl495S1YCA.
This key is not known by any other names
Are you sure you want to continue connecting (yes/no/[fingerprint])? yes
Warning: Permanently added '192.168.100.200' (ED25519) to the list of known hosts.
root@192.168.100.200's password:                #此处输入服务器管理员的密码
Activate the web console with: systemctl enable --now cockpit.socket

Last login: Sat Aug  6 20:38:21 2022 from 192.168.100.1
[root@server ~]#
```

查看用户登录信息。

```
[root@server ~]# who am i
root     pts/1        2022-08-06 21:15 (192.168.100.201)
```

退出登录。

```
[root@server ~]# exit
注销
Connection to 192.168.100.200 closed.
[root@client ~]#
```

注意

sshd 服务程序默认使用当前用户登录，如果要指定其他用户登录，则可使用以下格式。

```
ssh 用户名@主机地址
```

5.3.2　密钥验证方式实现免密登录

微课 5.6　密钥验证方式实现免密登录

在生产环境中使用密码进行验证存在着被暴力破解或截获的风险。如果正确配置了密钥验证方式，那么 sshd 服务程序将更加安全。

例 5.16 配置 root 用户以密钥验证方式远程登录服务器。

配置 root 用户以密钥验证方式登录服务器时，需要在客户端使用 ssh-keygen 命令生成密钥对，并使用 ssh-copy-id 命令将密钥对中的公钥上传至服务器。服务器中的 sshd 服务程序需要进行配置以允许 root 用户远程登录。具体操作步骤如下。

（1）在客户端中生成密钥对。

```
[root@client ~]# ssh-keygen
Generating public/private rsa key pair.
Enter file in which to save the key (/root/.ssh/id_rsa):
#按“Enter”键或设置密钥的存储路径
Enter passphrase (empty for no passphrase):     #直接按“Enter”键或设置密钥的密码
Enter same passphrase again:                    #再次按“Enter”键或设置密钥的密码
Your identification has been saved in /root/.ssh/id_rsa
Your public key has been saved in /root/.ssh/id_rsa.pub
The key fingerprint is:
SHA256:pdYJykZC2Dc+ZLFBEM1JjXjucoifhfsqnfN4Z5tfvPc root@client
The key's randomart image is:
+---[RSA 3072]----+
|   o+O==         |
|  ..o @o.        |
|    .Bo.. .      |
|     ++. = .     |
|   . ++.S o      |
|  . +.+.   .     |
|   o B     o     |
|  . B.. o. . ..  |
|   .o*oooo. .. .E|
+----[SHA256]-----+
```

（2）将客户端中生成的公钥上传至服务器。

```
[root@client ~]# ssh-copy-id 192.168.100.200
/usr/bin/ssh-copy-id: INFO: Source of key(s) to be installed: "/root/.ssh/id_rsa.pub"
/usr/bin/ssh-copy-id: INFO: attempting to log in with the new key(s), to filter out any that are already installed
/usr/bin/ssh-copy-id: INFO: 1 key(s) remain to be installed -- if you are prompted now it is to install the new keys
root@192.168.100.200's password:        #此处输入服务器管理员的密码

Number of key(s) added: 1

Now try logging into the machine, with:   "ssh '192.168.100.200'"
and check to make sure that only the key(s) you wanted were added.
```

（3）对服务器进行设置，使其只允许使用密钥验证方式，拒绝传统的密码验证方式。在修改配置文件后要保存并重启 sshd 服务程序。

注意　此参数生效后再使用 SSH 服务远程登录主机时，基于密码的验证将不被允许。验证完成后请将此参数复原。

```
[root@server ~]# nano /etc/ssh/sshd_config
……此处省略部分输出信息……
# To disable tunneled clear text passwords, change to no here!
PasswordAuthentication no              #修改此行参数
#PermitEmptyPasswords no
……此处省略部分输出信息……
[root@Server ~]# systemctl restart sshd
```

（4）客户端尝试登录到服务器，此时无须输入密码也可成功登录。

```
[root@client ~]# ssh 192.168.100.200
Activate the web console with: systemctl enable --now cockpit.socket

Last login: Sat Aug  6 21:59:59 2022 from 192.168.100.201
```

5.3.3　远程复制操作

scp 命令是英文词组“secure copy”的缩写，其功能是基于 SSH 服务远程复制文件。由于是基于 SSH 服务进行的复制操作，全部数据都是加密的，这种方式比 HTTP 和 FTP 更加安全。scp 命令可以在多个 Linux 操作系统之间复制文件或目录，功能有些类似于 cp 命令，但复制的范围不是本地，而是网络上的另一台主机。

微课 5.7　远程复制操作

scp 命令的格式如下。

```
scp [选项]本地文件 远程账户@远程 IP 地址:远程目录
```

scp 命令中的常用选项及其说明如表 5.9 所示。

表 5.9　scp 命令中的常用选项及其说明

选项	说明
-v	显示详细的连接进度
-P	指定远程主机的 sshd 端口号
-r	用于传送目录
-6	使用 IPv6

使用 scp 命令把文件从本地复制到远程主机时，有以下 4 点注意事项。

① 本地文件的位置可以用绝对路径或相对路径表示，远程主机的位置必须用绝对路径表示。

② 传送整个目录时，需要使用-r 选项进行递归操作。

③ 如果想使用指定用户的身份进行验证，则可使用“用户名@主机地址”的参数格式。

④ 需要先在远程主机的 IP 地址后面添加冒号，再输入目标目录。

例 5.17　在客户端（IP 地址为 192.168.100.201）上创建一个文件，使用 scp 命令将其复制到服务器（IP 地址为 192.168.100.200）上。

（1）在客户端上创建一个文件。

```
[root@client ~]# echo "Welcome to xihang.com.cn" > readme.txt
```

（2）将创建的文件远程复制到服务器的/root 目录中。

```
[root@client ~]# scp /root/readme.txt 192.168.100.200:/root
readme.txt                                    100%   25    31.4KB/s   00:00
```

（3）使用 SSH 服务免密登录服务器，并查看其内容。

```
[root@client ~]# ssh 192.168.100.200
Activate the web console with: systemctl enable --now cockpit.socket

Last login: Sun Aug  7 17:03:15 2022 from 192.168.100.1
[root@server ~]# ls /root
 公共  模板  视频  图片  文档  下载  音乐  桌面  anaconda-ks.cfg  readme.txt
[root@server ~]# cat readme.txt
Welcome to xihang.com.cn
```

5.3.4 常用 SSH 服务的客户端工具

对开发人员来说，经常需要远程连接服务器来进行一些操作。要想进行这些操作，读者就需要一种好用的 SSH 服务的客户端工具。下面介绍几种常用的 SSH 服务的客户端工具。

微课 5.8 常用 SSH 服务的客户端工具

（1）PuTTY

PuTTY 是 Windows 上的一种远程 SSH 服务的客户端工具，小巧是其最大特点，它只有 1MB 左右。PuTTY 提供远程操作需要的几乎全部功能。它可以自定义字体，可以自定义主题，可以控制光标的闪烁，可以调整复制、粘贴。总之，它提供远程操作常用的基本功能。它的缺点是不支持多标签模式，如果需要打开多个窗口，则需要打开多个客户端。

（2）MobaXterm

MobaXterm 是一种非常强大的终端增强工具，除了支持基本的 SSH 终端管理外，还有非常多的增强和扩展功能。例如，其支持 SSH、Telnet、FTP、安全外壳文件传送协议（SSH File Transfer Protocol，SFTP）等多种协议，支持使用远程桌面协议（Remote Desktop Protocol，RDP）远程连接 Windows，内置 MobaTextEditor，可以直接在服务器编辑和保存文件。总而言之，这种工具的功能比较综合。

（3）Xshell

Xshell 是国内比较流行的 SSH 服务的管理软件。和其他的 SSH 服务的客户端相比，Xshell 更加注重用户体验，如提供现代化的界面，支持多种语言（包括简体中文），代码高亮等，对初学者非常友好。Xshell 设计简洁，支持多标签模式，默认可以自动登录，方便快速设置主题、字体等，可以一键连接 Xftp 工具。

学思启示

在计算机网络中，网络协议是通信双方为了实现特定功能共同遵守的一组约定。例如，通过SSH服务远程登录的方式来管理Linux服务器。网络协议充分体现了和谐、包容、遵守规则的理念，这些也是当代大学生需要具备的品质和素养。在社会生活中，一定要时刻遵守法律或约定俗成的社会规则，按照规章制度办事。

【拓展知识】

在生产环境下，Linux 操作系统必须提供 7×24 小时的网络传输服务。网卡绑定技术不仅可以提高网络传输速度，还可以确保在一块网卡出现故障时，其他网卡依然可以正常提供网络服务。如果对两块或多块网卡使用了网卡绑定技术，则它们会共同传输数据，使得网络传输的速度加快；如果某一块网卡突然出现了故障，则另一块网卡会立即自动顶替上去，保证数据传输不会中断。

下面通过绑定两块网卡来实现不间断网络服务。具体配置步骤如下。

（1）添加网卡并初始化

在虚拟机系统中再添加一块网卡，如图 5.9 所示。需要确保两块网卡处在同一个网络连接中（即网络工作模式相同），如图 5.10 所示。只有处于相同网络工作模式的网卡设备才可以进行网卡绑定，否则这两块网卡无法互相传送数据。

图 5.9　再添加一块网卡

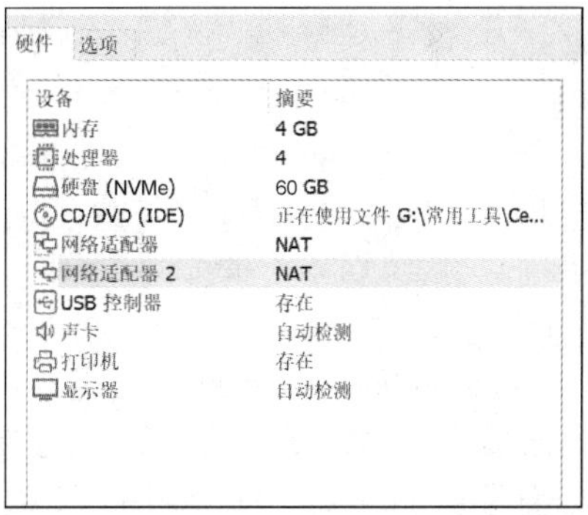

图 5.10　确保两块网卡的网络工作模式相同

绑定网卡的理论知识类似于 RAID 硬盘组，需要对参与绑定的网卡设备逐个进行"初始设置"。需要注意的是，如图 5.11 所示，左侧的 ens160 及 ens224 这两个原本独立的网卡设备此时需要被配置为一块"从属"网卡，服务于右侧的 bond0"主"网卡，不应该再有自己的 IP 地址等信息。在进行了初始设置之后，它们才能支持网卡绑定。

图 5.11　网卡绑定示意

（2）创建 bond 网卡

使用以下命令创建一块 bond 网卡。具体内容是创建一个类型为 bond（绑定）、名称为 bond0、网卡名为 bond0 的绑定设备，绑定模式为 balance-rr。

```
[root@server ~]# nmcli connection add type bond con-name bond0 ifname bond0
bond.options "mode=balance-rr"
连接 "bond0" (b89f70e2-9d0d-40d8-8e40-eaa0619706cf) 已成功添加。
```

注意 balance-rr 为网卡绑定模式，其中 rr 是 round-robin 的缩写，译为轮询。round-robin 的特点是会根据设备顺序依次传输数据包，提供负载均衡的效果，使带宽的性能更好一些；一旦某块网卡发生故障，会马上切换到另一块网卡上，保证网络传输不被中断。

active-backup 是另一种比较常用的网卡绑定模式，它的特点是平时只有一块网卡正常工作，另一块网卡随时待命，一旦工作中的网卡损坏，待命的网卡就会自动顶替。这种网卡绑定模式的冗余能力比较强，因此也称为主备模式。

（3）向 bond0 添加从属网卡

刚才创建成功的 bond0 设备当前仅仅是一个名称，其中并没有真正能为用户传输数据的网卡设备。接下来使用以下命令把 ens160 和 ens224 网卡添加进来。其中，con-name 参数后面接的是从属网卡的名称（可以随时设置）；ifname 参数后面接的是两块网卡的名称。

注意 读者一定要以真实的网卡名称为准，不要直接复制这里的名称。

```
[root@server ~]# nmcli connection add type ethernet slave-type bond con-name bond0-port1 ifname ens160 master bond0
连接 "bond0-port1" (f2832937-9a20-4d9f-8f83-5c9193fcbf35) 已成功添加。
[root@server ~]# nmcli connection add type ethernet slave-type bond con-name bond0-port2 ifname ens224 master bond0
连接 "bond0-port2" (a1ca49df-22e7-411b-a813-15ea9dcac7c3) 已成功添加。
```

（4）配置 bond0 设备的网卡信息

配置网络参数的方法有很多，为了使这里的配置过程更加具有一致性，下面仍使用 nmcli 命令依次配置网络的 IP 地址、子网掩码、网关、DNS、搜索域和手动配置等参数。如果不习惯使用这个命令，则可以直接编辑网卡配置文件，或使用 nmtui 命令实现以下操作。

```
[root@server ~]# nmcli connection modify bond0 connection.autoconnect yes
[root@server ~]# nmcli connection modify bond0 IPv4.addresses 192.168.100.10/24
[root@server ~]# nmcli connection modify bond0 IPv4.gateway 192.168.100.2
[root@server ~]# nmcli connection modify bond0 IPv4.dns 114.114.114.114
[root@server ~]# nmcli connection modify bond0 IPv4.method manual
```

（5）启动 bond0

```
[root@server ~]# nmcli connection up bond0
连接已成功激活（master waiting for slaves）（D-Bus 活动路径：/org/freedesktop/NetworkManager/ActiveConnection/4）
[root@server ~]# nmcli device status
DEVICE    TYPE       STATE    CONNECTION
bond0     bond       已连接   bond0
ens160    ethernet   已连接   bond0-port1
ens224    ethernet   已连接   bond0-port2
lo        loopback   未托管   --
```

此后，用户访问服务器（IP 地址为 192.168.100.10）时，服务器实际上是由两块网卡共同提供服务的。可以在客户端使用 ping 192.168.100.10 命令检查网络的连通性。为了检验网卡绑定技术的自动备援功能，可以在虚拟机硬件配置中随机移除网络适配器 2，如图 5.12 所示，单击“移除”按钮即可将其移除。

图 5.12　移除网卡

通过使用 ping 命令可以非常清晰地看到网卡移除的过程，另一块网卡会继续为用户提供服务，在此期间没有数据包丢失。

```
[root@client ~]# ping 192.168.100.10
PING 192.168.100.10 (192.168.100.10) 56(84) 比特的数据。
64 比特，来自 192.168.100.10: icmp_seq=1 ttl=64 时间=0.323 毫秒
64 比特，来自 192.168.100.10: icmp_seq=2 ttl=64 时间=0.838 毫秒
64 比特，来自 192.168.100.10: icmp_seq=3 ttl=64 时间=0.793 毫秒
64 比特，来自 192.168.100.10: icmp_seq=4 ttl=64 时间=0.890 毫秒
64 比特，来自 192.168.100.10: icmp_seq=5 ttl=64 时间=0.459 毫秒
64 比特，来自 192.168.100.10: icmp_seq=6 ttl=64 时间=0.734 毫秒
64 比特，来自 192.168.100.10: icmp_seq=7 ttl=64 时间=0.909 毫秒
64 比特，来自 192.168.100.10: icmp_seq=8 ttl=64 时间=0.438 毫秒
64 比特，来自 192.168.100.10: icmp_seq=9 ttl=64 时间=0.451 毫秒
64 比特，来自 192.168.100.10: icmp_seq=10 ttl=64 时间=1.42 毫秒
64 比特，来自 192.168.100.10: icmp_seq=11 ttl=64 时间=0.385 毫秒
64 比特，来自 192.168.100.10: icmp_seq=12 ttl=64 时间=0.501 毫秒
64 比特，来自 192.168.100.10: icmp_seq=13 ttl=64 时间=0.837 毫秒
^C
```

```
--- 192.168.100.10 ping 统计 ---
已发送 13 个包，已接收 13 个包，0% packet loss, time 12327ms
rtt min/avg/max/mdev = 0.323/0.690/1.420/0.292 ms
```

【项目实训】

SSH 是一种远程登录服务，每次登录都需要进行密码验证。这种方式在主机数量较少的情况下是可行的，但当主机数量很多时，每次登录都需要验证密码将会成为负担，并且容易出错。此外，许多分布式系统，如 Hadoop 分布式文件系统（Hadoop Distributed File System，HDFS）、另一种资源协调者（Yet Another Resource Negotiator，YARN）和 Spark 的 Standalone 集群等都采用主/从式架构，它们需要使用 ssh 命令从主节点远程登录到各个从节点。当集群规模达到成百上千个节点时，采用密码验证方式就会出现瓶颈。因此，这些大规模分布式系统通常会采取密钥验证技术。这种技术可以实现 SSH 服务无密码远程登录其他主机，极大地简化验证工作，降低出错概率并提高效率。为了适应多种业务场景，小陈需要进行额外的操作训练。

就让我们和小陈一起完成“配置网络功能”的实训吧！

此部分内容请参考本书配套的活页工单——“工单 5. 配置网络功能”。

【项目小结】

通过学习本项目，读者了解了 VMware 中 3 种网络工作模式的特点和设置方法，掌握了在 CentOS Stream 9 中配置基本网络功能的方法，学会了使用 SSH 服务远程登录方式管理 Linux 服务器，掌握了使用 scp 命令远程复制文件的方法。

Linux 作为一种典型的网络操作系统，提供了强大的网络功能。要完成 Linux 操作系统中的网络功能配置，可以修改相应的配置文件，也可以使用 Linux 命令，或者二者结合使用。Linux 操作系统中网络功能的配置方法非常灵活，要完全掌握并不容易，需要在学习中多练习、多总结。

项目 6 管理软件包与进程

06

【学习目标】

【知识目标】

- 了解 RPM。
- 熟悉 YUM 工具和 DNF 工具。
- 掌握 yum 仓库的搭建方法。
- 掌握 Linux 的进程概念。

【能力目标】

- 能使用 rpm 命令执行软件包的安装、查询、升级和卸载等任务。
- 能使用 yum 命令执行软件包的安装、查询、升级和卸载等任务。
- 会使用 ps、top、kill 等命令管理进程。

【素养目标】

- 提高在 Linux 操作系统中进行进程管理时的创新能力。
- 培养合作意识，做到与小组成员互相帮助，取长补短。

【项目情景】

由于公司开发部的新项目需要在 Linux 操作系统中使用 Java 语言进行开发，因此需要在 Linux 操作系统中安装 JDK 软件包并配置开发环境。师傅告诉小陈，熟悉 Linux 操作系统安装和配置的方法，以及相关软件和应用程序的使用，对运维工程师来说是非常重要的。因此，师傅决定让小陈负责在 Linux 操作系统中安装 JDK 软件包。

任务 6-1 使用 RPM 管理软件包

【任务目标】

小陈要完成师傅交给他的任务，就必须了解 rpm 软件包，并掌握它在 Linux 操作系统中的使用方法。因此，小陈制订了如下任务目标。

① 了解 RPM。

② 安装、升级、删除 rpm 软件包。

③ 查询、验证 rpm 软件包。

微课 6.1 了解 rpm 软件包

6.1.1 了解 rpm 软件包

首先学习 rpm 软件包的种类及命名规则，再使用 rpm 软件包进行软件管理。

1. 软件包的种类

Linux 操作系统中常见的软件包有两种：源码包和二进制包。

（1）源码包：指没有经过编译的源码文件包。源码包只有经过 GCC、Java 等编译器编译后，才能在系统上运行，其扩展名多为.tar.gz、.zip、.rar。源码包的缺点是安装步骤较多，尤其在安装较大的软件集合时，容易出现拼写错误，且其编译时间较长，其安装时间比二进制包的长。

（2）二进制包：指已经编译好、可以直接安装并使用的软件包，其扩展名多为.rpm。二进制包的缺点是经过编译，不能看到源码，因此其在功能选择方面不如源码包灵活。

使用 rpm 最大的好处在于它可以实现快速安装，与编译效率相比，其安装效率要高得多。对最终用户来说，rpm 提供的众多功能极大地方便了系统维护，安装、卸载、升级 rpm 软件包只需一条命令即可完成，烦琐的细节问题也无须费心。通过 rpm 软件包，系统管理员可以更轻松、方便地管理 RHEL 上的所有软件，可以让用户通过功能强大的软件包进行查询和验证工作。

2. rpm 软件包的通用命名规则

rpm 软件包的文件名比 Windows 操作系统中的文件名稍微复杂一些。作为初学者，应当知道 rpm 软件包的组成。

rpm 软件包的名称符合以下特定格式。

```
name-version1-version2.arch.rpm
```

rpm 软件包命名中各字段名称及其说明如表 6.1 所示。

表 6.1　rpm 软件包命名中各字段名称及其说明

字段名称	说明
name	表示 rpm 软件包的名称
version1	表示 rpm 软件包的版本号，格式为“主版本号.次版本号.修正号”
version2	表示 rpm 软件包的发布版本号，通常代表是由第几代编译生成的
arch	表示 rpm 软件包的适用平台
.rpm	表示 rpm 软件包的类型，可以直接安装

下面以 CentOS Stream 9 映像文件包中存在的 nginx-1.22.1-2-x86_64.rpm 为例，强化 rpm 软件包的命名规则。其中，name 部分为 nginx，表示软件的名称；version1 部分为 1.22.1，表示软件版本号；version2 部分为 2，表示发布版本号由第 2 代编译生成；arch 部分为 x86_64，表示适用的硬件平台，64 位处理器可以直接安装。

6.1.2　安装 rpm 软件包

在 Linux 操作系统中，可使用 rpm 命令进行软件包的管理。

rpm 命令的格式如下。

```
rpm [选项] <filename>
```

rpm 命令的常用选项及其说明如表 6.2 所示。

表 6.2　rpm 命令的常用选项及其说明

选项	说明
-i	安装软件包
-U	升级软件包
-e	卸载软件
-q	查询已经安装的软件包

续表

选项	说明
-V	检测已安装的软件包
-v	显示详细信息
-h	输出安装进度条
-a	显示全部信息
--nodeps	忽略依赖关系，但是不建议使用该选项

注意 rpm 命令的选项-i、-U、-e 只有 root 用户才有执行权限，而任何用户都可以执行-q 选项。

1. 安装本地软件包

Linux 操作系统的安装映像文件中自带很多扩展的 rpm 软件包，在安装一些基础软件时非常方便。这里以 gcc 软件包的安装为例进行介绍。

（1）将下载好的 ISO 映像文件加载到 VMware 的虚拟光驱。（具体操作步骤可以参考本书 1.2.2 小节。）

（2）将光驱挂载到/media 目录下。

```
[root@server ~]# mount /dev/cdrom  /media
```

（3）进入/media 目录，查看挂载情况。

```
[root@server ~]# cd /media
[root@server media]# ls
AppStream BaseOS EFI EULA extra_files.json images isolinux LICENSE media.repo
TRANS.TBL
```

（4）使用 cd AppStream/Packages/命令进入 Packages/目录。

```
[root@server media]# cd AppStream/Packages/
```

（5）查找 gcc 软件包，并进行安装。

```
[root@server Packages]# ls |grep gcc-11.3.1-2.1.el9.x86_64.rpm
gcc-11.3.1-2.1.el9.x86_64.rpm
[root@server Packages]# rpm -ivh gcc-11.3.1-2.1.el9.x86_64.rpm
Verifying...              ################################# [100%]
准备中...                 ################################# [100%]
软件包 gcc-11.3.1-2.1.el9.x86_64 已经安装
```

注意 有时候读者使用 rpm 命令安装软件会提示安装失败，错误类型为依赖检测失败。这是因为虽然 rpm 软件包管理工具能够帮助用户查询软件相关依赖性，但是检测出来的问题仍然需要运维人员自己手动解决。

学思启示

在日常生活中，工作、学习也是有依赖性和关联性的。例如，要做Linux操作系统的运维工作，就必须学习Linux的基础知识。要做软件开发工作的前提是最少掌握一门编程语言。所以，读者在学习基础知识时一定不要好高骛远，而要努力扩展自己的知识面，稳扎稳打，筑牢基础。

2. 远程安装软件包

远程安装软件包需要先准备好 rpm 软件包的下载地址，再进行安装。现在来尝试安装 LinuxQQ 软件，具体过程如下。

```
[root@server ~]# rpm -ivh https://down.qq.com/qqweb/LinuxQQ/linuxqq_2.0.0-b2-1089_x86_64.rpm
获取 https://down.qq.com/qqweb/LinuxQQ/linuxqq_2.0.0-b2-1089_x86_64.rpm
Verifying...              ################################# [100%]
准备中...                 ################################# [100%]
正在升级/安装...
   1:linuxqq-2.0.0-b2     ################################# [100%]
```

安装完成后，在 CentOS Stream 9 图形界面下运行 LinuxQQ 软件，登录后即可正常聊天。

6.1.3 升级 rpm 软件包

当软件包需要升级时，通常无须事先卸载旧版本。系统会自动卸载旧版本的软件包，并安装新版本。在更新过程中，如果存在旧版本的配置文件，则为确保新版本的正常运行，rpm 软件包管理工具会对这些配置文件进行重命名，并安装新的配置文件。通过保存新旧文件，用户可以有更多的选择和灵活性。

下面以 QQ（Linux 版）软件升级为例，对升级 rpm 软件包的方法进行讲解。

（1）检测已安装软件包的版本。

```
[root@server ~]# rpm -q linuxqq
linuxqq-2.0.0-b2.x86_64
```

（2）远程升级 QQ（Linux 版）。

```
[root@server ~]# rpm -Uvh https://dldir1.qq.com/qqfile/qq/QQNT/c005c911/linuxqq_3.0.0-571_x86_64.rpm
获取 https://dldir1.qq.com/qqfile/qq/QQNT/c005c911/linuxqq_3.0.0-571_x86_64.rpm
错误：依赖检测失败：
        libXScrnSaver 被 linuxqq-3.0.0_571-1.x86_64 需要
```

（3）解决依赖问题。

```
[root@server ~]# cd /media/AppStream/Packages/
[root@server Packages]# ls |grep libXScrnSaver
libXScrnSaver-1.2.3-10.el9.i686.rpm
libXScrnSaver-1.2.3-10.el9.x86_64.rpm
libXScrnSaver-devel-1.2.3-10.el9.i686.rpm
libXScrnSaver-devel-1.2.3-10.el9.x86_64.rpm
[root@server Packages]# rpm -ivh libXScrnSaver-1.2.3-10.el9.x86_64.rpm
Verifying...              ################################# [100%]
准备中...                 ################################# [100%]
正在升级/安装...
   1:libXScrnSaver-1.2.3-10.el9    ######################### [100%]
```

（4）再次升级 QQ（Linux 版）。

```
[root@server Packages]# rpm -Uvh https://dldir1.qq.com/qqfile/qq/QQNT/c005c911/
```

```
linuxqq_3.0.0-571_x86_64.rpm
  获取 https://dldir1.qq.com/qqfile/qq/QQNT/c005c911/linuxqq_3.0.0-571_x86_64.rpm
  Verifying...             ################################## [100%]
  准备中...                ################################## [100%]
  正在升级/安装...
    1:linuxqq-3.0.0_571-1        ############################# [ 50%]
  正在清理/删除...
    2:linuxqq-2.0.0-b2           ############################# [100%]
```

6.1.4 查询 rpm 软件包

rpm 软件包管理工具提供了相应的命令用于获取软件包文件和已安装软件包的相关信息。默认情况下，它从已安装软件包的本地数据库中获取信息。

微课 6.2 查询 rpm 软件包是否安装

1. 查询 rpm 软件包是否安装

查询 rpm 软件包是否已经安装的命令格式如下。

```
[root@server ~]# rpm -q 包名
```

其中，选项-q 表示查询（Query），如果能看到包名，则说明软件已安装。

示例：

```
[root@server ~]# rpm -q httpd
httpd-2.4.53-7.el9.x86_64
```

2. 查询系统中所有已安装的 rpm 软件包

查询 Linux 操作系统中所有已安装的 rpm 软件包，命令如下。

```
[root@server ~]# rpm -qa
```

其中，选项-a 表示所有（All）。

使用管道符来查找 Linux 操作系统中是否安装了 Apache，命令如下。

```
[root@server ~]# rpm -qa | grep httpd
httpd-tools-2.4.53-7.el9.x86_64
httpd-filesystem-2.4.53-7.el9.noarch
httpd-core-2.4.53-7.el9.x86_64
centos-logos-httpd-90.4-1.el9.noarch
httpd-2.4.53-7.el9.x86_64
```

3. 查询已安装的 rpm 软件包的详细信息

查询已安装的某个软件包的详细信息，命令格式如下。

```
[root@server ~]# rpm -qi 包名
```

其中，选项-i 表示查询软件信息（Information）。

除此之外，还可以查询未安装的软件包的详细信息，命令格式如下。

```
[root@server ~]# rpm -qip 包全名
```

其中，选项-p 表示查询未安装的软件包（Package）。

> **注意** 这里使用包全名，详细信息是指 rpm 软件包中的信息，即作者事先写好的，而不是在软件安装之后才能查询到的软件包信息。

4. 查询已安装的 rpm 软件包中的文件列表

查询已安装的 rpm 软件包中的文件列表和安装的完整目录，也就是软件的安装位置，是非常常用的，命令格式如下。

```
[root@server ~]# rpm -ql 包名
```

其中，选项-l 表示列出软件包所有文件安装的完整目录。

5. 查询系统文件属于哪个 rpm 包

既然可以知道每个 rpm 包中系统文件的安装位置，那么就可以查询系统文件属于哪个 rpm 包，命令格式如下。

```
[root@server ~]# rpm -qf 系统文件名
```

其中，选项-f 表示查询系统文件属于哪个软件包（File）。

> **注意**
>
> 手动建立的文件是无法查询到其安装位置的。

6. 查询 rpm 软件包所依赖的软件包

查询系统中与 rpm 软件包存在依赖关系的软件包的命令格式如下。

```
[root@server ~]# rpm -qR 包名
```

其中，选项-R 表示查询软件包的依赖性（Require）。

6.1.5 删除 rpm 软件包

如果某个软件包在安装之后不再需要使用，那么 rpm 软件包管理工具提供了对应的命令进行软件包删除。但是，若要删除的软件包被其他软件包所依赖，则其不能被删除，需要将依赖该软件包的软件包删除后，再删除该软件包。

删除 rpm 软件包时，不需要输入软件包的完整包名，输入能识别该软件包的唯一标识即可。若执行删除命令后无结果显示，则说明对应的软件包已经被成功删除。删除 rpm 软件包的命令格式如下。

```
[root@server ~]# rpm -e 包名
```

6.1.6 验证 rpm 软件包

验证软件包是指检查软件包中的组件信息是否与源文件的信息相同，以保证其准确性。验证的方法主要包括验证文件的大小、MD5 校验码、文件权限、类型和用户组等。如果验证通过，则系统没有任何信息显示；如果验证不通过，则系统将显示相关信息。

验证 rpm 软件包的命令格式如下。

```
[root@server ~]# rpm -V 包名
```

任务 6-2 使用 YUM 工具管理软件包

【任务目标】

为了简化软件安装的过程，降低难度和复杂度，出现了 YUM（Yellow dog Updater Modified，俗称“修改版黄狗厘新器”）工具。它可以从指定的服务器自动下载 rpm 软件包，实现自动升级、安装和卸载软件包，还可以自动检查依赖关系并一次性安装所有所需的软件包，避免了烦琐的逐个安装过程。通过使用 YUM 工具，可以提高软件安装和管理的效率。

因此，小陈制订了如下任务目标。

① 了解 YUM 工具及仓库配置文件。

② 学会搭建本地和网络 yum 仓库。

③ 能够使用 yum 命令解决实际问题。

6.2.1 了解 YUM 工具及其仓库配置文件

微课6.3 了解YUM工具

1. 了解 YUM 工具

在 CentOS 中，通过使用 rpm 命令可以对软件包进行相应的处理。但由于系统中的软件包之间存在一定的依赖性，安装某个软件包时可能需要其他软件包的支持，这对用户来说十分不方便。因此，出现了网络化软件包管理工具——YUM。YUM 可以说是一种管理 rpm 软件包的前端工具，其基于 rpm 软件包进行管理，能够从指定服务器自动下载 rpm 软件包并进行安装，可以自动处理依赖关系，并一次安装所有需要的软件包。在 CentOS 本地操作系统中设置相应的软件仓库地址，即可使用 YUM 工具。

YUM 工具提供了安装、升级、查询、删除某个/某组甚至全部软件包的命令，简单易懂。YUM 工具的特点如下。

（1）便于解决大量的系统更新问题，能自动解决软件包的依赖问题，能方便地安装、升级、查询、删除 rpm 软件包。

（2）可以同时配置多个软件仓库，且可以在多个软件仓库中定位软件包。

（3）配置文件非常简洁，只需“/etc/yum.conf”“/etc/yum.repos.d/*.repo”两个文件。

（4）保持与 rpm 数据库的一致性。

（5）具有比较详细的日志文件，可以查看何时升级、安装了什么软件包等信息。

2. yum 仓库配置文件

repo 文件是 Linux 操作系统中 yum 软件仓库的配置文件。通常一个 repo 文件定义了一个或者多个软件仓库的细节内容，如从哪里下载需要安装或者升级的软件包。repo 文件中的设置内容将被 yum 读取和应用。软件仓库配置文件默认存储在“/etc/yum.repos.d/”目录中。

示例：

```
[baseos]
name=CentOS Stream $releasever - BaseOS
metalink=https://mirrors.centos.org/metalink?repo=centos-baseos-$stream&arch=$basearch&protocol=https,http
gpgkey=file:///etc/pki/rpm-gpg/rpm软件包-GPG-KEY-centosofficial
gpgcheck=1
repo_gpgcheck=0
metadata_expire=6h
countme=1
enabled=1
```

一般情况下，软件仓库配置文件包含以下几个部分。

（1）[resource name]：软件源的名称，通常和 repo 文件名保持一致。

（2）name：软件仓库的名称，和 repo 文件名保持一致。

（3）metalink：指定 rpm 软件包的来源，合法的取值有 HTTP 网站、FTP 网站、本地源。

（4）gpgcheck：是否进行校验，确保软件包来源的安全性。gpgcheck=0 表示不校验，gpgcheck=1 表示校验。

（5）enabled：是否启用软件仓库源。enabled=0 表示不启用软件仓库源，enabled=1 表示启用软件仓库源。

6.2.2 使用 yum 命令安装软件包

使用 yum 命令可以安装、更新、删除、显示软件包，可以自动进行软件更新，还可以基于软件仓库进行元数据分析，解决软件包依赖问题。

yum 命令的格式如下。

```
yum  [选项] [子命令] <package name>
```

yum 命令的常用选项和子命令及其说明分别如表 6.3 和表 6.4 所示。

表 6.3 yum 命令的常用选项及其说明

选项	说明
-h	显示帮助信息
-y	安装软件包过程中的提示全部选择“yes”
-q	不显示安装过程
--version	显示 yum 版本

表 6.4 yum 命令的常用子命令及其说明

子命令	说明
check-update	列出所有可更新的软件清单
update	更新所有软件
install <package_name>	仅安装指定的软件
update <package_name>	仅更新指定的软件
list	列出所有可安装的软件清单
repolist	查看软件源中是否有软件包
makecache	建立缓存，提高速度
search <keyword>	查找软件包
remove <package_name>	删除软件包
clean all	清除所有缓存数据

例 6.1 使用 yum install 命令安装 vsftpd。

```
[root@server ~]# yum install -y vsftpd
  安装    : vsftpd-3.0.5-2.el9.x86_64          1/1
  运行脚本: vsftpd-3.0.5-2.el9.x86_64          1/1
  验证    : vsftpd-3.0.5-2.el9.x86_64          1/1
已安装:
  vsftpd-3.0.5-2.el9.x86_64
完毕!
```

例 6.2 使用 yum update 命令更新 curl 软件。

```
[root@server ~]# rpm -q curl.x86_64  #检查已经安装的 curl 软件版本
curl-7.76.1-19.el9.x86_64
[root@server ~]# yum check-update |grep curl.x86_64
                    #检测是否有可更新的 curl 软件
curl.x86_64                    7.76.1-22.el9          baseos
libcurl.x86_64                 7.76.1-22.el9          baseos
[root@server ~]# yum update curl.x86_64 -y     #更新 curl 软件
……此处省略部分输出信息……
已升级:
  curl-7.76.1-22.el9.x86_64 libcurl-7.76.1-22.el9.x86_64 libssh-0.10.4-7.el9.x86_64
libssh-config-0.10.4-7.el9.noarch openssl-1:3.0.7-2.el9.x86_64  openssl-libs-1:
3.0.7-2.el9.x86_64
完毕!
```

任务 6-3 使用 DNF 工具管理软件包

【任务目标】

小陈通过任务 6-2 的学习已经掌握了使用 YUM 工具进行软件包管理的方法。然而，YUM 工具在使用过程中存在一些性能方面的问题，如运行速度慢、内存占用高，以及依赖解析速度变慢等。此外，YUM 工具过度依赖于 yum 源文件，如果源文件出现问题，则可能导致 YUM 工具相关操作失败。为了解决这些问题，出现了 DNF（Dandified YUM）工具。DNF 工具克服了 YUM 工具的一些瓶颈，提升了用户体验、内存占用、依赖分析和运行速度等方面的性能。因此，使用 DNF 工具替代 YUM 工具是势在必行的。

因此，小陈制订了如下任务目标。

① 会搭建本地 dnf 仓库。

② 能够熟练使用 dnf 命令管理软件包。

③ 会修改网络 dnf 仓库。

6.3.1 使用 dnf 命令管理软件包

1. 了解 DNF 工具

作为 Linux 操作系统的软件包管理工具，DNF 工具可以用来管理 rpm 软件包。DNF 工具可以查询软件包的信息，从指定的软件仓库获取所需的软件包，并通过自动处理依赖关系来实现软件包的安装、卸载和更新。DNF 工具与 YUM 工具完全兼容，提供了与 YUM 工具相同的命令行界面，并提供了扩展和插件的应用程序接口（Application Program Interface，API）。需要注意的是，使用 DNF 工具需要管理员权限。

微课 6.4 使用 dnf 命令管理软件包

2. 使用 dnf 命令安装软件包

dnf 命令是新一代的 rpm 软件包管理命令，该命令可以安装、更新、删除、显示软件包，可以自动进行软件更新，还可以基于软件仓库进行元数据分析，解决软件包依赖问题。

dnf 命令的格式如下。

```
dnf [选项] [子命令] <package name>
```

dnf 命令的常用选项和子命令及其说明分别如表 6.5 和表 6.6 所示。

表 6.5 dnf 命令的常用选项及其说明

选项	说明
-h	显示帮助信息
-y	全部问题自动回答为“yes”
-q	不显示安装过程，静默执行
-v	增加命令的详细输出
--version	显示 DNF 工具的版本

表 6.6 dnf 命令的常用子命令及其说明

子命令	说明
repolist	显示系统中可用的 dnf 软件仓库
list	列出用户系统上的所有来自软件仓库的可用软件包和所有已经安装在系统上的软件包
search <包名>	搜索软件仓库中的软件包
provides <路径>	查找某一文件的提供者
info <包名>	查看软件包详情
install <包名>	安装软件包
update <包名>	升级软件包
check-update	检查系统软件包的更新
update	升级所有系统软件包
remove	删除软件包
autoremove	自动识别并删除无用的软件包
clean all	删除缓存的无用软件包
help <命令名>	获取有关某条命令的使用帮助
help	查看所有的 dnf 命令及其用途
history	查看 dnf 命令的执行历史
grouplist	查看所有的软件包组
groupinstall <软件包组名称>	安装一个软件包组
groupupdate <软件包组名称>	升级一个软件包组中的软件包
groupremove <软件包组名称>	删除一个软件包组
distro-sync	更新软件包到最新的稳定发行版
reinstall <包名>	重新安装特定软件包
downgrade <包名>	回滚某个特定软件的版本

例 6.3 使用 dnf install 命令安装 net-tools 软件包。

```
[root@server ~]# dnf install net-tools -y
上次元数据过期检查：0:09:37 前，执行于 2022年09月23日 星期五 22时41分36秒。
依赖关系解决。
=====================================================================
 软件包      架构            版本                      仓库          大小
```

```
==============================================================
安装:
 net-tools   x86_64   2.0-0.62.20160912git.el9   BaseOS   305 k
事务概要
==============================================================
安装  1 软件包

总计: 305 k
安装大小: 912 k
下载软件包:
运行事务检查
事务检查成功。
运行事务测试
事务测试成功。
运行事务
  准备中  :                                                   1/1
  安装    : net-tools-2.0-0.62.20160912git.el9.x86_64         1/1
  运行脚本: net-tools-2.0-0.62.20160912git.el9.x86_64         1/1
  验证    : net-tools-2.0-0.62.20160912git.el9.x86_64         1/1
已安装:
  net-tools-2.0-0.62.20160912git.el9.x86_64
完毕!
[root@server ~]# rpm -qa|grep net-tools
net-tools-2.0-0.62.20160912git.el9.x86_64
```

通过例 6.3 可以看出，dnf 命令可以自动安装 net-tools 软件包，无须人工干预。

例 6.4 使用 dnf info 命令查看安装后的 net-tools 软件包。

```
[root@server ~]# dnf info net-tools
上次元数据过期检查: 0:13:53 前，执行于 2022 年 09 月 23 日 星期五 22 时 41 分 36 秒。
已安装的软件包
名称        : net-tools
版本        : 2.0
发布        : 0.62.20160912git.el9
架构        : x86_64
大小        : 912 k
源          : net-tools-2.0-0.62.20160912git.el9.src.rpm
仓库        : @System
来自仓库    : BaseOS
概况        : Basic networking tools
URL         : http://sourceforge.net/projects/net-tools/
协议        : GPLv2+
描述        : The net-tools package contains basic networking tools,
            : including ifconfig, netstat, route, and others.
            : Most of them are obsolete. For replacement check iproute package.
```

6.3.2 搭建本地dnf仓库

Linux 操作系统的映像文件中有很多扩展的 rpm 软件包，本小节主要介绍本地 dnf 仓库的搭建方法。

微课 6.5　搭建本地 dnf 仓库

（1）假设此处已经将 CentOS Stream 9 光盘映像挂载到了/media/目录下。

```
[root@server ~]# ls /media
AppStream  BaseOS  EFI  EULA  extra_files.json  images  isolinux  LICENSE  media.repo  TRANS.TBL
```

（2）在软件仓库配置文件的默认目录/etc/yum.repos.d/中，将已经存在的 repo 文件备份到/etc/yum.repos.d/bak/目录。

```
[root@server ~]# mkdir /etc/yum.repos.d/bak
[root@server ~]# mv  /etc/yum.repos.d/*.repo /etc/yum.repos.d/bak
```

（3）使用 nano 命令在/etc/yum.repos.d/目录中新建并编辑 local.repo 文件。

```
[root@server ~]# nano /etc/yum.repos.d/local.repo
#以下是 local.repo 文件的内容
[Local- CentOS Stream 9-BaseOS]
name=CentOS Stream 9-BaseOS
metadata_expire=-1
gpgcheck=1
enabled=1
baseurl=file:///media/BaseOS/
gpgkey=file:///etc/pki/rpm-gpg/rpm软件包-GPG-KEY-redhat-release

[Local- CentOS Stream 9-AppStream]
name=CentOS Stream 9-AppStream
metadata_expire=-1
gpgcheck=1
enabled=1
baseurl=file:///media/AppStream/
gpgkey=file:///etc/pki/rpm-gpg/rpm软件包-GPG-KEY-redhat-release
```

编辑 local.repo 文件时，需要注意以下几点。

① 文件名 local 和 name（软件仓库的名称）保持一致。

② baseurl 指定的路径为映像文件挂载的路径，如果来源是本地源，则需在路径前加 file://；如果来源是 FTP 源，则需在路径前加 ftp://；如果来源是网络源，则需在路径前加 http://或 https://。

③ gpgcheck 用于校验软件包来源的安全性。gpgcheck=0 表示不校验，gpgcheck=1 表示校验。

④ enabled 用于设置是否启用该仓库。enabled=0 表示不启用该仓库，enabled=1 表示启用该仓库。

（4）使用 dnf clean all 命令清除缓存。

```
[root@server ~]# dnf clean all
```

（5）重建 dnf 源缓存。

```
[root@server ~]# dnf makecache
```

（6）再次检查 dnf 源是否可用。

```
[root@server ~]# dnf repolist
```

（7）在执行以上 3 条命令时系统会弹出以下警告信息。

```
正在更新 Subscription Management 软件仓库。
无法读取客户身份
本系统尚未在权利服务器中注册。可使用 subscription-manager 进行注册。
```

其解决办法是编辑文件/etc/yum/pluginconf.d/subscription-manager.conf，将参数 enabled=1 改为 enabled=0。

6.3.3 搭建网络 dnf 仓库

Linux 操作系统中有一个有趣的命令 sl，这个命令需要先安装 sl 软件包才可以使用。

```
[root@server ~]# dnf install sl
上次元数据过期检查：0:19:43 前，执行于 2022 年 08 月 23 日 星期五 22 时 41 分 36 秒。
未找到匹配的参数：sl
错误：没有任何匹配：sl
```

从以上运行结果可以看出，当读者尝试使用 dnf 命令安装 sl 软件包时，发现本地源中并没有可用的软件包，如何解决这个问题呢？这就需要搭建网络 dnf 仓库。

企业级 Linux 扩展包（Extra Packages for Enterprise Linux，EPEL）是 dnf 的一个软件源，包含许多基本源没有的软件包，但是在使用之前需要先安装 EPEL。下面以 EPEL 网络源的配置为例，演示网络仓库的配置方法，其他网络仓库的配置方法与此类似。需要注意的是，要想使用网络源，要先保证 Linux 虚拟机能够联网。

（1）安装 EPEL。

```
[root@server ~]# dnf config-manager --set-enabled crb
[root@server ~]# rpm -ivh --nodeps --force  https://mirrors.aliyun.com/epel/epel-release-latest-9.noarch.rpm
[root@server ~]# rpm -ivh --nodeps --force  https://mirrors.aliyun.com/epel/epel-next-release-latest-9.noarch.rpm
```

（2）先清除 dnf 缓存，再生成 dnf 缓存，并查看已经配置的 dnf 仓库。

```
[root@server ~]# dnf clean all
[root@server ~]# dnf makecache
[root@server ~]# dnf repolist
```

（3）安装 sl 软件包。

```
[root@server ~]# dnf install -y sl
```

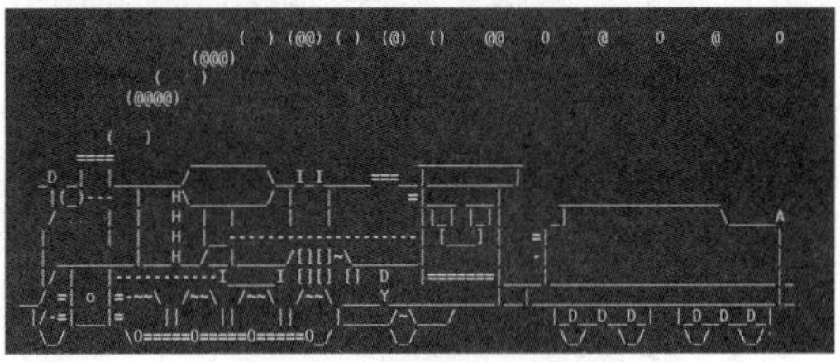

图 6.1 sl 命令运行结果

（4）执行 sl 命令，其运行结果如图 6.1 所示。

```
[root@server ~]# sl
```

任务 6-4 管理进程

【任务目标】

师傅告诉小陈，作为一名运维工程师，了解进程的概念并熟练使用相关命令来查看和终止进程是非常重要的。这样在安装各种所需的软件和程序时，就可以有效地管理系统资源，保证 Linux 操作系统的性能不受影响。

因此，小陈制订了如下任务目标。

① 了解进程的概念。

② 会查看进程，能够按照需求关闭进程。

6.4.1 了解 Linux 中的进程

Linux 是一种多用户、多任务的操作系统，各种计算机资源（如文件、内存、CPU 等）的分配和管理都是以进程为单位的。为了协调多个进程对这些共享资源的访问，操作系统要跟踪所有进程的活动，以及它们对系统资源的使用情况，从而实现对进程和资源的动态管理。

1. 进程的概念

进程是管理事务的基本单元，是操作系统中执行特定任务的动态实体，是程序的一次运行。一般情况下，每个运行的程序至少由一个进程组成。例如，使用 Vim 编辑器编辑文件时，系统中会生成相应的进程。使用 C 语言编写的代码，通过 gcc 编译器编译后最终会生成一个可执行的程序，从这个可执行的程序运行开始到结束前，它就是一个进程。

Linux 操作系统包含以下 3 种类型的进程。

（1）交互进程：由 Shell 启动的进程。交互进程可以在前台运行，也可以在后台运行。

（2）批处理进程：一个进程序列，与终端没有联系。

（3）守护进程（监控进程）：指在系统启动时就启动的进程，且在后台运行。

2. 进程号

每个进程都由一个进程号（Process ID，PID）标识，取值为 0～32767。进程号是操作系统在创建进程时分配给每个进程的唯一标识。一个进程终止后，进程号随之被释放，并被分配给其他进程再次使用。

Linux 操作系统中有以下 3 种特殊的进程。

（1）idle 进程：进程号为 0，是系统创建的第一个进程，也是唯一一个没有通过 fork 或者 kernel_thread 产生的进程。

（2）systemd 进程：进程号为 1，由 idle 进程创建，用于完成系统的初始化，是系统中所有其他进程的“始祖”进程。系统启动完成后，该进程变为守护进程，用于监控系统中的其他进程。

（3）kthreadd 进程：进程号为 2，用于管理和调度其他内核线程，会循环执行 kthreadd 函数。所有内核线程都直接或者间接地以该进程为父进程。

6.4.2 查看 Linux 中的进程

使用 ps 和 top 命令可以查看 Linux 操作系统中进程的相关信息。

1. ps 命令

ps 命令是英文词组“process status”的缩写，其功能是显示当前系统的进程状态。通过使用 ps 命令，读者可以查看进程的各种信息，如进程号、发起者、系统资源的使用情况（如处理器和内存）、运行状态等。它可以帮助读者及时发现出现的异常情况，如“不可中断”的进程。

微课 6.6 查看 Linux 中的进程

ps 命令的格式如下。

```
ps [选项]
```

ps 命令的常用选项及其说明如表 6.7 所示。

表 6.7 ps 命令的常用选项及其说明

选项	说明
-a	显示当前控制终端的进程
-u	显示进程的用户名和启动时间等信息
-x	显示没有控制终端的进程
-A	显示所有进程
-e	等同于-A
-f	显示进程之间的关系

例 6.5 使用 ps 命令查看当前控制终端的进程，并显示进程的用户名和启动时间等信息。

```
[root@server ~]#  ps -au
USER         PID %CPU %MEM    VSZ   RSS TTY      STAT START   TIME COMMAND
root        1928  1.0  0.1 224092  5676 pts/0    Ss   23:57   0:00 -bash
root        1958  0.0  0.0 225500  3636 pts/0    R+   23:57   0:00 ps -au
```

返回结果中的每列都有特定的含义，具体含义如表 6.8 所示。

表 6.8 ps 命令返回结果中各列的含义

列名	含义
USER	进程所属的用户名
PID	进程号
%CPU	进程占用的 CPU 百分比
%MEM	进程占用的内存百分比
VSZ	进程占用的虚拟内存（单位为 KB）
RSS	进程占用的实际内存（单位为 KB）
TTY	显示进程在哪个终端运行，若与终端无关，则显示“？”；若为 tty1～tty6，则表示是本地登录；若为 pts/0 等，则表示是通过网络连接到服务器的进程
STAT	进程当前的状态
START	进程的启动时间
TIME	实际使用 CPU 的时间
COMMAND	进程代表的实际命令

ps 命令与 grep 命令或者管道符组合在一起后，可用于查找特定进程的相关信息。

例 6.6 使用 ps 命令查看 SSH 服务的进程的相关信息。

```
[root@server ~]# ps -ef|grep ssh
root         912       1  0 9月23 ?        00:00:00 sshd: /usr/sbin/sshd -D [listener]
0 of 10-100 startups
root        1892     912  0 9月23 ?        00:00:00 sshd: root [priv]
root        1921    1892  0 9月23 ?        00:00:00 sshd: root@pts/0
root        1996    1928  0 00:01 pts/0    00:00:00 grep --color=auto ssh
```

2. top 命令

top 命令的功能是实时显示系统的运行状态，包括处理器、内存、服务、进程等重要资源的信息。运维工程师通常将 top 命令形容为“加强版的 Windows 任务管理器”，因为使用它不仅可以查看常规的服务和进程信息，还可以清晰地显示处理器和内存的负载情况，便于实时了解系统的整体运行状态。作为了解服务器的第一步操作，top 命令非常适用。

top 命令的格式如下。

```
top [选项]
```

top 命令的常用选项及其说明如表 6.9 所示。

表 6.9　top 命令的常用选项及其说明

选项	说明
-d	指定每两次显示的时间间隔，默认为 3s
-p	指定守护进程的进程号
-s	使 top 命令在安全模式中运行
-i	使 top 命令不显示空闲或者僵死的进程
-c	显示整个命令行而不是仅显示命令名

例 6.7　将 top 命令显示的时间间隔修改为 15s。

```
[root@server ~]# top -d 15
```

6.4.3　停止 Linux 中的进程

Linux 操作系统中经常使用 kill 和 killall 命令来“杀死”（即终止）进程。kill 命令用于终止单个进程，killall 命令用于终止一类进程。

微课 6.7　停止 Linux 中的进程

1. kill 命令

根据不同的信号，kill 命令用于完成不同的操作。

kill 命令的格式如下。

```
kill  [信号] 进程号
```

kill 命令的常用信号如表 6.10 所示。

表 6.10　kill 命令的常用信号

信号代码	信号名称	说明
1	SIGHUP	立即关闭进程，重新读取配置文件之后重启进程
2	SIGINT	终止前台进程，等同于按“Ctrl+C”组合键
9	SIGKILL	强制终止进程
15	SIGTERM	正常结束进程，是该命令的默认信号
18	SIGCONT	恢复暂停的进程
19	SIGTOP	暂停前台进程，等同于按“Ctrl+Z”组合键

1、9、15 这 3 个信号代码是较常用、较重要的。从 kill 命令的格式可以看出，该命令是按照进程号来确定进程的，因此在实际使用 kill 命令时，通常配合 ps 命令来获取相应的进程号。

例 6.8　使用 kill 命令终止 sshd 服务程序的某个进程。

```
[root@server ~]# systemctl start sshd
[root@server ~]# ps aux | grep sshd          root       912  0.0  0.2  16092  8968 ?
Ss   9月23   0:00 sshd: /usr/sbin/sshd -D [listener] 0 of 10-100 startups
root     1892  0.0  0.2  19392 11788 ?        Ss   9月23   0:00 sshd: root [priv]
root     1921  0.0  0.1  19392  7248 ?        S    9月23   0:00 sshd: root@pts/0
root     2012  0.0  0.0 221812  2376 pts/0    S+   00:07   0:00 grep --color=auto sshd
[root@server ~]# kill -9 912
[root@server ~]# ps aux | grep sshd
root     1892  0.0  0.2  19392 11788 ?        Ss   9月23   0:00 sshd: root [priv]
```

```
root    1921  0.0  0.1  19392  7248 ?        S    9月23   0:00 sshd: root@pts/0
root    2012  0.0  0.0 221812  2376 pts/0    S+   00:07   0:00 grep --color=auto sshd
```

2. killall 命令

killall 命令不再依靠进程号来杀死单个进程，而是通过程序的进程名来终止一类进程。

killall 命令的格式如下。

```
killall  [选项]  [信号]  进程名
```

killall 命令的常用选项及其说明如表 6.11 所示。

表 6.11　killall 命令的常用选项及其说明

选项	说明
-i	交互式，询问是否要终止某个进程
-l	忽略进程名的字母大小写格式

例 6.9 使用 killall 命令终止 sshd 服务程序的所有相关进程。

```
[[root@server ~]# ps aux | grep sshd
root     912  0.0  0.2  16092  8968 ?        Ss   9月23   0:00 sshd: /usr/sbin/sshd
-D [listener] 0 of 10-100 startups
root    1892  0.0  0.2  19392 11788 ?        Ss   9月23   0:00 sshd: root [priv]
root    1921  0.0  0.1  19392  7248 ?        S    9月23   0:00 sshd: root@pts/0
root    2018  0.0  0.0 221812  2360 pts/0    S+   00:13   0:00 grep --color=auto sshd
[root@server ~]# killall sshd

Remote side unexpectedly closed network connection

────────────────────────────────────────────

Session stopped
    - Press <return> to exit tab
    - Press R to restart session
    - Press S to save terminal output to file
```

注意　此时需要在系统终端使用 systemctl start sshd 命令重启 sshd 服务才能再次连接主机。

【拓展知识】

在 rpm 技术出现之前，Linux 操作系统运维人员只能通过源码包来安装各种服务程序，这是一件非常烦琐且极易消耗时间与耐心的事情；在安装、升级、卸载程序时还要考虑到与其他程序或函数库的相互依赖关系，这就要求运维人员不仅要掌握更多的 Linux 操作系统理论知识，以及高超的实操技能，还需要有极好的耐心才能安装好一个源码包。但是工作中依然有不少软件程序只有源码包的形式。如果读者只会使用 dnf 命令来安装程序，则面对这些只有源码包的软件程序时，将充满无力感，要么需要等到第三方组织将这些软件程序编写成 rpm 软件包之后再使用，

微课 6.8　使用源码包安装服务程序

要么只能寻找相关软件程序的替代软件（替代软件必须具备 rpm 软件包的形式）。由此可见，如果只会使用软件仓库来安装服务程序，则会形成知识短板，给日后的工作带来不利。

使用源码包安装服务程序具有以下两个优势。

① 源码包的可移植性非常好，几乎可以在任何 Linux 操作系统中安装使用。而 rpm 软件包是针对特定系统和架构编写的指令集，必须严格地符合执行环境才能顺利安装。

② 使用源码包安装服务程序时会有一个编译过程，因此能够更好地适应安装主机的系统环境，其运行效率和优化程度都强于使用 rpm 软件包安装的服务程序。也就是说，可以将采用源码包安装服务程序的方式看作针对系统的“量体裁衣”。

使用源码包安装服务程序的过程看似复杂，其实在归纳、汇总后只需要 4 或 5 个步骤即可完成安装。接下来对每一个步骤进行详解。

第 1 步：下载及解压缩源码包文件。为了方便在网络中传输，源码包文件通常会在归档后使用 gzip 或 bzip2 等进行压缩，因此一般会具有.tar.gz 或.tar.bz2 的扩展名。要想使用源码包安装服务程序，必须先把其中的内容解压缩出来，再切换到源码包文件的目录中。

```
[root@server ~]# tar xzvf FileName.tar.gz
[root@server ~]# cd FileDirectory
```

第 2 步：编译源码包代码。在正式使用源码包安装服务程序之前，还需要使用编译脚本对当前系统进行一系列的评估工作，包括对源码包文件、软件之间及函数库之间的依赖关系、编译器、汇编器及链接器进行检查。读者还可以根据需要来追加--prefix 选项，以指定稍后源码包安装服务程序的安装路径，从而使服务程序的安装过程更加可控。当编译工作结束后，如果系统环境符合安装要求，则一般会自动在当前目录下生成一个 Makefile 文件。

```
[root@server ~]# ./configure --prefix=/usr/local/program
```

第 3 步：生成可执行文件。生成的 Makefile 文件中会保存与系统环境、软件依赖关系和安装规则等相关的内容，接下来便可以使用 make 命令根据 Makefile 文件提供的合适规则，来编译、生成真正可供用户安装服务程序的可执行文件。

```
[root@server ~]# make
```

第 4 步：运行二进制的服务程序可执行文件。由于不需要检查系统环境，也不需要再编译代码，运行二进制的服务程序可执行文件的速度会很快。如果在源码包编译阶段使用了--prefix 选项，那么此时服务程序会被安装到指定的目录；如果没有自行使用参数定义目录，则一般会被默认安装到/usr/local/bin 目录中。

```
[root@server ~]# make install
```

第 5 步：清理源码包临时文件。在安装服务程序的过程中进行了代码编译的工作，因此在安装后目录中会遗留很多临时文件。本着尽量不浪费磁盘存储空间的原则，可以使用 make clean 命令对临时文件进行彻底的清理。

```
[root@server ~]# make clean
```

【项目实训】

在日常工作中，根据项目需求经常需要安装各种软件。一般来说，如果可以通过软件仓库进行安装，则可以使用 dnf 命令进行安装；如果没有可用的软件仓库，则可以尝试寻找适合的 rpm 软件包进行安装；如果仍然找不到资源，则只能使用源码包进行安装。要成为一名优秀的运维工程师，小陈必须掌握各种环境下安装软件的方法。

就让我们和小陈一起完成“管理软件包与进程”的实训吧！

此部分内容请参考本书配套的活页工单——“工单 6. 管理软件包与进程”。

【项目小结】

通过学习本项目，读者应该了解了 rpm 软件包的分类、命名规则和常用的 rpm 命令，掌握了本地源的配置方法、常用的 yum 和 dnf 命令，学会了在 Linux 操作系统中安装所需软件的方法。

事实上，在学习和工作中，使用 Linux 操作系统时可能会遇到各种问题。因此，读者需要根据命令操作提示来找到解决方法，不断提升独立解决问题的能力。通过这样的点滴积累，读者可以获得更多的知识和经验，不断提升自身的专业技能。

项目 7 管理用户和用户组

07

【学习目标】

【知识目标】

- 了解用户和用户组的分类。
- 理解用户账户文件、加密密码文件的作用及内容。
- 理解用户组账户文件、用户组密码信息文件的作用及内容。

【能力目标】

- 理解用户和用户组的相关配置文件内容。
- 掌握 Linux 中用户账户的创建与维护管理，熟练使用相关命令实现账号创建、修改、删除，以及密码管理等操作。
- 掌握 Linux 中用户组的创建与维护管理，熟练使用相关命令实现用户组创建、删除，并能够根据要求管理用户和用户组。
- 掌握 Linux 用户和用户组的管理方法及步骤，为 Linux 操作系统的管理奠定基础。

【素养目标】

- 培养动手操作能力和规划管理能力。

【项目情景】

师傅交给小陈一项新任务：根据公司的人员组成，为不同的人员创建用户账户并合理分组，以方便公司的管理。经过前段时间的学习，小陈已经熟练掌握了 Linux 操作系统的基本操作，并对自己的学习能力有了很大的信心。因此，小陈相信这项任务应该不会太困难。

通过查阅资料，小陈了解到，要完成这项任务，需要了解用户和用户组的分类，掌握用户和用户组的添加、删除、管理和维护方法，以及理解相关文件的作用。

任务 7-1 认识用户与用户组

【任务目标】

在 Linux 操作系统中，用户角色是通过 UID（用户标识）和 GID（组标识）来区分的，系统是根据 UID 和 GID 而不是用户名来识别用户的角色。用户名只是一个方便识别用户角色的代号而已。不同的用户角色被赋予不同的系统权限。

因此，小陈制订了如下任务目标。

① 了解用户和用户组的基本概念。

② 理解用户和用户组相关的 4 个文件的作用。

③ 了解用户和用户组的相关配置文件中各个字段的含义。

7.1.1 用户与用户组的基本概念

1. 用户

Linux 操作系统是一种多用户、多任务的分时服务器操作系统，多用户、多任务指可以在系统上建立多个用户，而多个用户可以在同一时间内登录同一个系统并执行各自不同的任务，且用户间互不影响。不同用户具有不同权限，各用户在权限允许的范围内完成不同的任务。同理，系统的进程也需要以某个用户的身份来运行。简单地说，Linux 操作系统通过用户权限来限制使用者或用户对于不同类型资源的使用方式，通过这种权限的划分与管理，实现了多用户、多任务的运行机制。

用户账户一方面可以帮助系统管理员对使用系统的用户进行跟踪，并控制其对系统资源的访问；另一方面可以帮助用户组织文件，并为用户提供安全性保护。每个用户账户都拥有唯一的用户名和各自的密码。用户在登录时输入正确的用户名和密码后，就能够进入系统和自己的主目录。

2. 用户分类

用户名一般来说是字符串，但是 Linux 操作系统并不是通过用户名而是通过 UID 来识别用户身份的。正常情况下，系统中每个用户都有一个独一无二的 ID。

Linux 用户是根据角色定义的，用户账户分为 3 类：超级用户、系统用户和普通用户。具体介绍如下。

（1）超级用户（系统管理员）：拥有对系统的绝对控制权限，默认是 root 用户，其 UID 固定为 0。

（2）系统用户：也称“伪”用户或虚拟用户，这类用户不具有登录系统的能力，但是系统运行不可或缺的。例如，bin、ftp、mail、nobody 等，这些用户一般是给系统中的程序使用的，如浏览器是 nobody 用户，匿名访问 FTP 只会用到用户 ftp。系统用户的 UID 取值为 1～999。

（3）普通用户：读者常用的就是这类用户，是由管理员创建的用于日常工作的用户，在系统中普通用户只能访问其本身拥有的或者具有执行权限的文件。普通用户的 UID 取值为 1000～65535。

3. 用户组

除了用户外，Linux 操作系统中还存在用户组的概念。用户组是具有相同特征的用户的集合，同一组的用户享有相同的权限。管理员可以通过管理用户组来实现批量管理用户的目的。通过定义用户组，可以简化对用户的管理，提高工作效率。

Linux 用户组与用户一样，是通过 GID 来识别的。在正常情况下，系统中的每个用户组都有一个独一无二的 ID。

用户和用户组的对应关系有一对一、一对多、多对一和多对多。

在 Linux 操作系统中，用户组分为两类：主要组和附加组。

（1）主要组：也被称为主要组或者基本组。创建用户的时候系统会默认同时创建一个和这个用户名同名的组，这个组就是主要组，不能把用户从主要组中删除。在创建文件时，文件的所属组就是用户的主要组。

（2）附加组：除了主要组外，用户所在的其他组都是附加组。用户是可以从附加组中被删除的。附加组一般用于帮助用户，使用户具有对系统中文件及其他资源的访问权限。

用户不论在主要组中还是附加组中，都会拥有该组的权限。一个用户可以属于多个附加组，但是一个用户只能属于一个主要组。

7.1.2 理解用户账户文件

在 Linux 操作系统中，用户信息被存放在系统的/etc/passwd 文件中。每个合法用户在该文件中有一行记录，该行记录定义了该用户的属性。然而，由于所有用户都对/etc/passwd 文件具有读取权限，因此密码信息并不保存在该文件中。实际上，密码信息保存在/etc/shadow 文件中。该文件对超级用户以外的所有用户都是不可读的。

微课 7.1 理解用户账户文件

1. /etc/passwd 文件

/etc/passwd 文件是系统中的用户配置文件，这个配置文件记录了系统中所有用户的基本信息，内容如下。

```
[root@server ~]# cat  /etc/passwd
root:x:0:0:root:/root:/bin/bash
bin:x:1:1:bin:/bin:/sbin/nologin
……此处省略部分输出信息……
test1:x:1001:1001::/home/test1:/bin/bash
test2:x:1002:1002::/home/test2:/bin/bash
```

可以看到，/etc/passwd 中的一行记录对应一条用户信息，每行记录被冒号分隔为 7 个字段，具体格式如下。

```
用户名:加密密码:UID:GID:注释性描述:主目录:默认登录 Shell
```

在/etc/passwd 文件中，从左到右各个字段的含义如下。

（1）用户名：用户账户名称，用户登录系统时使用的用户名。

（2）加密密码：存放加密的密码，这里的密码显示为特定的字符“x”，真正的密码被保存在/etc/shadow 文件中。

（3）UID：用户标识，是一个数值，系统内部用它来标识用户，每个用户的 UID 都是唯一的。

（4）GID：用户所在主要组的标识，系统内部使用它来区分不同的组，相同的组具有相同的 GID。

（5）注释性描述：为了方便管理和记忆该用户而添加的信息。

（6）主目录：也称家目录，用户登录系统后默认进入的目录。

（7）默认登录 Shell：指示该用户使用的 Shell，默认是“/bin/bash”。如果指定 Shell 为“/sbin/nologin”，则代表用户无法登录系统。

2. /etc/shadow 文件

Linux 操作系统中的用户密码存放在/etc/passwd 文件中。因系统运行需要，任何用户都可以读取它，这会有一定的安全隐患。在 Linux 操作系统中，用户可以使用 pwconv 命令开启用户的投影密码。

投影密码将文件内的密码重新存储到/etc 目录下的 shadow 和 gshadow 文件内，只允许 root 用户读取，同时把原密码置换为“x”字符，有效提升系统的安全性。

/etc/shadow 文件中的记录行与/etc/passwd 文件的每一行对应互补，其中包含用户名、被加密的密码，以及用户的有效期限等。其具体内容如下。

```
[root@server ~]# cat /etc/shadow
root:$6$6kWwKCjuSxyUNneH$u5OB00dSiexqWK298W1jB8saTn.Ep67hqrNUaN9Qdk63nfOlyFHRI
G.Hnon5MCJ.7vLx9deebIIx2IAN1t2KA1::0:99999:7:::
bin:*:17834:0:99999:7:::
```

```
……此处省略部分输出信息……
tcpdump:!!:19099::::::
test1:$6$VoDU0Jme$/I6X1L/blQ2X4ALE5XrZuDH69Lq5E75HR2YoiF/4E1cBfoZP/AzOjvT4MxS4
ivMODLw57jgZKFWu8nbwOOeeE.:19121:0:99999:7:::
test2:!!:19121:0:99999:7:::
```

从上面的内容可以看到，/etc/shadow 中一行记录对应一条用户的密码信息，每行记录均由 9 个字段构成，字段之间用冒号隔开。

```
用户名:加密密码:最后一次修改时间:最小修改时间间隔:最大修改时间间隔:密码过期警告天数:账户禁用宽限期:账户被禁止时间:保留字段
```

在/etc/shadow 文件中，从左到右各个字段的含义如下。

（1）用户名：与/etc/passwd 文件中的用户名一致。

（2）加密密码：这里保存的是真正加密的用户密码。“*”表示非登录用户，“!!”表示没有设置密码，“!”表示密码被锁定。

（3）最后一次修改时间：表示从某个时刻起，到用户最后一次修改密码时的天数。时间起点在不同的系统中可能不一样。例如，在 SCO Linux 中，时间起点是 1970 年 1 月 1 日。

（4）最小修改时间间隔：规定了从最后一次修改密码的日期起，多长时间之内不能修改密码。如果该字段的值是 0，则密码可以随时修改；如果该字段的值是 10，则代表密码修改后 10 天之内不能再次修改密码。

（5）最大修改时间间隔：密码保持有效的最大天数。该字段的默认值为 99999，也就是 273 年，可认为是永久生效。如果将其改为 90，则表示密码被修改 90 天之后必须再次修改，否则该用户将过期。

（6）密码过期警告天数：密码过期前多少天提醒用户更改密码。该字段的默认值是 7，也就是说，从距离密码过期前的第 7 天开始，每次登录系统都会向该账户发出修改密码的警告信息。

（7）账户禁用宽限期：表示在密码过期后，如果用户还是没有修改密码，则在此字段规定的宽限天数内，用户还可以登录系统；如果超过了宽限天数，则系统将不再允许此账户登录，也不会再提示账户过期，该账户会被完全禁用。

（8）账户被禁止时间：该字段给出的是一个绝对的天数。如果使用了这个字段，那么就相当于给出了相应账户的生存期。期满后，该账户就不再是一个合法的账户，也就不能再进行系统登录了。若该字段值为空，则永久可用。该字段通常被使用在具有收费服务的系统中。

（9）保留字段：该字段目前没有使用，等待新功能的加入。

7.1.3 理解组账户文件

1. /etc/group 文件

微课 7.2 理解组账户文件

将用户分组是 Linux 操作系统中用于管理和控制访问权限的一种方式。每个用户都属于一个用户组，一个组可以包含多个用户，而一个用户也可以属于多个组。当一个用户同时属于多个组时，/etc/passwd 文件中记录的是用户所属的主要组，也就是登录时的默认组，而其他组被称为附加组。

系统中用户组的所有信息都存放在/etc/group 文件中。/etc/group 文件的格式类似于/etc/passwd 文件的。其具体内容如下。

```
[root@server ~]# cat /etc/group
root:x:0:
```

```
bin:x:1:
daemon:x:2:
sys:x:3:
……此处省略部分输出信息……
sam:x:1000:
sam2:x:1001:
sam3:x:1002:
group:x:1003:
```

由以上例子可知，/etc/group 文件中一行记录对应一条用户组的信息，每行均由 4 个字段构成，字段之间用冒号隔开。

```
组名:组密码:组标识号:组内用户列表
```

在/etc/group 文件中，从左到右各个字段的含义如下。

（1）组名：用户组的名称，由字母或数字构成。与/etc/passwd 中的用户名一样，组名不应重复。

（2）组密码：该字段存放的是用户组加密后的密码。一般 Linux 操作系统的用户组都没有密码，即这个字段一般为空，或者是“x”。

（3）组标识号：该字段与用户标识号类似，也是一个整数，用于唯一标识一个用户组。

（4）组内用户列表：表示属于这个组的所有用户的列表，不同用户之间用逗号分隔。这个用户组可能是用户的主要组，也可能是附加组。

可以看出，root 用户组的 GID 为 0，最后一个字段为空，表示该组中没有其他成员。

2. /etc/gshadow 文件

7.1.2 小节讲过，/etc/passwd 文件用于存储用户基本信息。同时，考虑到账户的安全性，将用户的密码信息存放在另一个文件/etc/shadow 中。这里要讲的/etc/gshadow 文件也是如此：组用户信息存储在/etc/group 文件中，而组用户的密码信息存储在 /etc/gshadow 文件中。该文件只允许 root 用户读取。/etc/gshadow 文件的具体内容如下。

```
[root@server ~]# cat /etc/gshadow
root:::
bin:::
daemon:::
sys:::
……此处省略部分输出信息……
guanliyuan:!::chen
chen:!::
```

/etc/gshadow 文件中一行记录代表一条组用户的密码信息，各行信息通过冒号分隔，将内容分为 4 个字段。

```
组名：组密码：组管理员：组成员列表
```

在/etc/gshadow 文件中，从左到右各个字段的含义如下。

（1）组名：用户组的名称，由字母或数字构成。与/etc/group 中的组名一样，组名不应重复。

（2）组密码：该字段存放的是用户组加密后的密码。对大多数用户来说，通常不设置组密码，因此该字段常为空，但有时为“!”，指该群组没有组密码。

（3）组管理员：组管理员有权添加或者删除组成员。

（4）组成员列表：表示属于这个组的所有用户的列表，不同用户之间用逗号分隔。

可以看出，guanliyuan 组没有设置组密码；最后一个字段为 chen，表示该组有其他成员 chen。

任务 7-2 管理用户账户

【任务目标】

小陈在前期的相关知识学习中已经熟练掌握了用户账户的作用，现在需要进一步学习添加用户账户、查看用户账户状态，以及管理用户账户信息等操作。为了完成这些操作，小陈需要继续学习有关用户账户管理的相关内容。

因此，小陈制订了如下任务目标。

① 掌握新建、删除用户的命令。

② 了解用户切换和查看用户信息的命令。

③ 掌握用户信息维护的命令。

④ 了解批量添加用户的方法。

7.2.1 新建用户

微课 7.3 新建用户

在 Linux 操作系统中新建用户可以使用 useradd 或者 adduser 命令实现。

useradd 命令的格式如下。

```
useradd  [选项]  用户名
```

useradd 命令的常用选项及其说明如表 7.1 所示。

表 7.1 useradd 命令的常用选项及其说明

选项	说明
-c 用户说明	指定新账户的描述性内容，是/etc/passwd 文件中各用户信息的第 5 个字段的描述性内容
-d 主目录	指定用户的主目录，必须写绝对路径，一定要注意权限
-D 默认值	显示或更改默认的 useradd 配置
-e 日期	用户的失效日期，格式为“YYYY-MM-DD”，也就是 /etc/shadow 文件的第 8 个字段的内容
-u UID	指定新账户的 UID，注意 UID 要大于 1000，且不能重复
-g 组名	指定新账号的主要组名称或者 ID。一般以和用户名相同的组作为用户的主要组，在创建用户时会默认建立主要组，一旦手动指定，系统将不再创建默认的主要组目录
-G 组名	指定新建账号的附加组列表，将用户加入其他组，一般使用附加组
-s Shell	指定账号的登录 Shell，默认是 /bin/bash
-o	允许使用重复的 UID 创建用户。例如，使用 useradd -u 0 -o test1 命令建立用户 test1 后，它的 UID 和 root 用户的 UID 相同，都是 0
-m	建立用户时强制建立用户的主目录。在建立系统用户时，该选项是默认的
-M	不创建用户的主目录
-r	创建系统用户，也就是 UID 的范围为 1～999，供系统程序使用的用户。由于系统用户主要用于运行系统所需服务的权限配置，因此系统用户的创建默认不会创建主目录
-U	创建一个和用户同名的组，并将用户添加到组中

例 7.1 创建用户 test1。

```
[root@server ~]# useradd test1
```

在使用 useradd 命令的同时，系统执行以下操作。

（1）在/etc/passwd 文件最后一行添加用户名、UID、GID 等相关的用户记录。

```
[root@server ~]# tail -1 /etc/passwd
test1:x:1000:1000::/home/test1:/bin/bash
```

可以看到，用户的 UID、GID 是从 1000 开始计算的，同时默认指定了用户的主目录为 /home/test1/，用户的登录 Shell 为/bin/bash。

（2）在/etc/shadow 文件最后一行添加用户名、加密密码等记录。

```
[root@server ~]# tail -1 /etc/shadow
test1:!!:19121:0:99999:7:::
```

因为 test1 用户还没有设置密码，所以加密密码字段是“!!”，代表这个用户没有设置密码，不能正常登录。同时，会按照默认值设定时间字段，如密码有效期为 99999 天，从距离密码过期前的第 7 天开始，系统会提示用户“密码即将过期”等。

（3）在/etc/group 和/etc/gshadow 文件最后一行分别创建与用户 test1 同名的群组和新增组相关的密码信息记录。

```
[root@server ~]# tail -1 /etc/group
test1:x:1000:
[root@server ~]# tail -1 /etc/gshadow
test1:!::
```

新建的群组会作为用户 test1 的主要组，因为没有设定组密码，所以这里没有密码，也没有组管理员。

从上面的操作可以看到，使用 useradd 命令创建用户，其实就是修改了与用户相关的几个文件或目录。

例 7.2 创建一个名为 test2 的用户，UID 为 1010，设置主目录为/var/test2，作为 root 组的成员，加注释性描述为“测试用户 2”，指定用户 Shell 为/bin/sh。

```
[root@server ~]# useradd -u 1010 -d /var/test2 -g root -c 测试用户2 -s /bin/sh test2
[root@server ~]# tail -1 /etc/passwd
test2:x:1010:0:测试用户 2:/var/test2:/bin/sh
```

创建完成后，可以查看/etc/passwd 最后一行的主目录和登录 Shell，它们和命令手动指定的一致。关于/etc/shadow 和/etc/group 等相关文件，这里不赘述，请大家自行查看并了解。

通过以上两种方式都可以成功创建用户。通常情况下，不需要手动指定任何内容，因为使用默认值就可以满足读者的要求。

7.2.2 用户切换与查看信息

微课 7.4 用户切换与查看信息

1. su 命令

su 命令是用户切换命令，可以用于在 Linux 操作系统中切换用户身份，包括切换到普通用户和 root 用户，以及普通用户之间的相互切换。但是在普通用户之间或者普通用户切换至 root 用户时，需要输入目标用户的密码才能成功切换；而从 root 用户切换至其他用户时，无须输入目标用户的密码，可以直接切换。

su 命令的格式如下。

```
su  [选项]  用户名
```

su 命令的常用选项及其说明如表 7.2 所示。

表 7.2 su 命令的常用选项及其说明

选项	说明
-, -l, --login	使 Shell 成为登录 Shell
-c, --command <命令>	使用 -c 向 Shell 传递一条命令
-m,-p,--preserve-environment	显示或更改默认的 useradd 配置
-g, --group <组>	指定主要组
-f,--fast	向 Shell（csh 或 tcsh）传递-f 选项

例 7.3 将用户从 root 变更为 test1。

```
[root@server ~]# su test1
[test1@server root]$
```

例 7.4 使用 su 命令将用户从 test1 切换为 root。

```
[test1@server root]$ su - root
密码:                          #请输入 root 用户的密码
[root@server ~]# whoami
root
```

注意 使用 su 命令时，有“-”和没有“-”是完全不同的，“-”表示在切换用户身份的同时，当前使用的环境变量同时切换为指定用户的。初学者可以这样理解它们之间的区别，即有“-”，切换用户身份更彻底；否则，用户身份只切换了一部分，这会导致某些命令运行出现问题或错误（如无法使用 service 命令等）。所以，强烈建议在切换用户时尽量使用“su -”命令。

2. id 命令

id 命令可以用于查询用户的 UID、GID 和附加组的信息。

id 命令的格式如下。

```
id 用户名
```

例 7.5 使用 id 命令查看 root 的 UID、GID 等信息。

```
[root@server ~]# id root
用户 id=0(root) 组 id=0(root) 组=0(root)
```

从例 7.5 中可以看到 UID（用户 ID）、GID（组 ID），组是用户所在的组，这里可以看到主要组。如果有附加组，则也能看到附加组。

例 7.6 使用 id 命令查看当前所登录用户的信息。

```
[root@server ~]# id
用户 id=0(root) 组 id=0(root) 组=0(root) 上下文=unconfined_u:unconfined_r:unconfined_t:
s0-s0:c0.c1023
```

7.2.3 维护用户信息

微课 7.5 维护用户信息

1. usermod 命令

修改用户账户就是根据实际情况更改用户的有关属性，如用户 ID、主目录、用户组、登录 Shell 等。

usermod 命令的格式如下。

```
usermod [选项] 用户名
```

usermod 命令的常用选项及其说明如表 7.3 所示。

表 7.3　usermod 命令的常用选项及其说明

选项	说明
-c 用户说明	修改用户的注释说明信息
-d 主目录	修改用户的主目录。需要注意的是，主目录必须为绝对路径
-e 日期	修改用户的失效日期
-g 组名	修改用户的主要组或 GID
-u UID	修改用户的 ID
-G 组名	修改用户的附加组或 GID
-l 用户名	修改用户名
-L	临时锁定用户
-U	解锁用户，和 -L 对应
-s Shell	修改用户的登录 Shell

例 7.7 将用户 test1 的登录 Shell 修改为/sbin/nologin，主目录改为/home/t，修改主要组为 root 组，修改用户的 ID 为 1012。

```
[root@server ~]# usermod -u 1012 -d /home/t -g root  -s  /sbin/nologin   test1
[root@server ~]# grep test1 /etc/passwd
test1:x:1012:0:developer:/home/t:/sbin/nologin
```

例 7.8 修改 test1 用户注释说明信息为 developer。

```
[root@server ~]# usermod -c developer  test1
[root@server ~]# grep test1 /etc/passwd
test1:x:1012:0:developer:/home/t:/bin/tcsh
```

2. passwd 命令

用户管理的一项重要内容是用户密码的管理。用户账户刚创建时没有密码，被系统锁定，无法使用，必须为其指定密码后才可以使用。密码配置命令为 passwd。

passwd 命令的格式如下。

```
passwd    [选项]   用户名
```

passwd 命令的常用选项及其说明如表 7.4 所示。

表 7.4　passwd 命令的常用选项及其说明

选项	说明
-S	查询用户密码的状态，也就是/etc/shadow 文件中此用户密码的内容
--stdin	可以将通过管道符输出的数据作为用户的密码，主要在批量添加用户时使用
-u	解锁指定账户的密码
-l	锁定指定账户的密码
-n 天数	密码的最短有效时限
-x 天数	密码的最长有效时限
-w 天数	在密码过期前多少天开始提醒用户
-k	保持身份验证令牌不过期
-i 日期	设置用户密码失效日期
-d	删除已命名账户的密码

例 7.9 使用 root 用户修改 test1 普通用户的密码。

```
[root@server ~]# passwd  test1
更改用户 test1 的密码。
新的密码:
无效的密码: 密码少于 8 个字符
重新输入新的密码:
passwd: 所有的身份验证令牌已经成功更新。
```

注意　在“新的密码:”后直接输入新的密码，但屏幕不会有任何反应；“无效的密码: 密码少于 8 个字符”只是警告信息，输入的密码依旧能用；在“重新输入新的密码:”后再次输入密码即可；最后会提示密码修改成功。

例 7.10 假设当前用户是 test1，使用 passwd 命令修改该用户的密码。

```
[test1@server ~]$ passwd
更改用户 test1 的密码。
为 test1 更改 STRESS 密码。
(当前)UNIX 密码:            #输入 test1 用户的密码
新的密码:                   #输入 test1 用户要设置的新密码
重新输入新的密码:           #再次输入 test1 用户要设置的新密码
passwd: 所有的身份验证令牌已经成功更新。
```

可以看到，与使用 root 用户修改普通用户的密码不同，普通用户修改自己的密码时需要先输入自己的旧密码，只有旧密码输入正确才能输入新密码。不仅如此，此种修改方式对密码的复杂度有严格的要求，新密码太短、太简单，都会被系统检测出来，并禁止用户使用。

注意　root 用户可以设置自己和其他用户的密码，其他用户只能设置自己的密码。为了确保系统安全外，用户应该选择比较复杂的密码，例如，最好使用 8 位长的密码，密码中包含大写字母、小写字母和数字，并且应该与姓名、生日等不相同。

例 7.11 查看 test1 用户的密码，使其具有 60 天变更、10 天密码失效，并查看用户的密码状态。

```
[root@server ~]# passwd -S test1
test1 PS 2022-08-09 0 99999 7 -1 (密码已设置，使用 SHA512 算法。)
[root@server ~]# passwd -x 60 -i 10 test1
调整用户密码老化数据 test1。
passwd: 操作成功
[root@server ~]# passwd -S test1
test1 PS 2022-08-09 0 60 7 10 (密码已设置，使用 SHA512 算法。)
```

以上结果显示 test1 用户的密码有效期从 99999 改为了 60，密码从不失效（-1 表示密码不失效）改为 10 天后密码失效。这里显示的 SHA512 为密码加密算法。

微课 7.6　删除用户

7.2.4 删除用户

工作中，当某个员工已经从公司离职，其用户账户不再需要使用时，可以使用

userdel 命令将该用户账户删除。

userdel 命令的格式如下。

```
userdel  [选项] 用户名
```

userdel 命令的常用选项及其说明如表 7.5 所示。

表 7.5 userdel 命令的常用选项及其说明

选项	说明
-f	强制删除用户，即使用户当前已登录
-r	删除主目录和邮件池
-Z	为用户删除所有的 SELinux 用户映射

例 7.12 删除用户 tom 在系统文件（主要是/etc/passwd、/etc/shadow、/etc/group 等）中的记录，同时删除用户的主目录。

```
[root@server ~]# userdel -r tom
```

注意 如果要删除的用户已经使用过系统一段时间，那么此用户可能在系统中留有其他文件，因此，如果想从系统中彻底删除某个用户，则最好在使用 userdel 命令之前，先通过使用“find / -user 用户名”命令查询出系统中属于该用户的文件，并将其删除。

7.2.5 批量添加用户

添加单个用户对 Linux 系统管理员来说是很容易的任务，但当需要添加几十个、成百上千个用户时，逐个使用 useradd 命令添加显然不太现实。因此，需要寻找一种简便的批量创建用户的方法。下面介绍 Linux 操作系统提供的快速创建大量用户的方法。

（1）编辑一个用户文本文件 user.txt。其每一列都按照/etc/passwd 文件的格式书写，要注意每个用户的用户名、UID、主目录都不可以相同，其中密码栏可以空白或输入“x”。其具体内容如下。

```
[root@server ~]# vim user.txt
user1:x:1501:2000:user:/home/user1:/bin/bash
user2:x:1502:2000:user:/home/user2:/bin/bash
user3:x:1503:2000:user:/home/user3:/bin/bash
user4:x:1504:2000:user:/home/user4:/bin/bash
user5:x:1505:2000:user:/home/user5:/bin/bash
```

（2）以 root 用户身份使用 newusers 命令，从刚创建的用户文件 user.txt 中导入数据，并检查/etc/passwd 文件末尾的变化。

```
[root@server ~]# newusers  < user.txt
[root@server ~]# tail -5 /etc/passwd
user1:x:1501:2000:user:/home/user1:/bin/bash
user2:x:1502:2000:user:/home/user2:/bin/bash
user3:x:1503:2000:user:/home/user3:/bin/bash
user4:x:1504:2000:user:/home/user4:/bin/bash
user5:x:1505:2000:user:/home/user5:/bin/bash
```

以上结果显示已经出现这些用户的数据，且用户的主目录已经创建。

（3）执行 pwunconv 命令。将/etc/shadow 产生的 shadow 密码解码，并回写到 /etc/passwd 中，将/etc/shadow 的 shadow 密码栏删除。这是为了方便下一步的密码转换工作，即关闭用户密码投影（Shadow Password）功能。

```
[root@server ~]# pwunconv
```

（4）编辑每个用户的密码对照文件 passwd.txt。其具体内容如下。

```
[root@server ~]# vim passwd.txt
user1:123
user2:123
user3:123
user4:123
user5:123
```

（5）以 root 用户身份使用 chpasswd 命令。创建用户并设置其密码后，使用 chpasswd 命令会将经过/usr/bin/passwd 命令编码过的密码写入/etc/passwd 的密码段。

```
[root@server ~]# chpasswd < passwd.txt
[root@server ~]# tail -5  /etc/passwd
user1:$6$Z5V1I/Vy6$HWAfDGNkJS77964.1y9TuEDElupDPN8ob9x3TA3qOV/8XKxfOobi4gc5CXj
sgBr9PXpTr5N6hPiKgvMelDt.s/:1500:2000:user:/home/user1:/bin/bash
…………
user5:$6$Wh18P/DC$rZTQ/7qKoXTBbmg4n9DjtU1eVYM4m1Sxdp4QgiXvlUltUXtY4C21qgi1ZTxg
ij.DeIDbLVAeU/QjZ2KHRsr0N/:1500:2000:user:/home/user5:/bin/bash
```

这里可以确定密码经编码已经写入/etc/passwd 的密码段。

（6）执行 pwunconv 命令，将密码编码为密码投影，并将结果写入/etc/shadow 文件。

```
[root@server ~]# pwunconv
[root@server ~]# tail -8 /etc/shadow
user1:$6$Z5V1I/Vy6$HWAfDGNkJS77964.1y9TuEDElupDPN8ob9x3TA3qOV/8XKxfOobi4gc5CXj
sgBr9PXpTr5N6hPiKgvMelDt.s/:19130:0:99999:7:::
…………
user5:$6$Wh18P/DC$rZTQ/7qKoXTBbmg4n9DjtU1eVYM4m1Sxdp4QgiXvlUltUXtY4C21qgi1ZTxg
ij.DeIDbLVAeU/QjZ2KHRsr0N/:19130:0:99999:7:::
```

这样就完成了大量用户的创建，之后读者可以到/home 下检查这些用户主目录的权限设置是否都正确。

（7）使用 su 命令切换用户。

```
[root@server ~]# su - user1
bash-4.2$
```

切换用户后，命令提示符变成了“bash-4.2$”，暴露出没有用户名和路径等问题。其主要原因是用户主目录/home/user1 中与环境变量有关的文件为空。

```
bash-4.2$ ls -l /home/user1
总用量 0
```

（8）想要解决上述问题，需要把丢失的文件从/etc/skel 中复制回来。

```
bash-4.2$ cp  /etc/skel/.bash*  ~
bash-4.2$ exit                    #复制文件后退出
```

```
exit
[root@server ~]# su - user1   #重新登录用户
[user1@ server ~]$
```

注意 虽然使用 newusers 命令可以快速批量创建用户，但是由于存在步骤（7）所示的问题，因此在实际应用中很少使用这种方法。更有效的方法是使用项目 10 中介绍的 Shell 脚本来批量创建用户。

任务 7-3 管理用户组账户

【任务目标】

小陈通过学习已经熟练掌握了用户账户的创建和管理。由于公司需要根据不同部门设置不同的权限，对于少量用户的管理可以通过授权实现。然而，当涉及成百上千的用户时，手动逐个授权将会很麻烦。为了提高工作效率，小陈需要掌握用户组的创建、将用户添加到用户组，以及删除用户组中的用户等相关知识和技能。

因此，小陈制订了如下任务目标。

① 掌握新建用户组的方法。

② 掌握维护用户组及其成员的方法。

③ 掌握删除用户组的方法。

④ 了解编辑与验证用户（组）文件的方法。

7.3.1 新建用户组

微课 7.7 新建用户组

增加一个新的用户组可使用 groupadd 命令。

groupadd 命令的格式如下。

```
groupadd [选项] 用户组
```

groupadd 命令的常用选项及其说明如表 7.6 所示。

表 7.6 groupadd 命令的常用选项及其说明

选项	说明
-g GID	指定组 ID
-r	创建系统群组
-k	不使用/etc/login.defs 中的默认值
-o	允许创建有重复 GID 的组
-p	为新组使用此加密过的密码

例 7.13 使用 groupadd 命令新建用户组。

```
[root@server ~]# groupadd studygroup
[root@server ~]# grep 'studygroup' /etc/group
studygroup:x:2001:
```

此命令向系统中增加了一个新组 studygroup，新组的 GID 是在当前已有的最大组标识号的基础上加 1。

例 7.14 创建一个新用户组 testgroup，并设置其 GID 为 2010。

```
[root@server ~]# groupadd  -g 2010 testgroup
[root@server ~]# grep 'testgroup' /etc/group
testgroup:x:2010:
```

7.3.2 维护用户组及其成员

微课 7.8 维护用户组及其成员

1. groups 命令

groups 命令用于查询用户所在组的名称。

groups 命令的格式如下。

```
groups [用户]
```

注意 用户可选，可以是一到多个用户，不提供时默认为当前用户。

例 7.15 显示 chen 用户所属的组。

```
[root@server ~]#  groups chen
chen : chen guanliyuan
```

2. groupmod 命令

使用 groupmod 命令结合相关选项可对用户组的相关属性进行修改，如修改用户组名、修改用户 GID 等。

groupmod 命令的格式如下。

```
groupmod [选项] 用户组
```

groupmod 命令的常用选项及其说明如表 7.7 所示。

表 7.7 groupmod 命令的常用选项及其说明

选项	说明
-g GID	修改组 ID
-n 新组名	修改组名

例 7.16 将组 studygroup 的 GID 改为 10000，组名修改为 stugroup。

```
[root@server ~]# groupmod -g  10000   -n   stugroup   studygroup
[root@server ~]# grep 'stugroup' /etc/group
stugroup:x:10000:
```

注意 建议用户不要随意修改用户名，组名和 GID 也不要随意修改，这样便于管理员开展工作。

3. gpasswd 命令

gpasswd 命令用于帮助系统管理员管理用户组，可以将用户加入用户组，也可以执行删除用户组中的用户、删除密码等操作。

gpasswd 命令的格式如下。

```
gpasswd [选项] 用户名 组名
```

gpasswd 命令的常用选项及其说明如表 7.8 所示。

表 7.8　gpasswd 命令的常用选项及其说明

选项	说明
-g　GID	选项为空时，表示给群组设置密码，仅 root 用户可用
-r	移除群组的密码，仅 root 用户可用
-R	使群组的密码失效，仅 root 用户可用
-a	将用户加入组
-d	将用户从组中移除
-A	为组指派管理员

例 7.17　设置 testgroup 用户组的密码，将 user1 加入 testgroup 组。

```
[root@server ~]# gpasswd  testgroup   #设置密码
正在修改 testgroup 组的密码
新密码：
请重新输入新密码：
[root@server ~]# gpasswd -a  user1  testgroup  #将 user1 用户加入组
 [root@server ~]# grep  testgroup   /etc/group /etc/gshadow
/etc/group:testgroup:x:2010:user1
/etc/gshadow:testgroup:$6$qRtDf/tSh$kkarVfaa7GE9Ks.FvsgFf4kjQwZCItcsLp/43wYl5O
4IFXBkcU45jSXtWwjJG9vg5x9yp3sIIBh.FBTufHEgR/::user
```

7.3.3　删除用户组

微课 7.9　删除用户组

如果需要从系统中删除用户组，则可以使用 groupdel 命令来完成这项工作。如果用户组中仍包括某些用户，则必须先删除这些用户，再删除用户组。

如果要删除一个已有的用户组，则可使用 groupdel 命令。

groupdel 命令的格式如下。

```
groupdel  用户组
```

使用 groupdel 命令删除群组，其实就是删除/etc/group 文件和 /etc/gshadow 文件中有关目标群组的数据信息。

例 7.18　使用 groupdel 命令删除用户组 testgroup。

```
[root@server ~]# groupdel testgroup
[root@server ~]# grep  testgroup   /etc/group /etc/gshadow
[root@server ~]#
```

注意　不能随意使用 groupdel 命令删除用户组。该命令仅适用于删除那些“不是任何用户的主要组”的用户组。换句话说，如果某个用户仍然将该用户组作为其主要组，那么使用 groupdel 命令无法成功删除该用户组。随意删除用户组可能会给其他用户带来麻烦，因此在更改文件和数据时必须格外慎重。

7.3.4 编辑与验证用户（组）文件

前面学习了通过命令实现用户及用户组的添加、删除和维护管理操作。除此之外，也可以通过编辑用户及用户组的相关文件来完成这些操作。

系统提供 vipw 命令和 vigr 命令来编辑用户和用户组文件。vipw 命令可以修改/etc/passwd 和/etc/shadow 文件，vigr 命令可以修改/etc/group 和/etc/gshadow 文件。使用 vipw 命令和 vigr 命令编辑文件时，文件会上锁，其他人无法修改。这样比较安全，杜绝了 Vim 等编辑器在修改文件时文件不一致问题的出现。

Linux 操作系统通过使用 pwck 命令和 grpck 命令可以分别检查用户文件、用户密码文件的完整性（/etc/passwd 及/etc/shadow 文件），以及检查用户组文件、用户组密码文件的完整性（etc/group 及/etc/gshadow 文件）。

例 7.19 使用 pwck 命令和 grpck 命令检查文件的完整性。

```
[root@server ~]#  pwck /etc/passwd
用户“ftp”：目录 /var/ftp 不存在
用户“saslauth”：目录 /run/saslauth 不存在
用户“pulse”：目录 /var/run/pulse 不存在
用户“gluster”：目录 /run/gluster 不存在
用户“gnome-initial-setup”：目录 /run/gnome-initial-setup/ 不存在
pwck：无改变
[root@server ~]# grpck
```

可以看到，检查出来的这些用户没有主目录，但都是正常的，因为它们都是 nologin 用户；使用 grpck 命令检查时会没有错误。

【拓展知识】

当用户创建文件或目录后，默认生效的组身份是用户的主要组。主要组是用户创建和登录时获取的组身份，因此所创建的文件的属组就是用户的主要组。既然用户属于多个用户组，是否可以更改用户的主要组呢?

Linux 操作系统提供了 newgrp 命令来实现这一功能。当用户需要访问属于附加组的文件时，必须先使用 newgrp 命令将自己切换为所需访问组的成员，以获取附加组的权限。newgrp 命令允许用户从附加组中选择一个组，并将其设置为用户的新主要组。这样用户就可以拥有所选组的权限。

newgrp 命令的格式如下。

```
newgrp  组名
```

例 7.20 创建 3 个用户组，即 grp1、grp2 和 grp3，指定 user1 的主要组是 grp1，附加组是 grp2 和 grp3。

```
[root@server ~]# groupadd  grp1
[root@server ~]# groupadd  grp2
[root@server ~]# groupadd  grp3
[root@server ~]# useradd -g   grp1 -G grp2,grp3   user1
[root@ server ~]# cat /etc/group  |grep  user1
```

```
grp2:x:10003:tom,user1
grp3:x:10004:tom,user1
```

例 7.21 使用 su-命令将用户切换为 user1，创建目录 gdir1。使用 newgrp 命令将 user1 的主要组修改为 grp2，创建目录 gdir2。使用 newgrp 命令将 user1 的主要组修改为 grp3，创建目录 gdir3。使用 ll 命令查看 gdir1、gdir2、gdir3 目录所属的主要组。

```
[root@server ~]# su - user1
[user1@server ~]$ whoami
user1
[user1@server ~]$ mkdir gdir1
[user1@server ~]$ newgrp  grp2
[user1@server ~]$ mkdir gdir2
[user1@server ~]$ newgrp  grp3
[user1@server ~]$ mkdir gdir3
[user1@server ~]$ ll
总用量 0
drwxr-xr-x. 2 user1 grp3 6 7月  26 16:03 gdir3
drwxr-xr-x. 2 user1 grp1 6 7月  26 15:56 gdir1
drwxr-xr-x. 2 user1 grp2 6 7月  26 15:56 gdir2
```

通过例 7.21 可知，使用 newgrp 命令切换用户的主要组，可以使得所创建的文件各自属于不同的群组，即 newgrp 命令可以通过切换附加组成为新的主要组，从而使用户获得使用附加组的权限。

【项目实训】

Linux 操作系统作为一种多用户、多任务的分时操作系统，能够方便地支持多个用户同时使用和共享资源，并确保系统的安全性。在实际生产中，读者需要根据公司的人员组成，为不同的人员创建用户账户并合理分组，同时为不同用户设置适当的权限，以方便公司的管理。

通过前面的学习，小陈已经对 Linux 操作系统中用户和用户组的管理有了一定的了解。现在，小陈将通过具体的实训来进一步加强实践技能，以提升对用户和用户组管理的掌握程度。

就让我们和小陈一起完成“管理用户和用户组”的实训吧！

此部分内容请参考本书配套的活页工单——“工单 7. 管理用户和用户组”。

【项目小结】

通过本项目的学习，读者应该了解了在 Linux 操作系统中如何基于用户身份进行资源的访问与控制，并掌握了一些用户管理和维护的命令，如 useradd、usermod、userdel、passwd 等。同时，读者应学会了一些用户组管理和维护的命令，如 groupadd、groupmod、groupdel、gpasswd 等；了解了与用户和用户组相关的配置文件，包括 passwd、shadow、group 和 gshadow 等，它们都位于/etc 目录下。

用户的管理和维护是实现资源访问控制的前提，因此，在实际生产中，读者应根据工作需要合理划分用户组，以便后续进行用户权限设置和系统管理。

项目 8 管理文件和目录的权限与所有者

08

【学习目标】

【知识目标】

- 理解文件和目录的权限。
- 熟悉文件和目录的基本权限和特殊权限。

【能力目标】

- 能够对 Linux 操作系统文件和目录进行权限管理，熟悉文件权限的管理工具。
- 掌握 Linux 操作系统权限管理的实际应用。
- 掌握使用 setfacl 和 getfacl 命令对用户进行权限控制应用的方法。
- 掌握使用命令进行文件和目录所有者的修改。

【素养目标】

- 能够严格按照职业规范要求进行任务实施。
- 增强数据安全意识。

【项目情景】

在实际工作中，公司的各个部门都拥有自己的服务器资源和目录，多个用户共同使用同一个系统时，文件和目录的权限管理变得尤为重要，这直接关系到整个系统的安全性。小陈的领导要求他根据公司不同部门的需求，按照员工的具体工作职能（如研发、运维和数据库管理），实现对 Linux 服务器管理权限的最小化和规范化。为了解决这个问题，小陈咨询了师傅，并了解到合理、有效地管理文件和目录权限的前提是掌握文件和目录的权限及所有者等相关知识。

任务 8-1 理解文件和目录的权限

【任务目标】

Linux 操作系统中的所有文件和目录都具有访问权限，这些权限决定了用户和用户组能否对文件进行访问，以及可以执行哪些操作。对于运维人员来说，管理 Linux 操作系统的文件权限是必备的技能之一。为了胜任目前的工作，小陈需要掌握文件和目录的权限管理。

因此，小陈制订了如下任务目标。

① 了解文件和目录的权限。

② 理解文件和目录的权限信息。

8.1.1 了解文件和目录的权限

微课 8.1 了解文件和目录的权限

Linux 操作系统中的文件和目录由用户创建，每个用户以特定的身份对其执行操作。Linux 是一种多用户操作系统，不同用户具有不同的权限。为了确保系统的安全性，Linux 对不同用户在访问同一文件或目录时的权限进行了规定。这些访问权限决定了谁可以以何种权限来访问。

在 Linux 操作系统中，用户对文件或目录的访问身份可以分为 3 种类型：所有者、所属组和其他用户。

① 所有者：文件的创建者。

② 所属组：与所有者同组的所有用户。

③ 其他用户：其他组的用户。

Linux 操作系统规定了这 3 种身份类型对文件所拥有的可读（r）、可写（w）、可执行（x）等权限。然而，在一般文件和目录文件中，这 3 种权限的含义有所区别，具体如下。

① 对于一般文件：可读表示能够读取文件的内容；可写表示能够编辑、新增、修改、删除文件；可执行表示能够运行一个脚本程序。

② 对于目录文件：可读表示能够读取目录内的文件列表；可写表示能够在目录内新增、删除、重命名文件；可执行表示能够进入该目录，能查看目录中文件的详细属性。

> **注意**
>
> root 用户不受文件权限的读写限制，但文件执行权限受限制。

8.1.2 理解文件和目录的权限信息

微课 8.2 理解文件和目录的权限信息

Linux 操作系统中的每个文件都有一组权限位，可通过使用 ls -l 或 ll 命令进行查看。

```
[root@server ~]# ls -l
总用量 112
drwxr-xr-x. 2 root root    6 7月  21 18:22 dir1
-rw-------. 1 root root 1684 4月  18 05:49 anaconda-ks.cfg
……此处省略部分输出信息……
```

上面列出了部分文件的详细信息，每一行分为 7 个部分，以第一行为例来介绍主要字段的含义，具体如下。

```
文件类型及权限  链接数   所有者  所属组  文件大小  月    日    时间     文件名
drwxr-xr-x.   2       root    root    6        7月  21    18:22    dir1
```

（1）文件类型

Linux 文件信息中的第一列由 10 个字符组成，第一个字符一般用来区分文件类型，具体的字符及其说明如表 8.1 所示。

表 8.1 表示文件类型的字符及其说明

字符	说明
-	表示普通文件
l	表示一个符号链接文件，实际上它指向另一个文件

续表

字符	说明
d	表示目录文件
b	表示块设备文件
c	表示字符设备文件
p	表示管道，一种进程间通信的方式
s	表示套接字，与管道不同的是，套接字可以在不同主机上的进程间进行通信

（2）文件权限

第 2～10 个字符用来表示文件权限，3 个字符为一组，且均为 r、w、x 这 3 个字符的组合。其中，r 表示可读，w 表示可写，x 表示可执行。第 2、3、4 个字符表示所有者的权限，第 5、6、7 个字符表示所属组的权限（即与所有者同一组用户的权限），第 8、9、10 个字符表示其他用户的权限。如果没有相应的权限，则会出现半字线，具体如图 8.1 所示。

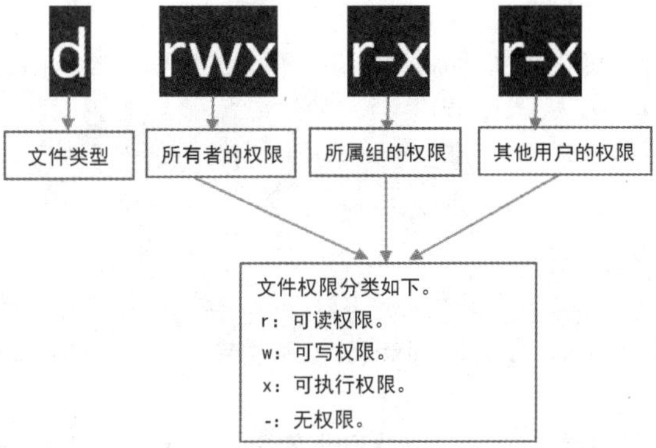

图 8.1　文件权限

任务 8-2　管理文件和目录的权限

【任务目标】

通过对之前任务的学习，小陈对文件和目录的访问权限有了一定的了解，并学会了如何查看文件权限，以及各权限的具体含义。然而，小陈在修改文件权限时遇到了困难，不知道如何进行修改，以及可以使用哪些命令来实现修改。带着这些问题，小陈需要找到解决的方法。

因此，小陈制订了如下任务目标。

① 掌握设置文件和目录的基本权限的命令及方法。

② 掌握设置文件和目录的特殊权限的命令及方法。

③ 掌握设置文件和目录的默认权限的命令及方法。

④ 掌握设置文件访问控制列表的访问权限的常用命令。

8.2.1　设置文件和目录的基本权限

Linux 操作系统在创建文件时会自动设置权限，如果系统默认的权限无法满足实际需求，则可以使用 chmod 命令设置基本的文件权限，具体有两种设置方法：一种是数字表示法，另一种是字符表示法。

微课 8.3　设置文件和目录的基本权限

1. 数字表示法

数字表示法是将可读、可写及可执行的权限分别以数字 4、2、1 表示，没有授予权限的部分用 0 表示。要想得出每种身份（所有者、所属组、其他用户）最终的权限数字，需要对所有权限的表示数字进行累加。

例如，将某文件权限设置为 rwxrw-r--，其数字表示法如下。

所有者 = rwx = 4+2+1 = 7;

所属组 = rw- = 4+2+0 = 6;

其他用户= r-- = 4+0+0 = 4。

因此通过使用 chmod 命令修改权限时，该文件的权限数字就是 764。

chmod 命令的格式如下。

```
chmod  [-R]  xyz  文件或目录
```

其中，-R 表示会进行递归的持续修改，即连同子目录下的所有文件都会修改；xyz 是数字表示法的值。

例 8.1 将 user.txt 文件所有的权限都启用，即所有人员都有 rwx 权限。

```
[root@server ~]# ls -l  user.txt
-rw-r--r--. 1 root root 360 5月  18 09:18 user.txt
[root@server ~]# chmod  777  user.txt
[root@server ~]# ls -l  user.txt
-rwxrwxrwx. 1 root root 360 5月  18 09:18 user.txt
```

如果要将权限变为 rwxr-xr-x，那么 user.txt 文件的权限数字就变为 [4+2+1][4+0+1][4+0+1]=755。

> **注意** 如果修改的是目录，且目录中包含其他文件或子目录，则必须使用-R 选项来同时设置所有文件及子目录的权限。

2. 字符表示法

字符表示法是一种包含字母和操作符表达式的文件权限修改方法，用加减符号表示增加或者减少权限。

chmod 命令采用字符表示法的格式如下。

```
chmod [操作对象] [操作符号] [权限] 文件名
```

该命令中各字段的具体介绍如下。

（1）操作对象

操作对象可以是下述字母中的任何一个或者它们的组合。

u：表示所有者用户（User），即文件或目录的所有者。

g：表示所属组（Group）用户，即与文件所有者有相同 GID 的所有用户。

o：表示其他（Other）用户。

a：表示所有（All）用户，是系统的默认值。

（2）操作符号

操作符号有以下几种。

+：添加某个权限。

-：取消某个权限。

=：赋予给定权限并取消其他所有权限。

（3）权限

权限通常是下述字母的任意组合。

r：可读权限。

w：可写权限。

x：可执行权限。

（4）文件名

支持多个文件，以空格分开要改变权限的文件列表，支持通配符。

> **注意** 在一个命令行中可给出多个权限方式，权限方式之间用逗号隔开。例如，chmod g+r,o+r example 表示增加所属组用户和其他用户对文件 example 的可读权限。

例 8.2 将 test 文件权限设置为-rwxr-xr-x。

```
[root@server ~]# ls  -l  test
-rw-r--r--. 1 root root 0 7月  22 09:31 test
[root@server ~]# chmod  u=rwx,g=rx,o=rx  test
[root@server ~]# ls  -l  test
-rwxr-xr-x. 1 root root 0 7月  22 09:31 test
```

例 8.3 将 test 文件所有用户的可执行权限取消。

```
[root@server ~]# chmod  a-x  test
[root@server ~]# ls  -l  test
-rw-r--r--. 1 root root 0 7月  22 09:31 test
```

8.2.2 设置文件和目录的特殊权限

在复杂多变的生产环境中，仅仅使用文件的基本权限无法满足 Linux 操作系统对安全性和灵活性的需求，因此引入了 SUID、SGID 和 SBIT 这 3 个特殊权限位。它们用于对文件权限进行特殊设置，可以与一般权限同时使用，以弥补一般权限所无法实现的功能。下面将具体介绍这 3 个特殊权限位的功能和用法。

1. SUID

微课 8.4 SUID

当 s 标志出现在文件所有者的 x（可执行）权限上时，就被称为 Set UID，简称为 SUID（U 表示 User），文件表现为红色背景。

SUID 是一种对可执行文件进行设置的特殊权限，可以让可执行文件的执行者临时拥有所有者的权限（仅对拥有执行权限的可执行文件有效）。

设置 SUID 的目的是让本来没有相应权限的用户运行这个程序时可以访问没有权限访问的资源。

设置 SUID 权限时，可以使用 chmod 命令的字符表示法和数字表示法，具体格式如下。

```
chmod  u +s  文件名
```

或者

```
chmod  4<基本权限>  文件名
```

例如，所有用户都可以使用 passwd 命令来修改自己的用户密码，而用户密码保存在/etc/shadow 文件中。查看这个文件时，会发现除了管理员以外，所有用户都没有查看或编辑该文件的权限。但是，如果在使用 passwd 命令时加上 SUID 特殊权限位，则可让普通用户临时获得程序所有者的身份，把变更的密码信息写入/etc/shadow 文件。因此这只是一种有条件的、临时的特殊权限授权方法。

以下是查看/etc/shadow 文件详细信息和查看 passwd 命令文件详细信息的具体命令和运行结果。

```
[root@server ~]# ls  -l/etc/shadow
----------. 1 root root 2810 7月  22 10:44 /etc/shadow
[root@server ~]# ls  -l  /usr/bin/passwd
-rwsr-xr-x. 1 root root 32648  8月 10  2021 /usr/bin/passwd
```

查看 passwd 命令文件属性时发现所有者的权限由 rwx 变成了 rws，其中 x 变成 s 意味着该文件被赋予了 SUID 权限，即其他用户临时获得了程序所有者的身份，从而能把变更的密码信息写入/etc/shadow 文件。

例 8.4 给 file 文件增加 SUID 权限，通过 chmod 命令的字符表示法和数字表示法实现。

```
[root@server ~]# ls -l file
-rw-r--r--. 1 root root 0 7月  22 18:08 file
[root@server ~]# chmod u+s file              #采用字符表示法实现
[root@server ~]# ls -l file
-rwSr--r--. 1 root root 0 7月  22 18:08 file
[root@server ~]# chmod u-s file
[root@server ~]# ls -l file
-rw-r--r--. 1 root root 0 7月  22 18:08 file
[root@server ~]# chmod 4644 file             #采用数字表示法实现
[root@server ~]# ls -l file
-rwSr--r--. 1 root root 0 7月  22 18:08 file
```

注意

原权限位上没有 x 权限，被赋予特殊权限后将变成大写的 S。

2. SGID

当 s 标志出现在文件所有者的 x 权限上时称为 SUID，那么 s 出现在所属组的 x 权限上时称为 SGID（G 表示 group），文件表现为黄色背景。

微课 8.5　SGID

SGID 主要用于让执行者临时拥有所属组的权限（对拥有执行权限的可执行文件进行设置），它是参考 SUID 而设计的，不同点在于执行程序的用户获取的不再是文件所有者的临时权限，而是文件所属组的权限。在某个目录中创建的文件自动继承该目录的用户组（只可以对目录进行设置）。

设置 SGID 权限时，可以使用 chmod 命令的字符表示法和数字表示法，具体格式如下。

```
chmod   g + s  文件名/目录
```

或者

```
chmod   2<基本权限>  文件名
```

例如，需要查看系统的进程状态时，为了能够获取进程的状态信息，可在用于查看系统进程状态的 ps 命令文件上增加 SGID 特殊权限位。

查看 ps 命令文件详细信息的命令及进行结果如下。

```
[root@server ~]# ll 'which ps'
-rwxr-xr-x. 1 root root 145128  3月 25 23:40 /usr/bin/ps
```

```
[root@server ~]# chmod g+s 'which ps'
[root@server ~]# ll 'which ps'
-rwxr-sr-x. 1 root root 145128  3月 25 23:40 /usr/bin/ps
```

从以上结果可以看到，因为 ps 命令被增加了 SGID 特殊权限位，所以当用户执行该命令时，临时获取了 root 用户组的权限。

由于每个文件都有其归属的所有者和所属组，当创建或传送一个文件后，这个文件就会自动归属于执行这个操作的用户。例如，某部门内设置了共享目录，若要让部门内的所有人员都能够读取目录中的内容，那么可以创建部门共享目录后，在该目录上设置 SGID 特殊权限位。这样，部门内的所有人员在其中创建的任何文件都会归属于该目录的所属组，而不再是自己的基本用户组。

例 8.5 在/tmp/目录下建立测试目录 dir1 并赋予一定的权限，如 777 权限，接着为目录 dir1 加上 SGID 权限，然后切换到普通用户 testuser1，在 dir1 目录下新建 aaa 文件，并验证 aaa 文件的所属组是 dir1 目录的用户组。

```
[root@server ~]# cd /tmp
[root@server tmp]# mkdir dir1
[root@server tmp]# chmod  777  dir1
#设置好目录的 777 权限，确保普通用户可以向其中写入文件
[root@server tmp]# chmod  -R  g+s  dir1    #为 dir1 目录设置了 SGID 特殊权限位
[root@server tmp]# ll   #查看 dir1 目录权限变化
drwxrwsrwx. 2 root root    6 7月  23 13:23 dir1
[root@server tmp]# su - testuser1
[testuser1@server ~]$ cd /tmp
[testuser1@server tmp]$ touch qqq     #在普通用户下创建文件
[testuser1@server tmp]$  ll          #查看创建的 qqq 文件所有者和所属组都是 testuser1
drwxrwsrwx. 2 root     root        6 7月  23 13:23 dir1
-rw-rw-r--. 1 testuser1 testuser1    0 7月  23 13:31 qqq
[testuser1@server tmp]$ cd dir1
[testuser1@server dir1]$ touch aaa     #在 dir1 目录下新建 aaa 文件
[testuser1@server dir1]$ ll       #查看新建的 aaa 文件，其继承了新建的文件所在的 dir1 目录的
所属组名称 root
  -rw-rw-r--. 1 testuser1 root 0 7月  24 08:12 aaa
```

3. SBIT

SBIT 即 Sticky Bit（粘滞位），它出现在其他用户权限的执行位上，目前只对目录有效。SBIT 权限确保了用户在该目录下所创建的文件只有该用户自己和 root 用户可以删除，其他用户均不可以将其删除。

微课 8.6　SBIT

设置 SBIT 权限时，可以使用 chmod 命令的字符表示法和数字表示法，具体格式如下。

```
chmod   o + t  目录名
```

或者

```
chmod   1<基本权限>  目录名
```

例 8.6 创建目录/dir，设置用户权限为 777，并设置 SBIT 权限。切换为 testuser1 用户，在/dir 目录下创建 file1 文件，之后切换为 testuser2 用户，尝试删除 file1 文件，查看能否成功。

```
[root@server ~]# mkdir /dir
[root@server ~]# chmod 1777 /dir          #设置用户权限
[root@server ~]# ls -ld /dir
drwxrwxrwt. 2 root root 6  8月 10 22:04 /dir
[root@server ~]# su - testuser1          #切换为 testuser1 用户
[testuser1@server ~]$ touch /dir/file1
[testuser1@server ~]$ ls -ld /dir/file1
-rw-r--r--. 1 testuser1 testuser1 0  8月 10 22:19 /dir/file1
[testuser1@server ~]$ su - testuser2     #切换为 testuser2 用户
密码:                                     #输入 testuser2 用户的密码
[testuser2@server ~]$ rm /dir/file1
rm: 是否删除有写保护的普通空文件 '/dir/file1'? y
rm: 无法删除 '/dir/file1': 不允许的操作
[testuser2@server ~]$ ls -ld /dir/file1          #文件存在，删除失败
-rw-r--r--. 1 testuser1 testuser1 0  8月 10 22:19 /dir/file1
[testuser2@server ~]$ su - testuser1     #切换为 testuser1 用户
密码:                                     #输入 testuser1 用户的密码
[testuser1@server ~]$ rm /dir/file1
rm: 是否删除普通空文件 '/dir/file1'? y
[testuser1@server ~]$ ls /dir
[testuser1@server ~]$                     #目录为空，删除成功
```

注意

① 当目录被设置 SBIT 权限后，文件的其他用户权限部分的 x 权限就会被替换成 t 或者 T，即原本有 x 权限会写成 t，原本没有 x 权限会写成 T。

② SUID、SGID 与 SBIT 也有对应的数字表示法，分别是 4、2、1。当两个或 3 个权限同时存在时，就将权限的值相加，如 SUID 和 SGID 同时存在时，则为 4+2=6。

特殊权限会拥有一些“特权”，任意存取该文件的所有者能使用其全部系统资源。黑客经常利用这种“特权”对系统进行非法访问或攻击。因此用户不能轻易启用这些权限，以免出现安全漏洞。

8.2.3 设置文件和目录的默认权限

在 Linux 操作系统中，创建新的文件或者目录的时候，这些新的文件或目录都会有默认的访问权限，那么如何控制文件或者目录的默认权限呢？读者可以通过使用 umask 来改变用户创建文件和目录的默认权限。

Linux 是注重安全性的操作系统，而系统安全离不开权限设置。对于创建新的目录和文件，设定必要的初始权限是必不可少的。Linux 操作系统通过使用 umask 设置的默认权限为新建的目录和文件赋予初始权限。

微课 8.7 设置文件和目录的默认权限

1. umask 介绍

umask 与文件和目录的默认访问权限相关。在创建文件或目录时，默认情况下会为其设置一个权限，而这个权限由 umask 的值确定。文件或目录的权限包括所有者、所属组和其他用户的权限，因此至少需

要 3 个数字来设定。结合之前描述的 SUID、SGID 和 SBIT，需要使用 4 个数字来设置 umask 的值。

通常情况下，当用户创建一个文件时，其默认访问权限为-rw-rw-rw-（666），而创建目录时的默认权限为 drwxrwxrwx（777）。为什么目录的默认权限要比文件的默认权限大？这是因为文件通常用于存储数据，不需要执行权限，而目录需要具有执行权限才能进入。

2. 查看默认权限

使用 umask 命令查看默认权限的格式如下。

```
umask [-p] [-S] [mode]
```

其中，各选项和参数解释如下。

-p：表示完整显示 umask 内容。

-S：表示以符号形式显示默认权限。

mode：表示设置权限，mode 和 chmod 命令的格式一样。

例 8.7 以 root 用户登录系统，查看 umask 值。

```
[root@server ~]# umask          #查看当前 umask
0022
[root@server ~]# umask -p       #-p 选项表示完整显示 umask 值
umask 0022
[root@server ~]# umask -S       #-S 选项表示直接显示默认权限
u=rwx,g=rx,o=rx
[root@server ~]# umask -p -S
umask -S u=rwx,g=rx,o=rx
```

通过上面的实例可以看到，umask 值为 0022。

第一个 0 与特殊权限有关，可以暂时不用理会，后 3 位即 022 与普通权限（rwx）有关。

022 中第一个 0 与所有者权限有关，表示从用户权限减 0，也就是权限不变，所以文件的创建者的权限是默认权限；第一个 2 与所属组权限有关，因为 w=2，需要从所属组默认权限（rwx）中减去 2，也就是去掉写（w）权限，所以所属组的默认权限为 rx；最后一位 2 则与系统中其他用户的权限有关，所以需要从其他用户默认权限中减去 2，其他用户的默认权限为 rx。

> **注意** 为了安全，文件默认没有赋予 x 权限，则创建文件的最终默认权限为-rw-r--r--。同理，目录的默认权限为 drwxrwxrwx，则 d rwx rwx rwx − 022 = (d rwx rwx rwx) − (- --- -w- -w-) = d rwx r-x r-x，所以用户创建目录的默认权限为 drwxr-xr-x。

例 8.8 查看创建目录及文件的默认权限。

```
[root@server ~]# touch textfile
[root@server ~]# mkdir testdir
[root@server ~]# ls -l  textfile
-rw-r--r--. 1 root root 0 7月  24 18:59 textfile
[root@server ~]# ls -ld  testdir/
drwxr-xr-x. 2 root root 6 7月  24 19:01 testdir/
```

3. 修改默认权限

使用 umask 命令也可以更改 umask 值，如要把 umask 值改为 027，则使用 umask 027 命令即可。将其改为 027 后，用户权限不变，群组权限减 2，其他用户权限减 7，也就是去掉读、写、执行权限（rwx），所以其他用户没有访问权限。

例 8.9 修改/usr/tmp 目录的默认权限，保留所有者权限，其他用户和组没有任何权限。新建目录 testdir2、文件 textfile2，并查看其默认权限。

```
[root@server ~]# cd  /usr/tmp
[root@server tmp]# umask
0022
[root@server tmp]# umask 0077
[root@server tmp]# umask
0077
[root@server tmp]# mkdir testdir2
[root@server tmp]# touch textfile2
[root@server tmp]# ls -ld testdir2/
drwx------. 2 root root 6 7月  24 19:21 testdir2/
[root@server tmp]# ls -l textfile2
-rw-------. 1 root root 0 7月  24 19:21 textfile2
```

8.2.4 设置文件访问控制列表的访问权限

前面学习的基本权限、特殊权限、默认权限都是针对某一类用户设置的，如果希望对某个指定的用户进行单独的权限控制，则需要用到文件的访问控制列表（Access Control List，ACL）。

微课 8.8 设置文件访问控制列表的访问权限

基于普通文件或目录设置 ACL，其实就是针对指定的用户或用户组设置文件或目录的操作权限。另外，如果针对某个目录设置了 ACL，则目录中的文件会继承其 ACL；如果针对文件设置了 ACL，则文件不再继承其所在目录的 ACL。

ACL 访问权限主要通过使用 setfacl 和 getfacl 命令来实现。

1. setfacl 命令

setfacl 命令用于管理文件的 ACL 规则。

setfacl 命令的格式如下。

```
setfacl  [选项]  文件名称
```

针对特殊用户和组的命令格式如下。

```
setfacl  [选项]  [u: 用户名: 权限] 文件名称
setfacl  [选项]  [g: 组名: 权限] 文件名称
```

setfacl 命令的常用选项及其说明如表 8.2 所示。

表 8.2 setfacl 命令的常用选项及其说明

选项	说明
-m	修改文件的 ACL 权限
-M	从文件中读取 ACL 权限并修改相关信息
-x	删除指定用户或组的 ACL 权限
-X	从文件中读取 ACL 权限并删除
-b	删除所有的 ACL 权限
-R	递归对所有文件及目录进行操作
-k	删除默认 ACL 权限

例 8.10 使用 setfacl 命令设置普通用户 testuser1 对/root 目录的访问权限。

```
[root@server ~]# su -  testuser1
[testuser1@server ~]$ cd /root
-bash: cd: /root: 权限不够
[testuser1@server ~]$ ls -ld /root
dr-xr-x---. 15 root root 4096  8月 12 16:39 /root
[testuser1@server ~]$ su -
密码:                     #此处输入 root 用户的密码
[root@server ~]# setfacl -Rm  u:testuser1:rwx  /root/
[root@server ~]# su - testuser1
[testuser1@server ~]$ cd  /root
[testuser1@server root]$ ls -ld /root
dr-xrwx---+ 15 root root 4096  8月 12 16:39 /root
```

通过以上操作可以看出，普通用户没有设置 ACL 之前是不能进入/root 目录的。对/root 目录设置 ACL 后，可以进入目录查看并编辑文件。查看文件或目录权限时，最后一位由句点变成了加号，代表设置了 ACL。

2. getfacl 命令

getfacl 命令用于显示文件上设置的 ACL 信息。

getfacl 命令的格式如下。

```
getfacl  [选项]  文件名称
```

getfacl 命令的常用选项及其说明如表 8.3 所示。

表 8.3　getfacl 命令的常用选项及其说明

选项	说明
-a	显示文件的 ACL
-d	显示默认的 ACL
-e	显示所有有效的权限
-c	不显示注释表头
-R	递归显示子目录

例 8.11 使用 getfacl 命令显示/root 目录的 ACL 权限，并删除 testuser1 用户对/root 目录的 ACL 权限。

```
[root@server ~]# getfacl /root
getfacl: Removing leading '/' from absolute path names
# file: root
# owner: root
# group: root
user::r-x
user:testuser1:rwx
group::r-x
mask::rwx
other::---
[root@server ~]# setfacl -x u:testuser1 /root/  #删除 ACL 权限
[root@server ~]# getfacl  -c /root
getfacl: Removing leading '/' from absolute path names
```

```
user::r-x
group::r-x
mask::r-x
other::---
```

任务 8-3　管理文件和目录的所有者

【任务目标】

小陈通过之前的学习已经掌握了设置文件和目录的基本权限、特殊权限、默认权限及 ACL 权限等基础知识，同时学习了相关的命令和方法。然而，他发现在以普通用户身份执行某些命令或对特定文件和目录进行操作时，系统会提示权限不足。遇到这种问题时，师傅告诉他可以通过提升权限的方法来解决。为了解决这类问题，小陈迅速投入新的学习任务中。

因此，小陈制订了如下任务目标。

① 掌握提升普通用户权限的方法。

② 会使用命令更改文件和目录的所有者。

8.3.1　提升普通用户权限

微课 8.9　提升普通用户权限

出于对 Linux 操作系统安全性的考虑，许多系统命令和服务只能由 root 用户使用。这就限制了普通用户的权限，导致其无法完成特定的工作任务。为了解决这个问题，可以使用 su 命令来切换用户身份，使当前用户在不注销登录的情况下切换到 root 用户。然而，这种方法效率较低且会暴露管理员的密码，增加系统的安全风险。

相比之下，sudo 命令提供了一种更安全的方式。它允许将特定命令的执行权限赋予指定的用户，从而使普通用户能够完成特定的工作，而无须知道管理员的密码。使用 sudo 命令可以平衡 Linux 操作系统安全性和功能性的需求。

sudo 命令用于给普通用户提供额外的权限来完成原本管理员才能完成的任务。

sudo 命令的格式如下。

```
sudo [选项] 命令名称
```

sudo 命令的常用选项及其说明如表 8.4 所示。

表 8.4　sudo 命令的常用选项及其说明

选项	说明
-l	显示当前用户可执行的命令
-u	以指定的用户身份执行命令
-k	结束密码的有效时间，下次执行 sudo 命令时需要再次进行密码验证
-b	在后台执行命令
-p	更改询问密码的提示信息
-h	获取帮助信息

sudo 是 Linux 操作系统中非常有用的命令，但不是所有的用户都可以使用 sudo 命令执行管理权限，系统默认仅有 root 用户可以执行 sudo 命令，普通用户需要通过修改/etc/sudoers 文件来执行 shutdown 之类的命令，或者编辑一些系统配置文件。

当然，如果担心直接修改配置文件会出现问题，则可以使用 sudo 命令提供的 visudo 命令来配置用户权限。使用 visudo 命令配置权限文件时，其操作方法与 Vim 编辑器的用法完全一致，因此在编写完成后要在末行模式下保存文件并退出 Vim。

visudo 命令用于编辑、配置用户执行 sudo 命令的权限文件。

visudo 命令的格式如下。

```
visudo
```

visudo 是一条会自动调用 vi 编辑器来配置/etc/sudoers 权限文件的命令，能够解决由多个用户同时修改权限而导致的冲突问题。不仅如此，visudo 命令还可以对配置文件内的参数进行语法检查，并在发现参数错误时进行报错提醒。这要比用户直接修改文件更友好、更安全、更方便。

例如，允许普通用户 testuser1 执行 sudo 命令的操作步骤如下。

（1）使用 visudo 命令配置用户权限。

（2）在文件中找到 root   ALL=(ALL) ALL，在此行之后添加一行 testuser1   ALL=(ALL) ALL，保存文件并退出。

例 8.12 以 testuser1 用户身份使用 passwd 命令来修改 testuser2 用户的密码。

```
[root@server ~]# su - testuser1
[testuser1@server ~]$ passwd testuser2
passwd：只有 root 用户才能指定用户名。
```

通过以上运行结果可知，普通用户没有权限修改其他用户的密码。但是可以使用 sudo 命令来解决这个问题。

```
[testuser1@server ~]$ sudo passwd testuser2
我们信任您已经从系统管理员那里了解了日常注意事项。
总结起来无外乎这三点：
    #1）尊重别人的隐私。
    #2）输入前要先考虑（后果和风险）。
    #3）权力越大，责任越大。

[sudo] testuser1 的密码：
更改用户 testuser2 的密码。
新的 密码：
无效的密码：密码少于 8 个字符
重新输入新的 密码：
passwd：所有的身份验证令牌已经成功更新。
```

> **注意**　第一次使用该命令时会提示警告信息；执行该命令时，需要提供 testuser1 用户自身的密码。

8.3.2 更改文件和目录的所有者

微课 8.10　更改文件和目录的所有者

在 Linux 操作系统中不仅可以提升用户的权限，还可以更改文件和目录的所有者及文件所在组。

1. 更改文件所属组

chgrp 命令可实现文件所属组的更改。

命令的格式如下。

```
chgrp 所属组  文件名/目录
```

例 8.13 以 root 用户身份创建文件 root.txt，查看 root.txt 属于哪个组，并将这个文件的所属组更改为 testgroup。

```
[root@server ~]# touch root.txt
[root@server ~]# groupadd testgroup
[root@server ~]# ls  -l   root.txt
-rw-r--r--. 1 root root 0 7月  25 12:38 root.txt
[root@server ~]# chgrp  testgroup   root.txt
[root@server ~]# ls  -l   root.txt
-rw-r--r--. 1 root testgroup 0 7月  25 12:38 root.txt
```

2. 更改文件所有者

Linux 操作系统中的 chown 命令可以更改某个文件或目录的所有者和所属组。

chown 命令的格式如下。

```
chown -R  用户[:组] 文件
```

说明 -R 是对当前目录下的所有文件与子目录进行相同的所有者变更（即以递归的方式逐个变更）。该命令中的用户字段可以是用户名或 UID；组可以是组名或 GID；“文件”字段是以空格隔开的要改变权限的文件列表，支持通配符。

例 8.14 以 testuser1 用户身份删除 root 用户在/tmp/目录下创建的 a.txt 文件，并将/tmp/dir1 目录下所有文件和目录的所有者改为 testuser1 用户。

```
[root@server ~]# cd /tmp/
[root@server tmp]# touch  a.txt
[root@server tmp]# su - testuser1
[testuser1@server ~]$ rm  -rf  /tmp/a.txt
rm: 无法删除 '/tmp/a.txt': 不允许的操作
[testuser1@server ~]$ su -
密码:                              #此处输入 root 用户的密码
[root@server ~]# chown testuser1  /tmp/a.txt
[root@server ~]# ls -l /tmp/a.txt
-rw-r--r--. 1 testuser1 root 0  8月 12 20:33 /tmp/a.txt
[root@server ~]# su - testuser1
[testuser1@server ~]$  rm  -rf  /tmp/a.txt
[testuser1@server ~]$ su -
密码:                              #此处输入 root 用户的密码
[root@server ~]# chown  -R  testuser1:testuser1 /tmp/dir1
[root@server ~]# ls -l /tmp/
总用量 0
drwxrwsrwx. 2 testuser1 testuser1 17  8月 10 21:25 dir1
[root@server ~]# ls -l /tmp/dir1/
总用量 0
-rw-r--r--. 1 testuser1 testuser1 0  8月 10 21:25 aaa
```

注意

如果要为某一目录下的所有文件改变所有者，则要使用-R 选项。

【拓展知识】

除了前面提到的文件的基本权限、默认权限和特殊权限外，Linux 操作系统中还存在一些隐藏属性，这些属性会影响文件的访问并有效提高系统的安全性。

这些隐藏属性无法通过常规的 ls 命令直接查看，而需要使用专用的设置命令 chattr 和查看命令 lsattr。

1. 设置文件隐藏属性

通过使用 chattr 命令修改文件属性，能够提高系统的安全性。

chattr 命令的格式如下。

```
chattr  [+/-/=<属性>]  文件名称
```

chattr 命令中的属性及其说明如表 8.5 所示。

表 8.5　chattr 命令中的属性及其说明

属性	说明
a	设定该属性后，只能向文件中添加数据，而不能删除数据，多用于保障服务器日志文件安全，只有 root 用户才能设定这个属性
b	不更新文件或目录的最后存取时间
c	默认对文件或目录进行压缩
d	使用 dump 命令备份时忽略本文件/目录
i	无法对文件进行修改；若对目录设置了该属性，则仅能修改其中的子文件内容而不能新建或删除文件
s	彻底从硬盘中删除文件，不可恢复（用 0 填充源文件所在硬盘区域）
S	文件内容在变更后立即同步到硬盘

例 8.15 以 root 用户身份在/srv 目录下新建文件 file.txt，使用 chattr 命令进行相关操作。

```
[root@server ~]# cd /srv
[root@server srv]# echo > file.txt
[root@server srv]# ll
总用量 4
-rw-r--r--. 1 root root 1  8月 12 21:09 file.txt
[root@server srv]# chattr  +a  file.txt
[root@server srv]# rm file.txt
rm：是否删除普通文件 'file.txt'？y
rm：无法删除 'file.txt'：不允许的操作
[root@server srv]# ll
总用量 4
-rw-r--r--. 1 root root 1  8月 12 21:09 file.txt
```

通过以上操作可以看出，即使是 root 用户也没有删除 file.txt 文件的权限。然而，将该文件的 a 属性取消后，就可以进行删除操作了。

2. 显示文件隐藏属性

lsattr 命令用于显示文件的隐藏属性。

lsattr 命令的格式如下。

```
lsattr    [选项]    文件
```

例 8.16 使用 lsattr 命令查看 file.txt 文件的隐藏属性，执行相关命令取消文件的隐藏属性，并删除 file.txt 文件。

```
[root@server srv]# lsattr file.txt
-----a---------------- file.txt
[root@server srv]# chattr  -a  file.txt
[root@server srv]# lsattr file.txt
---------------------- file.txt
[root@server srv]# rm file.txt
rm: 是否删除普通文件 'file.txt'? y
[root@server srv]# ll
总用量 0
```

通过以上操作可知，使用 chattr 命令设定文件隐藏属性后，可以使用 lsattr 命令来查看隐藏文件的属性。注意，这两个命令在实际应用中必须慎重。

注意　一般-a 的设置存储于日志文件（/var/log/messages）中，这样可保证系统正常写入日志，且防止黑客擦除其入侵证据。如果希望彻底地保护某个文件，不允许任何人修改和删除它，则可以加上-i 选项。要想彻底删除某个文件，可以使用+s 使硬盘上的数据删除后立即以 0 重新进行填充，以确保文件不可恢复。

【项目实训】

公司的员工根据工作需要被分配到不同的部门，并且每个员工都有自己的工作任务。为了便于管理并提高系统的安全性，小陈需要为每个文件和目录设置访问权限，以限制其他用户对指定文件和目录的访问。具体而言，小陈可以通过设置适当的权限来确保只有特定的账户可以访问某些文件和目录，其他账户被禁止访问。

就让我们和小陈一起完成“管理文件和目录的权限与所有者”的实训吧！

此部分内容请参考本书配套的活页工单——“工单 8. 管理文件和目录的权限与所有者”。

【项目小结】

通过学习本项目，读者应该了解了 Linux 操作系统中文件和目录的基本权限、特殊权限、默认权限及隐藏权限的功能；掌握了不同权限的常用命令，以及文件和目录权限的常用表示方法，学会了提升用户权限和修改文件与目录所有者的方法。

在实际使用中，为了提高系统的安全性和效率，一般不会直接使用 root 用户来操作系统。相反，通常是由 root 用户给予普通用户相应的权限，这样普通用户就能够承担一部分 root 用户的工作。这种做法减少了 root 用户的登录次数和管理时间，在一定程度上保证了文件的安全性，可防止文件被误修改或删除，同时提高了系统的整体安全性。

项目 9 管理文件系统与磁盘

09

【学习目标】

【知识目标】

- 了解 Linux 操作系统的磁盘分区的概念和原则、物理设备的命名规则等。
- 了解常见的文件系统。
- 了解磁盘配额的功能。
- 熟悉挂载、卸载，以及自动挂载文件系统的相关命令。
- 了解逻辑卷管理的基本概念。

【能力目标】

- 能够使用 fdisk 命令对磁盘进行分区。
- 能够创建和检查文件系统。
- 能够实现文件系统的挂载和卸载。
- 能够配置与管理磁盘配额。
- 能够实现动态磁盘管理。

【素养目标】

- 能够严格按照职业规范要求进行任务实施。
- 增强运用专业知识解决实际问题的能力。

【项目情景】

通过前期的学习和实践，小陈已经初步掌握了 Linux 基本命令的使用，能够对公司人员的信息进行管理，并合理划分他们的权限。此外，小陈能够运用所学的知识来解决系统中常见的权限不足等问题。然而，小陈发现 Linux 操作系统在使用物理存储设备方面不像 Windows 操作系统那样方便，操作起来相对复杂。因此，小陈向师傅请教，由此了解了关于 Linux 操作系统的磁盘分区、挂载、卸载，以及磁盘配额和逻辑卷等方面的知识。小陈决定好好学习这些内容，以提升自己的技能。

任务 9-1 创建磁盘分区

【任务目标】

项目 1 介绍了 CentOS Stream 9 在图形界面下进行磁盘分区的方法，以便根据实际需求进行合理的磁盘分区。然而，小陈目前还不了解如何使用命令行进行磁盘分区、格式化和挂载的操作。

因此，小陈制订了如下任务目标。

① 了解磁盘分区的概念和原则。

② 了解物理设备和分区的命名规则。

③ 掌握磁盘分区命令 fdisk 的使用方法。

④ 掌握查看系统中的块设备与分区命令 lsblk 的使用方法。

9.1.1 了解磁盘分区的概念和原则

1. 磁盘分区的概念

磁盘分区是将一块物理硬盘分成多个逻辑部分的过程。每个逻辑部分都被称为一个分区，每个分区都可以被格式化为一个文件系统以存储数据。磁盘分区可以让用户更好地组织和管理数据，并且可以使操作系统更有效地使用磁盘空间。在 Windows 操作系统中，磁盘可以被划分成 C、D、E、F 等分区；而在 Linux 操作系统中，所有的设备都以文件的形式参与操作。因此，在 Linux 操作系统中如何分区、磁盘分区有怎样的限制等，将成为接下来要探讨的问题。

微课 9.1 磁盘分区的概念

2. 磁盘分区常用格式

磁盘分区并不是硬盘的物理功能，只是一种软件上的划分。主流的分区格式分为主引导记录（Master Boot Record，MBR）分区和全局唯一标识符（Globally Unique Identifier，GUID）分区两种。

（1）MBR 分区

MBR 主要负责定位分区引导信息等工作，它存储于一个特殊扇区中。MBR 分区是传统的分区格式，多应用于使用 BIOS 的个人计算机中。

MBR 分区的特点如下。

① MBR 分区支持 32 位和 64 位系统。

② MBR 分区支持的分区数量有限，主分区最多可以有 4 个，所有分区不超过 16 个。

③ MBR 分区支持单个分区大小不超过 2TB，但拥有非常好的兼容性。

（2）GUID 分区

GUID 分区表（GUID Partition Table，GPT），是一种新型的磁盘分区形式，正在逐步取代 MBR 分区。它会生成一个唯一的标识符来引导创建，可以自动检测并修复数据。

GPT 的特点如下。

① GPT 必须使用 64 位系统。

② GPT 支持无限多个主分区（但不同的操作系统可能有不同的限制，如 Windows 下最多支持 128 个分区）。

③ GPT 必须在支持统一可扩展固件接口（Unified Extensible Firmware Interface，UEFI）的硬件上才能使用。

④ GPT 支持分区容量超过 2TB 的硬盘。

⑤ GPT 向后兼容 MBR 分区。

3. MBR 磁盘分区的类型

Linux 操作系统中 MBR 磁盘分区的类型有 3 种：主分区、扩展分区、逻辑分区。

（1）主分区

一块硬盘最多只能创建 4 个主分区（因为在 MBR 分区表结构中最多可以创建 4 个主分区表信息，也就是 4 个 16B 的空间）。

（2）扩展分区

一个扩展分区会占用一个主分区的位置，扩展分区的空间是不能被直接使用的，必须在扩展分区的基础上建立逻辑分区后才能够被使用。

（3）逻辑分区

逻辑分区是基于扩展分区创建出来的。也就是说，要使用逻辑分区来存取数据，必须先创建扩展分区。

9.1.2 了解物理设备的命名规则

在 Linux 操作系统中，一切都是文件，包括物理设备，这些设备文件存储在/dev 目录下。由于硬件设备是文件，所以这些设备需要有名称。Linux 操作系统中的磁盘的名称是根据磁盘类型进行自动识别的。常见的存储设备类型包括电子集成驱动器（Integrated Drive Electronics，IDE）、串行先进技术总线附属（Serial Advanced Technology Attachment，SATA）、通用串行总线（Universal Serial Bus，USB）、小型计算机系统接口（Small Computer System Interface，SCSI）、非易失性存储器（Non-Volatile Memory Express，NVMe）等设备。在 Linux 操作系统中，IDE 设备被识别为“hd”，而 SATA、USB、SCSI 等设备被识别为“sd”。如果系统中存在多个同类型的设备，则它们按照添加的顺序，使用小写字母进行递增编号。例如，如果系统中有两个 sd 设备，则第一个设备的名称为 sda，第二个设备的名称为 sdb，以此类推。常见物理设备的文件名称如表 9.1 所示。

表 9.1 常见物理设备的文件名称

物理设备	文件名称
IDE 设备	/dev/hd[a～d]
SCSI/SATA/USB 设备	/dev/sd[a～p]
SCSI CD-ROM	/dev/sr0
打印机	/dev/lp[0～15]

因为现在 IDE 设备很少见，所以一般的硬件设备是以“/dev/sd”开头的。一台主机上可以安装多块硬盘，因此系统采用字母 a～p 来代表 16 块不同的硬盘（默认从 a 开始分配)。而硬盘的分区编号也很有讲究，通常主分区或扩展分区的编号从 1 开始，到 4 结束，逻辑分区从编号 5 开始。

通常在安装系统的时候会对磁盘进行分区，可以使用 fdisk -l 命令查看当前系统的分区情况。这里以返回的/dev/sda5 为例，来看看其中包含哪些内容，如图 9.1 所示。

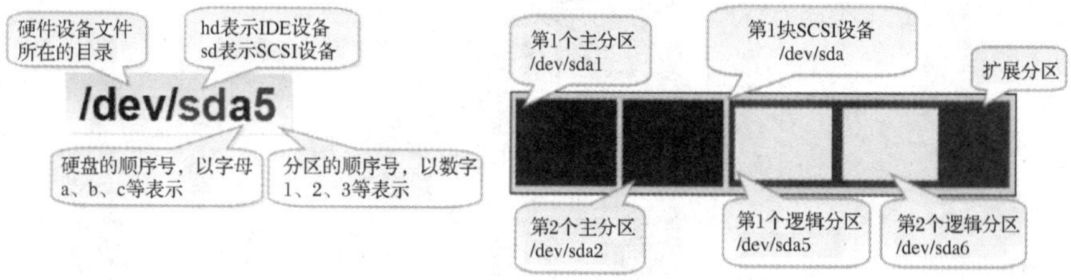

图 9.1 物理设备的文件名称的含义

9.1.3 查看系统中的块设备与分区

lsblk 命令用于列出所有可用块设备的信息，但它不会列出 RAM Disk 的信息（其数据实际存储在 RAM 中）。块设备一般包括硬盘、网络存储、USB 存储、光盘等。

lsblk 命令的格式如下。

```
lsblk  [选项]
```

lsblk 命令的常用选项及其说明如表 9.2 所示。

表 9.2　lsblk 命令的常用选项及其说明

选项	说明
-a	查看所有设备，默认选项不会列出所有空设备
-m	列出设备所有者、组和权限
-S	只显示 SCSI 设备的列表
-n	不显示标题
-l	使用列表形式显示可用块设备

例 9.1 使用 lsblk 命令查看当前系统中可用的设备信息。

```
[root@server ~]# lsblk
NAME          MAJ:MIN    RM  SIZE    RO TYPE  MOUNTPOINTS
sda           8:0        0   60G     0  disk
├─sda1        8:1        0   1G      0  part  /boot
└─sda2        8:2        0   59G     0  part
  ├─cs-root   253:0      0   55.1G   0  lvm   /
  └─cs-swap   253:1      0   3.9G    0  lvm   [SWAP]
sr0           11:0       1   8.1G    0  rom
```

输出结果中共有 7 个字段，每个字段的含义如下。

① NAME：显示块设备的名称。

② MAJ:MIN：显示设备的主要和次要设备号，MAJ（Ma jor Number）表示不同的设备类型，MIN（Minor Number）表示同一个设备的不同分区。

③ RM：显示设备是否可移动。请注意，在例 9.1 中，设备 sr0 的 RM 值等于 1，表示它是可移动的。

④ SIZE：提供有关设备容量的信息。

⑤ RO：显示设备是否为只读。在这种情况下，所有设备的 RO 均为 0，表示它们不是只读的。

⑥ TYPE：显示块设备是磁盘还是磁盘中的分区（部分）的信息。在例 9.1 中，disk 表示磁盘，part 表示分区，lvm 表示逻辑卷，rom 表示只读存储。

⑦ MOUNTPOINTS：显示设备的挂载点。

例 9.2 以列表形式（不显示标题）显示可用块设备。

```
[root@server ~]# lsblk  -nl
sda       8:0      0   60G  0   disk
sda1      8:1      0    1G  0   part     /boot
sda2      8:2      0   59G  0   part
sr0       11:0     1  8.1G  0   rom
cs-root   253:0    0 55.1G  0   lvm      /
cs-swap   253:1    0  3.9G  0   lvm      [SWAP]
```

9.1.4　磁盘分区命令

微课 9.2　磁盘分区命令

fdisk 命令是磁盘分区命令，在 DOS、Windows 和 Linux 操作系统中都有相应的应用程序。在 Linux 操作系统中，fdisk 命令是基于菜单的，用于对硬盘进行分区操作。当使用 fdisk 命令对硬盘进行分区时，可以将要分区的硬盘作为 fdisk 命令的参数。

fdisk 命令的格式如下。

```
fdisk [选项]
```

fdisk 命令的常用选项及其说明如表 9.3 所示。

表 9.3　fdisk 命令的常用选项及其说明

选项	说明
-b<分区大小>	指定每个分区的大小
-l	列出指定的外围设备的分区表
-s<分区编号>	将指定的分区大小输出到标准输出上，单位为区块
-u	搭配-l 选项列表，用分区数目取代柱面数目来表示每个分区的起始地址
-v	显示版本信息

接下来为虚拟机添加一块新的硬盘/dev/sdb，并以此硬盘进行分区为例，介绍使用 fdisk 命令进行硬盘分区的方法。

1. 添加一块硬盘并使用 fdisk -l 命令查看硬盘信息

（1）启动 VMware Workstation 16 Pro，选择“虚拟机”→“设置”命令，弹出“虚拟机设置”对话框，单击“添加”按钮，如图 9.2 所示。

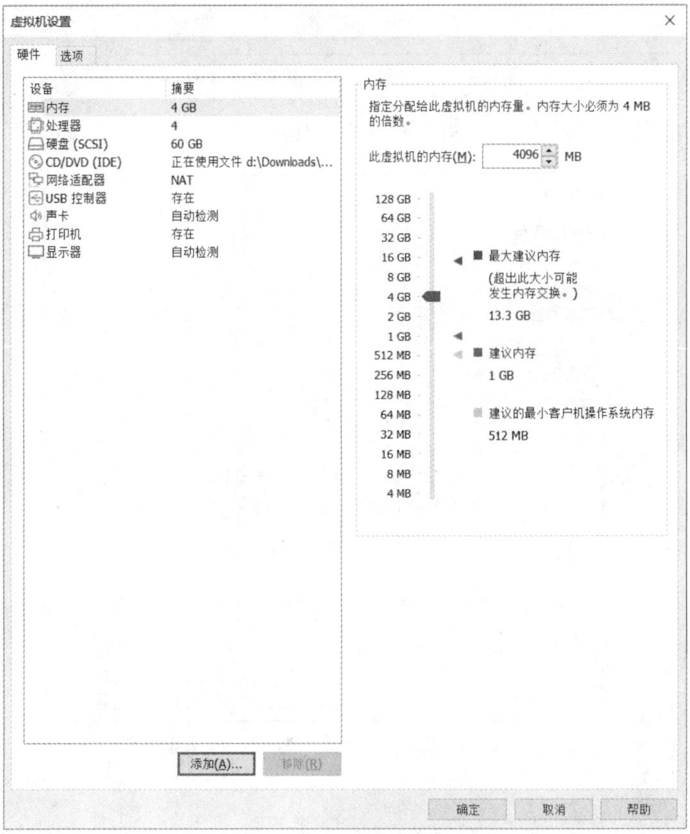

图 9.2　“虚拟机设置”对话框

（2）在弹出的“添加硬件向导”对话框中，将“硬件类型”设置为“硬盘”，单击“下一步”按钮，如图 9.3 所示。

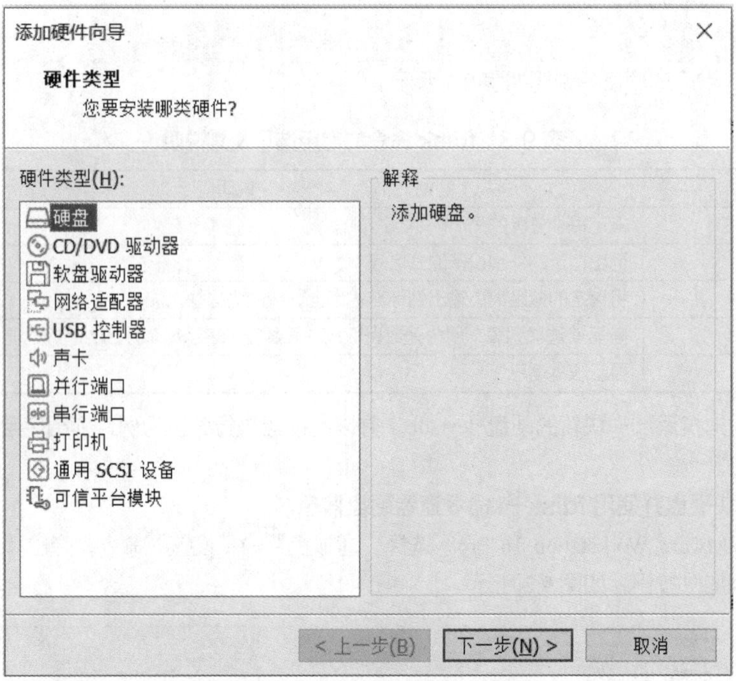

图 9.3　将“硬件类型”设置为“硬盘”

（3）设置“虚拟磁盘类型”为“SCSI（推荐）”，单击“下一步”按钮，如图 9.4 所示。

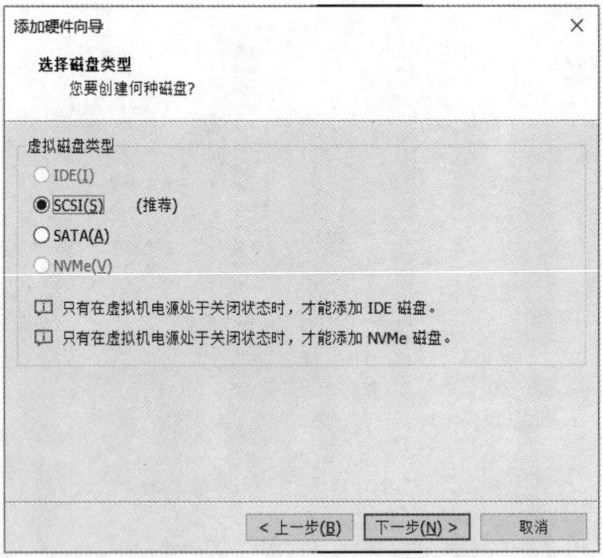

图 9.4　设置“虚拟磁盘类型”为“SCSI（推荐）”

注意

如果没有关闭虚拟机，则“虚拟磁盘类型”不能为“IDE”和“NVMe”。

（4）选择磁盘，默认选中“创建新虚拟磁盘”单选按钮，单击“下一步”按钮，如图 9.5 所示。

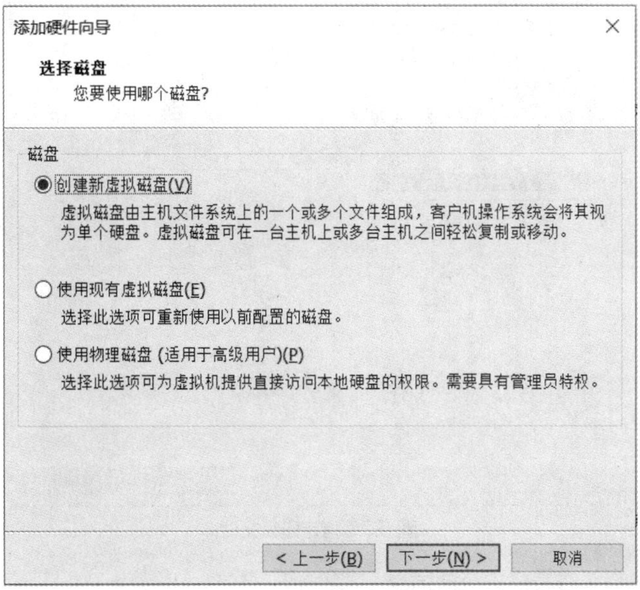

图 9.5　选择使用的磁盘

（5）指定磁盘容量，默认为 20GB，可以根据实际情况进行设置，这里保持默认设置，选中“将虚拟磁盘拆分成多个文件”单选按钮后单击“下一步”按钮，如图 9.6 所示。

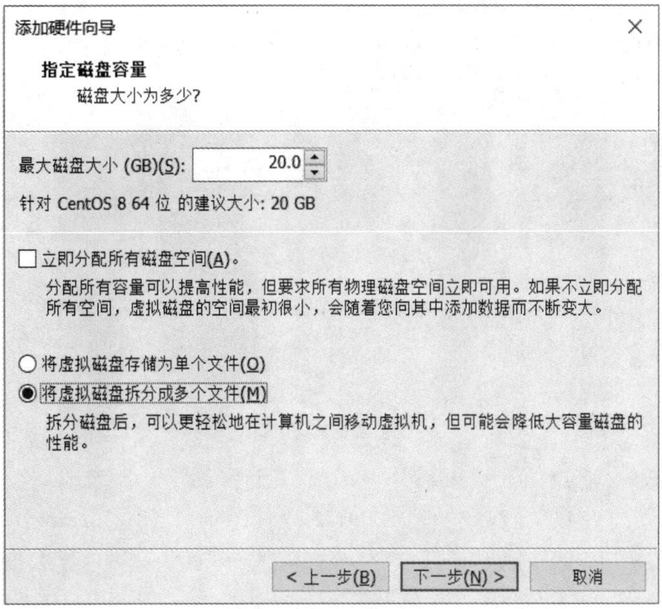

图 9.6　指定磁盘容量

（6）指定磁盘文件，默认的文件名是虚拟机的名称加上扩展名.vmdk，可以根据实际需要进行修改，这里保持默认设置，单击“完成”按钮，如图 9.7 所示。

（7）重启 Linux 虚拟机，即可读取新添加的磁盘设备。使用 fdisk -l 命令可以看到新添加的磁盘文件的名称为/dev/sdb。

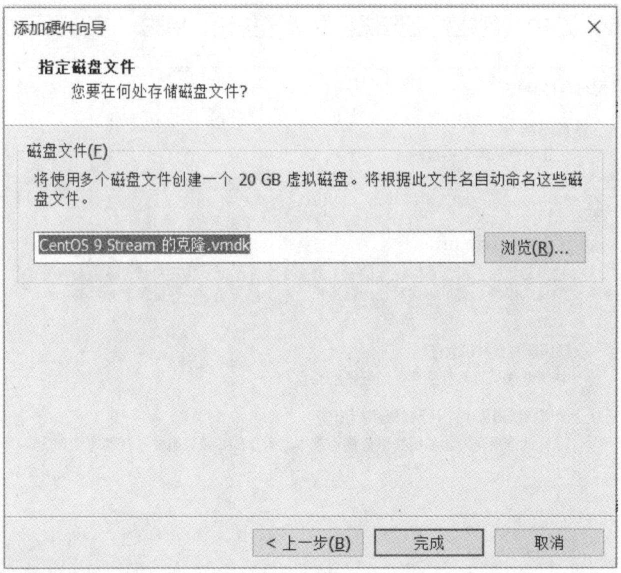

图 9.7 指定磁盘文件

（8）使用 fdisk -l 命令查看磁盘分区信息。

```
[root@server ~]# fdisk -l
Disk /dev/sdb: 20 GiB, 21474836480 字节, 41943040 个扇区
磁盘型号: VMware Virtual S
单元: 扇区 / 1 * 512 = 512 字节
扇区大小(逻辑/物理): 512 字节 / 512 字节
I/O 大小(最小/最佳): 512 字节 / 512 字节

Disk /dev/sda: 60 GiB, 64424509440 字节, 125829120 个扇区
磁盘型号: VMware Virtual S
单元: 扇区 / 1 * 512 = 512 字节
扇区大小(逻辑/物理): 512 字节 / 512 字节
I/O 大小(最小/最佳): 512 字节 / 512 字节
磁盘标签类型: dos
磁盘标识符: 0x4a0451e6

设备        启动    起点      末尾      扇区    大小 Id    类型
/dev/sda1   *       2048    2099199   2097152    1G 83    Linux
/dev/sda2        2099200 125822975 123723776   59G 8e    Linux LVM

Disk /dev/mApper/cs-root: 55.07 GiB, 59127103488 字节, 115482624 个扇区
单元: 扇区 / 1 * 512 = 512 字节
扇区大小(逻辑/物理): 512 字节 / 512 字节
I/O 大小(最小/最佳): 512 字节 / 512 字节
```

```
Disk /dev/mApper/cs-swap: 3.92 GiB，4211081216 字节，8224768 个扇区
单元: 扇区 / 1 * 512 = 512 字节
扇区大小(逻辑/物理): 512 字节 / 512 字节
I/O 大小(最小/最佳): 512 字节 / 512 字节
```

可以看到新增加的硬盘/dev/sdb 还没有划分分区。接下来就可以使用 fdisk 命令在该硬盘上创建新的分区了。

2. 对新增加的 SCSI 硬盘进行分区

使用 fdisk /dev/sdb 命令，进入交互的分区管理界面。

```
[root@server ~]# fdisk /dev/sdb


欢迎使用 fdisk (util-linux 2.37.4)。
更改将停留在内存中，直到您决定将更改写入磁盘。
使用写入命令前请三思。


设备不包含可识别的分区表。
创建了一个磁盘标识符为 0x50a25c9f 的新 DOS 磁盘标签。


命令(输入 m 获取帮助): m
帮助:


  DOS (MBR)
   a   开关 可启动 标志
   b   编辑嵌套的 BSD 磁盘标签
   c   开关 DOS 兼容性标志

  常规
   d   删除分区
   F   列出未分区的空闲区
   l   列出已知分区类型
   n   添加新分区
   p   显示分区表
   t   更改分区类型
   v   检查分区表
   i   显示某个分区的相关信息

  杂项
   m   显示此菜单
   u   更改 显示/记录 单位
   x   更多功能(仅限专业人员)

  脚本
```

```
  I   从 sfdisk 脚本文件加载磁盘布局
  O   将磁盘布局转储为 sfdisk 脚本文件

保存并退出
  w   将分区表写入磁盘并退出
  q   退出而不保存更改

新建空磁盘标签
  g   新建一份 GPT 分区表
  G   新建一份空 GPT (IRIX) 分区表
  o   新建一份空 DOS 分区表
  s   新建一份空 Sun 分区表
```

在“命令（输入 m 获取帮助）:”提示符后，输入“m”，可以看到所有命令帮助信息，输入相应的命令可选择需要的操作。表 9.4 列出了 fdisk 常用命令及其说明。

表 9.4　fdisk 常用命令及其说明

命令	说明
d	删除一个分区
m	显示帮助菜单
n	新建分区
p	显示分区表
q	不保存并退出
t	改变一个分区的类型
l	显示已知的文件系统类型，如 82 表示 Linux swap 分区，83 表示 Linux 分区
w	保存并退出

例 9.3 使用 fdisk 命令对新增加的 20GB 的 SCSI 硬盘/dev/sdb 进行分区操作，在此硬盘上创建两个主分区和一个扩展分区，在扩展分区上再创建一个逻辑分区。

（1）执行 fdisk /dev/sdb 命令，在操作界面中“命令（输入 m 获取帮助）:”提示符后，输入“n”，进行创建分区的操作（包括创建主分区、扩展分区和逻辑分区），根据提示输入“p”，选择创建主分区（也可输入“e”创建扩展分区或者输入“l”创建逻辑分区）。之后依次选择分区序号、起始位置、结束位置或分区大小即可创建新分区。

注意　选择分区号时，主分区和扩展分区的序号只能为 1～4，在设置分区容量大小时，单位符号一定要输入大写字母（如 5G）。

首先创建一个容量为 5GB 的主分区，主分区创建结束之后，输入“p”查看已创建好的分区/dev/sdb1，相关操作命令及运行结果如下。

```
命令(输入 m 获取帮助): n          #新建分区
分区类型
  p   主分区 (0 primary, 0 extended, 4 free)
  e   扩展分区 (逻辑分区容器)
选择 (默认 p): p                  #创建主分区
```

```
分区号 (1-4, 默认  1): 1          #分区序号
第一个扇区 (2048-41943039, 默认 2048):        #此处默认按“Enter”键
最后一个扇区，+/-sectors 或 +size{K,M,G,T,P} (2048-41943039, 默认 41943039): +5G
#划分一个容量为 5GB 的主分区

创建了一个新分区 1，类型为“Linux”，大小为 5 GiB。

命令(输入 m 获取帮助): p        #显示分区表
Disk /dev/sdb: 20 GiB, 21474836480 字节, 41943040 个扇区
磁盘型号: VMware Virtual S
单元: 扇区 / 1 * 512 = 512 字节
扇区大小(逻辑/物理): 512 字节 / 512 字节
I/O 大小(最小/最佳): 512 字节 / 512 字节
磁盘标签类型: dos
磁盘标识符: 0x50a25c9f

设备        启动     起点      末尾       扇区  大小 Id  类型
/dev/sdb1         2048 10487807 10485760   5G 83 Linux
```

（2）创建容量为 8GB 的主分区，相关操作命令及运行结果如下。

```
命令(输入 m 获取帮助): n
分区类型
   p   主分区 (1 primary, 0 extended, 3 free)
   e   扩展分区 (逻辑分区容器)
选择 (默认 p): p
分区号 (2-4, 默认  2): 2
第一个扇区 (10487808-41943039, 默认 10487808): #此处默认按“Enter”键
最后一个扇区，+/-sectors 或 +size{K,M,G,T,P} (10487808-41943039, 默认 41943039): +8G

创建了一个新分区 2，类型为“Linux”，大小为 8 GiB。

命令(输入 m 获取帮助): p
Disk /dev/sdb: 20 GiB, 21474836480 字节, 41943040 个扇区
磁盘型号: VMware Virtual S
单元: 扇区 / 1 * 512 = 512 字节
扇区大小(逻辑/物理): 512 字节 / 512 字节
I/O 大小(最小/最佳): 512 字节 / 512 字节
磁盘标签类型: dos
磁盘标识符: 0x50a25c9f

设备        启动        起点      末尾       扇区  大小 Id  类型
/dev/sdb1            2048 10487807 10485760   5G 83 Linux
```

```
/dev/sdb2      10487808 27265023 16777216   8G 83 Linux
```

（3）创建扩展分区，将剩余磁盘空间全部分配给扩展分区，相关操作命令及运行结果如下。

> **注意** 输入“e”可创建扩展分区，扩展分区的起始扇区和结束扇区使用默认值即可，可以把剩余磁盘空间 7GB 全部分配给扩展分区。

```
命令(输入 m 获取帮助): n
分区类型
   p   主分区 (2 primary, 0 extended, 2 free)
   e   扩展分区 (逻辑分区容器)
选择 (默认 p): e
分区号 (3,4, 默认  3): 3
第一个扇区 (27265024-41943039, 默认 27265024): #此处默认按“Enter”键
最后一个扇区，+/-sectors 或 +size{K,M,G,T,P} (27265024-41943039, 默认 41943039):
#此处默认按“Enter”键

创建了一个新分区 3，类型为“Extended”，大小为 7 GiB。

命令(输入 m 获取帮助): p
Disk /dev/sdb: 20 GiB, 21474836480 字节, 41943040 个扇区
磁盘型号: VMware Virtual S
单元: 扇区 / 1 * 512 = 512 字节
扇区大小(逻辑/物理): 512 字节 / 512 字节
I/O 大小(最小/最佳): 512 字节 / 512 字节
磁盘标签类型: dos
磁盘标识符: 0x50a25c9f

设备         启动       起点        末尾       扇区  大小 Id   类型
/dev/sdb1             2048 10487807 10485760    5G 83 Linux
/dev/sdb2       10487808 27265023 16777216    8G 83 Linux
/dev/sdb3       27265024 41943039 14678016    7G  5   扩展
```

（4）扩展分区创建完成后就可以创建逻辑分区了。在扩展分区上创建一个逻辑分区，磁盘容量为整个扩展分区的大小（7GB），创建逻辑分区的时候，系统会自动从 5 开始顺序编号，相关操作命令及运行结果如下。

```
命令(输入 m 获取帮助): n
所有主分区的空间都在使用中。
添加逻辑分区 5
第一个扇区 (27267072-41943039, 默认 27267072):  #此处默认按“Enter”键
最后一个扇区，+/-sectors 或 +size{K,M,G,T,P} (27267072-41943039, 默认 41943039):
#此处默认按“Enter”键
```

```
创建了一个新分区 5，类型为“Linux”，大小为 7 GiB。

命令(输入 m 获取帮助): p
Disk /dev/sdb: 20 GiB, 21474836480 字节, 41943040 个扇区
磁盘型号: VMware Virtual S
单元: 扇区 / 1 * 512 = 512 字节
扇区大小(逻辑/物理): 512 字节 / 512 字节
I/O 大小(最小/最佳): 512 字节 / 512 字节
磁盘标签类型: dos
磁盘标识符: 0x50a25c9f

设备        启动      起点     末尾      扇区  大小 Id  类型
/dev/sdb1           2048 10487807 10485760   5G 83 Linux
/dev/sdb2       10487808 27265023 16777216   8G 83 Linux
/dev/sdb3       27265024 41943039 14678016   7G  5  扩展
/dev/sdb5       27267072 41943039 14675968   7G 83 Linux
```

通过查看分区创建情况，可以看到已经完成了对磁盘的分区，共创建了两个主分区、一个扩展分区，在扩展分区中创建了一个逻辑分区。

（5）将分区信息写入磁盘分区表中，输入“w”保存文件并退出（如果不保存文件，则输入“q”）。

```
命令(输入 m 获取帮助): w     #将分区表写入磁盘，保存文件并退出
分区表已调整。
将调用 ioctl() 来重新读分区表。
正在同步磁盘。
```

（6）在完成磁盘分区以后，一般需重启系统才可使设置生效，如果不想重启系统，则可以使用 partprobe 命令使系统获取新的分区表，相关操作命令如下。

```
[root@server ~]# partprobe  /dev/sdb
```

任务 9-2 创建与检查文件系统

【任务目标】

小陈通过学习任务 9-1 了解了物理存储设备的命名规则、常用的分区命令，并掌握了磁盘分区的操作方法。然而，在小陈想要将数据存储到/dev/sdb1 分区时却遇到了问题。经过向师傅询问，他得知在完成分区表创建之后，如果想在新创建的分区中存储数据，则需要对该分区创建文件系统。

因此，小陈制订了如下任务目标。

① 了解文件系统的相关知识。

② 掌握创建、检查文件系统的命令。

微课 9.3 文件系统简介

9.2.1 了解常见的文件系统

1. 文件系统简介

文件系统是一种用于组织和管理计算机存储设备上文件和目录的方法。它定义

了如何在存储设备上存储、访问和管理文件，包括如何命名文件、如何组织文件和目录，以及如何控制文件的访问权限。由于使用场合、使用环境的不同，Linux 有多种文件系统。操作系统需要支持特定的文件系统才能正确地读、写存储设备上的数据。

2. Linux 文件系统类型

Linux 中的文件系统有数十种，常见的文件系统有 ext4、XFS、swap 等。

（1）ext4 文件系统

ext4 是一种广泛使用的 Linux 文件系统，是 Linux 内核的一部分。它是 ext3 文件系统的后继版本，提供了更好的性能和可靠性。与 ext3 相比，ext4 支持更大的文件系统和更大的文件，最大文件大小可达到 1EB。它还具有更好的容错能力和更快的文件系统检查速度。

（2）XFS

XFS 是 SGI 公司开发的高级日志文件系统。XFS 具有较强的伸缩性，非常健壮，后来被移植到 Linux 内核上。XFS 特别擅长处理大文件，同时提供顺畅的数据传输，在 XFS 中存储数据的安全性高；XFS 采用了优化算法，日志记录对整体文件操作影响非常小，因此 XFS 查询与分配存储空间非常快；XFS 是一个全 64 位的文件系统，它可以支持上百万太字节的存储空间。XFS 对特大文件及小尺寸文件的支持都表现出众，且支持特大数量的目录。

（3）swap 文件系统

swap 是 Linux 操作系统上交互分区专用的文件系统。在 Linux 操作系统中，整个交换分区被用于提供虚拟内存，其分区大小一般是系统物理内存的 1.5～2 倍。在安装 Linux 操作系统时就应创建交换分区。交换分区是 Linux 操作系统正常运行所必需的，其类型必须是 swap，交换分区由操作系统自行管理。

9.2.2 为分区创建文件系统

通过前面的任务，已经成功创建了分区。然而，这些分区还不能直接使用，需要根据所选择的文件系统类型，使用相应的命令对分区进行格式化操作，以创建相应的文件系统。只有在创建了文件系统之后，分区才能用来存储数据文件。在分区中创建文件系统会清除分区中的数据，且不可恢复，因此执行此操作一定要慎重。

Linux 操作系统使用 mkfs 命令创建文件系统。

mkfs 命令的格式如下。

```
mkfs [选项] [-t <类型>] <设备> [<大小>]
```

mkfs 命令的常用选项及其说明如表 9.5 所示。

表 9.5 mkfs 命令的常用选项及其说明

选项	说明
-t <类型>	指定要建立何种文件系统
-V	显示文件系统的详细信息
-c	建立文件系统之前先检查是否有损坏的区块
-l 文件	从文件中读取磁盘坏块列表

例 9.4 对新划分的主分区/dev/sdb1 按 ext4 文件系统进行格式化，检查是否有坏块，并显示详细信息。

```
[root@server ~]# mkfs  -t  ext4 -V -c  /dev/sdb1
mkfs，来自 util-linux 2.37.4
mkfs.ext4 -c /dev/sdb1
mke2fs 1.46.5 (30-Dec-2021)
创建含有 1310720 个块（每块 4k）和 327680 个 inode 的文件系统
文件系统 UUID：11843084-5feb-454c-b3c5-2ee465a09bfd
超级块的备份存储于下列块：
        32768, 98304, 163840, 229376, 294912, 819200, 884736

检查坏块（只读测试）：已完成
正在分配组表：完成
正在写入 inode 表：完成
创建日志（16384 个块）完成
写入超级块和文件系统账户统计信息：已完成
```

请继续使用 mkfs 命令对/dev/sdb2、/dev/sdb5 进行格式化。

9.2.3 检查文件系统

在日常工作环境中，计算机系统难免会由于某些系统因素或人为误操作而出现异常，这种情况下非常容易造成文件系统的崩溃，严重时甚至会造成硬件损坏。如果出现了文件系统损坏的情况，则可以使用 fsck 命令进行修复。

fsck 命令用于检查文件系统并尝试修复出现的错误。

fsck 命令的格式如下。

```
fsck  [选项]  分区设备文件名
```

fsck 命令的常用选项及其说明如表 9.6 所示。

表 9.6 fsck 命令的常用选项及其说明

选项	说明
-a	如果检查出错误，则自动修复文件系统，没有任何提示信息
-r	如果检查出错误，则采取互动的修复模式，在修改文件前会进行询问，使用户得以确认并决定处理方式
-A	按照 /etc/fstab 配置文件的内容，检查文件内罗列的全部文件系统
-t 文件系统类型	指定要检查的文件系统类型
-C	显示检查分区的进度条

例 9.5 采用互动的修复模式对/dev/sdb1 进行检查、修复。

```
[[root@server ~]# fsck -r /dev/sdb1
fsck，来自 util-linux 2.37.4
e2fsck 1.46.5 (30-Dec-2021)
/dev/sdb1：没有问题，11/327680 文件，42078/1310720 块
/dev/sdb1: status 0, rss 3372, real 0.007062, user 0.001007, sys 0.004173
```

注意 fsck 命令通常只能由 root 用户且文件系统出现问题时才会使用。在正常状况下使用 fsck 命令很可能会损坏系统。此外，如果怀疑已经格式化成功的磁盘有问题，则可以使用此命令来进行检查。

任务 9-3 挂载与卸载文件系统

【任务目标】

通过前两个任务的学习，小陈已经学会了如何对新的磁盘进行分区和创建文件系统。然而，为了进行文件数据的存储，小陈还需要将文件系统挂载到指定的目录下。挂载操作使得文件系统在指定的挂载点上可见并可访问。这样，小陈就可以通过挂载点来访问和管理文件系统中的文件了。

因此，小陈制订了如下任务目标。

① 掌握挂载文件系统的常用命令。

② 掌握卸载文件系统的常用命令。

③ 了解开机自动挂载文件系统的相关文件。

微课 9.4 挂载文件系统

9.3.1 挂载文件系统

挂载指的是将物理设备的文件系统和 Linux 操作系统中的文件系统，通过指定目录（作为挂载点）进行关联，用户通过访问这个目录来实现对磁盘分区的数据存取操作，作为挂载点的目录就相当于一个访问磁盘分区的入口。而要将文件系统手动挂载到 Linux 操作系统上，需要使用 mount 命令。

Linux 操作系统中提供了两个默认的挂载目录：/media（系统自动挂载点）和/mnt（手动挂载点）。从理论上讲，Linux 操作系统中的任何一个目录都可以作为挂载点。

mount 命令的格式如下。

```
mount  [选项] 设备文件名  挂载点
```

mount 命令的常用选项及其说明如表 9.7 所示。

表 9.7 mount 命令的常用选项及其说明

选项	说明
-a	挂载/etc/fstab 中的所有文件系统
-o	挂载选项列表，以英文逗号分隔
-r	以只读方式挂载文件系统
-t	限制要挂载的文件系统的类型
-w	以读写方式挂载文件系统（默认）

例 9.6 将新增加的 SCSI 硬盘分区/dev/sdb1 手动挂载到/mnt/disk1 目录下。

```
[root@server ~]# cd /mnt
[root@server mnt]# mkdir disk1
[root@server mnt]# mount /dev/sdb1  /mnt/disk1
[root@server mnt]# lsblk /dev/sdb
NAME   MAJ:MIN RM SIZE RO TYPE MOUNTPOINTS
```

```
sdb      8:16    0  20G  0 disk
├─sdb1    8:17    0    5G  0 part /mnt/disk1
├─sdb2    8:18    0    8G  0 part
├─sdb3    8:19    0    1K  0 part
└─sdb5    8:21    0    7G  0 part
```

请使用同样的方式分别将/dev/sdb2、/dev/sdb5 挂载到/mnt/disk2 和/mnt/disk5 目录下。

9.3.2 卸载文件系统

使用 umount 命令可以卸载文件系统。与 mount 命令需要同时提供设备名与挂载目录不同，umount 命令只需要提供设备名或挂载目录。

umount 命令的格式如下。

```
umount [选项] 设备文件名/挂载点
```

umount 命令的常用选项及其说明义如表 9.8 所示。

表 9.8 umount 命令的常用选项及其说明

选项	说明
-a	卸载/etc/fstab 中的所有文件系统
-t	仅卸载选项中所指定的文件系统
-v	执行命令时显示详细信息

例 9.7 使用 mount 命令将/dev/sr0 挂载到/media/cdrom，之后卸载/dev/sr0 设备并显示卸载过程。

```
[root@server ~]# mkdir /media/cdrom
[root@server ~]# mount /dev/sr0 /media/cdrom
mount: /media/cdrom: WARNING: source write-protected, mounted read-only.
[root@server ~]# lsblk /dev/sr0
NAME MAJ:MIN RM  SIZE RO TYPE MOUNTPOINTS
sr0   11:0    1  8.1G  0 rom  /media/cdrom
[root@server ~]# umount -v /dev/sr0
umount: /media/cdrom (/dev/sr0) 已卸载
```

注意 在使用 umount 命令卸载文件系统时，必须确保文件系统当前没有被使用或未处于忙碌状态。只有在文件系统没有被任何进程占用时，才能成功进行卸载操作。

9.3.3 查看挂载情况

挂载好文件系统之后，可以使用 df 命令查看系统中已经挂载的各个文件系统的磁盘空间使用情况，以及分区的挂载情况。

df 命令的格式如下。

```
df [选项]
```

df 命令的常用选项及其说明如表 9.9 所示。

表 9.9　df 命令的常用选项及其说明

选项	说明
-a	显示所有文件系统的磁盘使用情况
-h	以易读的格式输出磁盘信息
-H	等于-h，但计算时，1K=1000，而不是 1K=1024
-i	显示索引节点信息
-k	以 KB 为单位输出文件系统磁盘使用情况
-l	只显示本地文件系统的使用状况
-T	显示所有已挂载文件系统的类型

例 9.8　使用 df 命令列出各文件系统的挂载情况，以易读的格式查看磁盘使用情况。

```
[root@server ~]# df -h
文件系统                容量    已用      可用      已用%     挂载点
devtmpfs                4.0M    0         4.0M      0%        /dev
tmpfs                   1.9G    0         1.9G      0%        /dev/shm
tmpfs                   777M  9.6M        768M      2%        /run
/dev/mApper/cs-root      56G  5.3G        50G       10%       /
/dev/sda1              1014M  251M        764M      25%       /boot
tmpfs                   389M   56K        389M      1%        /run/user/42
tmpfs                   389M   40K        389M      1%        /run/user/0
/dev/sdb1               4.9G   24K        4.6G      1%        /mnt/disk1
/dev/sdb2               7.8G   24K        7.4G      1%        /mnt/disk2
/dev/sdb5               6.8G   24K        6.5G      1%        /mnt/disk5
```

9.3.4　在新的分区上读写文件

通过前期的磁盘分区、文件系统创建及挂载等操作后，就可以在新的分区读写数据文件了。

例 9.9　在/dev/sdb1 文件系统的挂载点/mnt/disk1 目录下创建 test 目录，并在 test 目录下创建 file 文件。

```
[root@server ~]# cd /mnt/disk1
[root@server disk1]# ls
lost+found
[root@server disk1]# mkdir test
[root@server disk1]# ls
lost+found  test
[root@server disk1]# cd test
[root@server test]# echo "Linux 世界欢迎你!" > file.txt
[root@server test]# cat file.txt
"Linux 世界欢迎你!"
```

说明　进入/mnt/disk1 目录，查看到该目录下有 lost+found 目录，表明/dev/sdb1 文件系统成功挂载到/mnt/disk1 目录。

9.3.5 认识/etc/fstab 文件

微课 9.5 认识 fstab 文件

当使用 mount 命令手动挂载磁盘后，如果系统重新启动，则之前挂载的文件系统会丢失。为了确保挂载持久有效，需要对/etc/fstab 文件进行必要的配置。

/etc/fstab 文件记录了 Linux 文件系统的静态信息，列出了需要在系统启动时自动挂载的设备。在下次系统开机时，这些设备将会被自动挂载到操作系统中。/etc/fstab 文件需要手动修改，但它只能以只读的形式被程序或操作系统执行，不能直接写入。

查看当前 Linux 环境中/etc/fstab 文件中的内容，具体内容如下。

```
[root@server ~]# cat /etc/fstab

#
# /etc/fstab
# Created by anaconda on Mon Sep 19 10:39:18 2022
#
# Accessible filesystems, by reference, are maintained under '/dev/disk/'.
# See man pages fstab(5), findfs(8), mount(8) and/or blkid(8) for more info.
#
# After editing this file, run 'systemctl daemon-reload' to update systemd
# units generated from this file.
#
/dev/mApper/cs-root                                 / xfs    defaults       0 0
UUID=5324648c-487f-40a8-b62e-6067daf0c869 /boot     xfs    defaults       0 0
/dev/mApper/cs-swap                          none     swap   defaults       0 0
```

返回的信息中每行代表一个文件系统，每行包含 6 列，各列内容的含义如下。

- 第一列：device，指定加载的磁盘分区或移动文件系统。除了指定设备文件外，也可以使用 UUID、LABEL 来指定分区。例如，如果要查看/dev/sdb1 的 UUID，则可以使用 blkid /dev/sdb1 命令来实现，具体操作命令及运行结果如下。

```
[root@server ~]# blkid /dev/sdb1
/dev/sdb1: UUID="11843084-5feb-454c-b3c5-2ee465a09bfd" BLOCK_SIZE="4096" TYPE="ext4"
PARTUUID="50a25c9f-01"
```

- 第二列：dir，指定挂载点的路径。
- 第三列：type，指定文件系统的类型，包括 ext2、ext3、ext4、XFS 等。
- 第四列：options，指定挂载的选项，一般设置为默认 defaults。
- 第五列：dump，指定文件系统是否备份，0 表示不备份，1 表示备份。
- 第六列：pass，表示开机过程中是否校验扇区，0 表示不要校验，1 表示优先校验（一般为根目录），2 表示在 1 级别优先校验完成后再进行校验。

9.3.6 设置开机自动挂载文件系统

了解了/etc/fstab 文件的作用和基本内容后，接下来演示开机后文件系统的自动挂载。

例 9.10 在/etc/fstab 文件中添加相关配置，实现系统自动挂载分区/dev/sdb1 到/mnt/disk1。

```
[root@server ~]#  vim  /etc/fstab
在文件的最后添加一行：
/dev/sdb1    /mnt/disk1    ext4     defaults  0    0
```

注意 也可以直接使用“>>”（追加定向符）向/etc/fstab 文件中添加挂载信息，具体操作如下。

```
[root@server ~]#  echo '/dev/sdb1  /mnt/disk1  ext4  defaults 0 0 '>> /etc/fstab
```

任务 9-4 管理磁盘配额

【任务目标】

Linux 操作系统是多用户、多任务的系统，多个用户可能会共享同一块硬盘空间。如果其中少数用户占用了大量的硬盘空间，那么其他用户的使用权限将会被压缩。因此，作为管理员的小陈应该使用磁盘配额功能来合理限制用户对磁盘空间的使用。

磁盘配额功能允许管理员为每个用户设置最大可用的磁盘空间，以防止某个用户过度占用资源。通过配额管理，可以平衡各个用户的磁盘空间，确保公平性和系统的稳定性。

因此，小陈制订了如下任务目标。

① 了解磁盘配额功能。

② 掌握设置磁盘配额的方法。

9.4.1 了解磁盘配额功能

磁盘配额（Quota）是一种限制用户或组在磁盘上使用磁盘空间的方法。它可以帮助管理员管理磁盘空间，防止用户使用过多的磁盘空间，从而导致磁盘空间不足。管理员可以设置每个用户或组的最大可用磁盘空间。当用户或组达到配额限制时，他们将无法再向磁盘写入数据，直到他们删除一些数据释放磁盘空间为止。磁盘配额通常在多用户环境中使用，如学校、公司或云计算环境中。

微课 9.6 了解磁盘配额功能

使用磁盘配额时，需要注意以下几点。

（1）内核必须支持磁盘配额。

（2）磁盘配额限制的用户和用户组只能是普通用户和用户组，root 用户是不受磁盘配额限制的。

（3）磁盘配额限制只能针对分区，而不能针对某个目录。换句话说，磁盘配额仅能针对文件系统进行限制。例如，如果/dev/sdb1 是挂载在 /mnt/disk1 目录下的，那么在/mnt/disk1 下的所有目录都会受到磁盘配额的限制。

（4）磁盘配额可以限制用户占用的磁盘容量大小，也能限制用户允许占用的文件个数。

9.4.2 设置磁盘配额

磁盘配额的设置可以通过 quotacheck、edquota、quata、quotaon/quotaoff、repquota 等命令实现。各命令具体的解释和使用通过以下实例说明。

例 9.11 对新创建的 ext4 类型的文件系统/dev/sdb1 的挂载点/mnt/disk1 下的空间进行磁盘配额设置，要求如下：新增 3 个用户（user1、user2、user3），它们都属于 group1 组；每个用户的磁盘配额被限制为不超过 500MB，当磁盘使用量达到 400MB 时，用户会收到提醒；如果在收到提醒 14 天后仍未处理，则磁盘空间将被锁定，无法继续写入数据；对于 group1 组，整个组的磁盘配额被限制为不超过 1500MB，当组的磁盘使用量达到 1200MB 时，会发出提醒。

具体操作命令及运行结果如下。

（1）启动磁盘配额服务

> **注意**
>
> 磁盘分区、格式化及挂载等操作已经完成。

① 对/mnt/disk1 目录添加其他用户写的权限。

```
[root@server ~]# chmod -Rf  o+w  /mnt/disk1
```

② 编辑/etc/fstab 文件，启用文件系统的磁盘配额功能，并设置其开机自启动。

```
[root@server ~]# nano  /etc/fstab
#检查/dev/sdb1 的自动挂载配置文件
 /dev/sdb1  /mnt/disk1 ext4 defaults,usrquota,grpquota 0 0
[root@server ~]# reboot
[root@server ~]# mount |grep /mnt/disk1
/dev/sdb1 on /mnt/disk1 type ext4 (rw,relatime,seclabel,quota,usrquota,grpquota)
```

③ 添加 3 个用户（user1、user2、user3），其所属组为 group1，用户密码均为 123。

```
[root@server ~]# groupadd group1
[root@server ~]# useradd -g  group1 user1
[root@server ~]# useradd -g  group1 user2
[root@server ~]# useradd -g  group1 user3
[root@server ~]# echo '123' |passwd --stdin user1 &> /dev/null
[root@server ~]# echo '123' |passwd --stdin user2 &> /dev/null
[root@server ~]# echo '123' |passwd --stdin user3 &> /dev/null
```

（2）建立磁盘配额文件

使用 quotacheck 命令进行文件系统扫描并建立磁盘配额文件。

quotacheck 命令的格式如下。

```
quotacheck [选项] [挂载点目录]
```

quotacheck 命令的常用选项及其说明如表 9.10 所示。

表 9.10 quotacheck 命令的常用选项及其说明

选项	说明
-a	扫描所在/etc/fstab 内含有配额支持的文件系统，加上此选项后可不写挂载点目录
-u	针对用户扫描文件与目录的使用情况，建立 quota.user 文件
-g	针对组扫描文件与目录的使用情况，建立 quota.group 文件
-v	显示扫描过程的详细信息
-f	强制扫描文件系统，并写入新的配额配置文件（危险）
-M	强制以读写的方式扫描文件系统（只有在特殊情况下才会使用）

使用 quotacheck 命令建立磁盘配额文件 aquota.user 和 aquota.group 的具体操作如下。

```
[root@server ~]# quotacheck -avug -mf
quotacheck: Your kernel probably supports journaled quota but you are not using it. Consider switching to journaled quota to avoid running quotacheck after an unclean shutdown.
quotacheck: Scanning /dev/sdb1 [/mnt/disk1] done
quotacheck: Checked 4 directories and 3 files
[root@server ~]# ll  /mnt/disk1
总用量 36
-rw-------. 1 root root  6144  9月 21 16:11 aquota.group
-rw-------. 1 root root  6144  9月 21 16:11 aquota.user
drwx----w-. 2 root root 16384  9月 20 20:53 lost+found
drwxr-xrwx. 2 root root  4096  9月 20 21:25 test
```

（3）设置用户、组的磁盘配额与宽限时间

针对用户和组的配额限制，不仅可以手动控制开启和关闭，还可以手动修改配额参数，即使用 edquota 命令。

edquota 命令是英文词组“edit quota”的缩写，用于修改用户和群组的配额参数，包括磁盘容量和文件个数限制、软限制和硬限制值、宽限时间。

edquota 命令的格式有以下 3 种。

```
[root@server ~]# edquota [-u 用户名] [-g 群组名]
[root@server ~]# edquota -t
[root@server ~]# edquota -p 源用户名 -u 新用户名
```

edquota 命令的常用选项及其说明如表 9.11 所示。

表 9.11　edquota 命令的常用选项及其说明

选项	说明
-u 用户名	进入配额的 vi 编辑界面，修改针对用户的配置值
-g 群组名	进入配额的 vi 编辑界面，修改针对群组的配置值
-t	修改配额参数中的宽限时间
-p	将源用户（或群组）的磁盘配额设置复制给其他用户（或群组）

使用 edquota 命令设置用户（user1、user2、user3）和所属组 group1 的配额限制，每个用户磁盘用量不超过 500MB，当达到 400MB 时进行提醒；若用户收到提醒 14 天后还未处理磁盘空间，则磁盘空间将被锁定；group1 组磁盘用量不超过 1500MB，当达到 1200MB 时进行提醒。其具体操作如下。

```
[root@server ~]# edquota -u user1
Disk quotas for user user1 (uid 1001):
  Filesystem      blocks       soft       hard     inodes     soft     hard
  /dev/sdb1            0     409600     512000          0        0        0
[root@server ~]# edquota -p user1 -u user2
[root@server ~]# edquota -p user1 -u user3
[root@server ~]# edquota -g  group1
Disk quotas for group group1 (gid 1002):
  Filesystem       blocks       soft       hard     inodes     soft     hard
```

```
 /dev/sdb1            0    1228800    1536000          0         0         0
[root@server ~]# edquota -t
Grace period before enforcing soft limits for users:
Time units may be: days, hours, minutes, or seconds
 Filesystem              Block grace period     Inode grace period
 /dev/sdb1                     14days                    7days
```

（4）查看磁盘已使用的空间与限制

quota 命令用于显示磁盘已使用的空间与限制。

quota 命令的格式有以下两种。

```
quota [选项][用户名称...]
quota [选项][群组名称...]
```

quota 命令的常用选项及其说明如表 9.12 所示。

表 9.12 quota 命令的常用选项及其说明

选项	说明
-g	列出群组的磁盘空间限制
-q	简单列表，只列出超过限制的部分
-u	列出用户的磁盘空间限制
-v	显示该用户或群组在所有挂入系统的存储设备的空间限制
-s	人性化单位显示，单位也可以通过可选参数明确指定，其格式为【kgt】

查看系统磁盘配额的具体操作如下。

```
[root@server ~]# quota -uvs user1    #查看用户 user1 的配额报表
Disk quotas for user user1 (uid 1001):
     Filesystem   space   quota   limit   grace   files   quota   limit   grace
      /dev/sdb1      0K    400M    500M               0       0       0
[root@server ~]# quota -gvs group1    #查看 group1 组的配额报表
Disk quotas for group group1 (gid 1002):
     Filesystem   space   quota   limit   grace   files   quota   limit   grace
      /dev/sdb1      0K   1200M   1500M               0       0       0
```

> **注意** 可以发现此时增加了 grace 列，但该列没有数据，因为此时使用量未达到提醒（即 quota）值（400MB/1200MB）。

（5）启用（关闭）磁盘配额功能

完成用户和组的磁盘配额设置后，可以使用 Linux 操作系统的 quotaon 命令来启用磁盘配额功能。使用 quotaon 命令可以启用用户和组的磁盘配额功能，但是要求各分区的文件系统根目录下必须存在 quota.user 和 quota.group 配置文件。如果需要关闭这个功能，则可以使用 quotaoff 命令。这些命令提供了管理磁盘配额的功能，可以有效地控制磁盘空间的使用。

quotaon 与 quotaoff 命令的格式分别如下。

```
quotaon[选项][文件系统...]
quotaoff[选项][文件系统...]
```

quotaon 和 quotaoff 命令的常用选项及其说明如表 9.13 所示。

表 9.13　quotaon 和 quotaoff 命令的常用选项及其说明

选项	说明
-a	启用在 /ect/fstab 文件中加入配额设置的分区的空间限制
-g	启用群组的磁盘空间限制
-u	启用用户的磁盘空间限制
-v	显示命令执行过程

启用用户和群组磁盘空间限制的具体操作如下。

```
[root@server ~]# quotaon  -avug
/dev/sdb1 [/mnt/disk1]: group quotas turned on
/dev/sdb1 [/mnt/disk1]: user quotas turned on
```

（6）查看文件系统的配额报表

最后，管理员需要使用 Linux 操作系统的 repquota 命令检查磁盘空间限制的状态。执行 repquota 命令后，可报告磁盘空间限制的状况，清楚得知每位用户或每个群组已使用多少磁盘空间。

repquota 命令的格式如下。

```
repquota [选项][文件系统...]
```

repquota 命令的常用选项及其说明如表 9.14 所示。

表 9.14　repquota 命令的常用选项及其说明

选项	说明
-a	显示在/etc/fstab 文件中加入配额设置的分区的使用状况，包括用户和群组
-g	显示群组的磁盘空间限制
-u	显示用户的磁盘空间限制
-v	显示该用户或群组的所有空间限制
-s	以 MB、GB 等单位进行显示

查看文件系统的配额报表的具体操作如下。

```
[root@server ~]# repquota -a
*** Report for user quotas on device /dev/sdb1
Block grace time: 14days; Inode grace time: 7days
                     Block limits                File limits
User           used    soft    hard  grace    used  soft  hard  grace
------------------------------------------------------------------------
root      --      28       0       0             4     0     0
user1     --   51200  409600  512000             1     0     0
```

说明　用户名后面的“--”用于判断该用户是否超出了磁盘空间限制及索引节点限制，超出限制时“--”会变成“+-”。

9.4.3 测试磁盘配额

通过例 9.11 的操作，已经完成了磁盘配额的设置，下面测试设置的磁盘配额能否正常使用。以 user1 用户为例测试磁盘空间使用量达到 450MB 时的情况。其具体操作如下。

```
[root@server ~]# su -  user1
```

```
[user1@server ~]$ cd /mnt/disk1
[user1@server disk1]$ dd if=/dev/zero of=400M.file bs=1M count=400
sdb1: warning, user block quota exceeded.
记录了 400+0 的读入
记录了 400+0 的写出
419430400 字节（419 MB, 400 MiB）已复制, 0.352631 s, 1.2 GB/s
[user1@server disk1]$ dd if=/dev/zero of=200M.file bs=1M count=200
sdb1: write failed, user block limit reached.
dd: 写入 '200M.file' 出错: 超出磁盘限额
记录了 51+0 的读入
记录了 50+0 的写出
52428800 字节（52 MB, 50 MiB）已复制, 0.0408595 s, 1.3 GB/s
[user1@server disk1]$ du -sh
du: 无法读取目录 './lost+found': 权限不够
501M    .
[user1@server disk1]$ exit
注销
[root@server ~]# repquota -a
*** Report for user quotas on device /dev/sdb1
Block grace time: 14days; Inode grace time: 7days
                        Block limits                File limits
User            used    soft    hard  grace    used  soft  hard  grace
----------------------------------------------------------------------
root      --      28       0       0              4     0     0
user1     +-  512000  409600  512000 13days       3     0     0
```

经过上面的测试可以发现，此时磁盘配额报表中 user1 用户名后面的“--”变成了“+-”，说明其使用的磁盘空间超出了配额限制，同时 grace 列出现了宽限时间倒数，还剩 13 天。

注意　测试完成后，为了不影响后续的操作，建议将磁盘配额设置取消。具体做法如下。

① 修改/etc/fstab 文件最后一行为“/dev/sdb1　/mnt/disk1 ext4 defaults 0 0”或者将该行直接注释掉。

② 重启系统。

任务 9-5　管理逻辑卷

【任务目标】

在安装 Linux 操作系统时，经常遇到的一个难题是如何准确评估各个分区的大小，以便分配适当的硬盘空间。如果估计不准确，则系统在使用过程中很容易出现某个分区空间不足的问题。小陈也遇到了这个问题，由于公司的业务量增加，原有的磁盘分区无法满足业务增长的需求。小陈向师傅请教，师傅告诉他可以使用 Linux 的逻辑卷管理来动态地调整磁盘资源。通过逻辑卷管理，小陈可以更灵活地管理磁盘空间，根据实际需要动态调整分区的大小，以适应不断变化的业务需求。

因此，小陈制订了如下任务目标。

① 了解逻辑卷管理的概念。

② 能够动态地调整磁盘分区空间。

9.5.1 了解逻辑卷管理的概念

微课 9.7 了解逻辑卷管理的概念

逻辑卷管理（Logical Volume Manager，LVM）是一种在物理机上运行的软件，用于管理逻辑和物理存储设备。LVM 将一个或多个硬盘的分区在逻辑上组合成一个大的虚拟磁盘，供应用程序使用。当硬盘空间不足时，可以添加其他硬盘的分区来扩展空间，从而实现动态管理磁盘空间，比普通磁盘分区具有更大的灵活性。

LVM 主要由物理卷（Physical Volume，PV）、卷组（Volume Group，VG）和逻辑卷（Logical Volume，LV）组成。此外，LVM 还包含物理区域（Physical Extent，PE）和逻辑区域（Logical Extent，LE）等组件。

物理卷指磁盘分区或与磁盘分区具有相同功能的设备（如 RAID），它是 LVM 的基本存储逻辑块。与基本的物理存储介质（如分区、磁盘）相比，物理卷包含与 LVM 相关的管理参数。

卷组类似于非 LVM 系统中的物理磁盘，由一个或多个物理卷组成。在卷组上可以创建一个或多个逻辑卷。

逻辑卷类似于非 LVM 系统中的磁盘分区，逻辑卷建立在卷组之上。可以在逻辑卷上创建文件系统，如/home 或/usr 等。

物理块是物理卷中可分配的最小存储单元。物理卷由大小相等的基本单元物理块组成。物理块的大小可以配置，默认大小为 4MB。

逻辑块是逻辑卷中可分配的最小存储单元。在同一个卷组中，逻辑块的大小与物理块的大小相同，并且一一对应。

它们之间的关系可以理解为，LVM 将硬盘的分区划分为最小存储单元——物理块，然后使用这些单元组合成更大的物理卷，进而组合成卷组，最后在卷组上创建逻辑卷。文件系统建立在逻辑卷上，这样就在物理硬盘和文件系统之间添加了一层抽象。图 9.8 展示了 LVM 的基本结构。

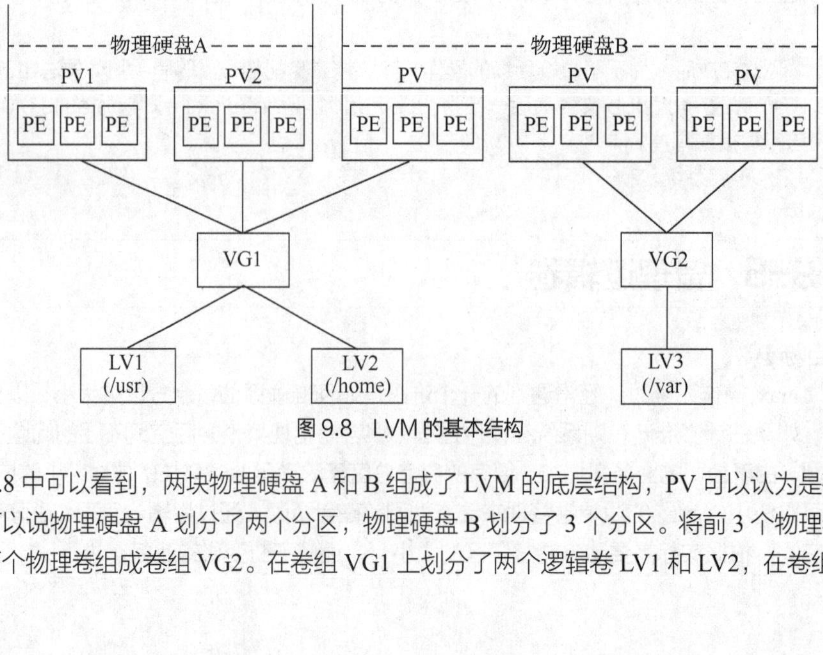

图 9.8 LVM 的基本结构

从图 9.8 中可以看到，两块物理硬盘 A 和 B 组成了 LVM 的底层结构，PV 可以认为是硬盘上的分区，因此可以说物理硬盘 A 划分了两个分区，物理硬盘 B 划分了 3 个分区。将前 3 个物理卷组成卷组 VG1，后两个物理卷组成卷组 VG2。在卷组 VG1 上划分了两个逻辑卷 LV1 和 LV2，在卷组 VG2 上划分了一个逻辑卷 LV3，在逻辑卷 LV1、LV2 和 LV3 上创建文件系统，并分别挂载在 /usr、/home 和/var 目录上。

9.5.2 部署逻辑卷

部署一个逻辑卷需要经过 4 个步骤：创建物理卷；创建卷组；创建逻辑卷；创建文件系统并挂载。

注意

为了完整地展示 LVM 技术，下面新添加两块磁盘（/dev/sdc、/dev/sdd）来创建逻辑卷。

1. 创建物理卷

使用 pvcreate 命令将/dev/sdc、/dev/sdd 两块磁盘创建为物理卷，具体操作如下。

```
[root@server ~]# pvcreate  /dev/sdc  /dev/sdd
 Physical volume "/dev/sdc" successfully created.
 Physical volume "/dev/sdd" successfully created.
[root@server ~]# pvs     #查看刚创建的物理卷的简要信息
 PV         VG    Fmt      Attr PSize   PFree
 /dev/sda2  cs    lvm2 a--  58.99g    4.00m
 /dev/sdc         lvm2 ---  20.00g    20.00g
 /dev/sdd         lvm2 ---  20.00g    20.00g
```

说明

可以使用 pvdisplay 命令查看物理卷的详细信息。

2. 创建卷组

使用 vgcreate 命令将/dev/sdc、/dev/sdd 两块磁盘创建为卷组，具体操作如下。

```
[root@server ~]# vgcreate  vg1  /dev/sd{c,d}
 Volume group "vg1" successfully created
[root@server ~]# vgs  vg1    #查看刚创建的卷组的简要信息
 VG  #PV #LV #SN Attr   VSize  VFree
 vg1   2   0   0 wz--n- 39.99g 39.99g
```

说明

可以使用 vgdisplay 命令查看卷组的详细信息。

3. 创建逻辑卷

使用 lvcreate 命令创建一个大小为 10GB 的逻辑卷，其名称为 lv1，具体操作如下。

```
[root@server ~]# lvcreate  -L  10G  -n  lv1  vg1
 Logical volume "lv1" created.
[root@server ~]# lvdisplay
 --- Logical volume ---
 LV Path                /dev/vg1/lv1
```

```
  LV Name                lv1
  VG Name                vg1
  LV UUID                79BVjK-sbuq-4WaY-UatH-lbnu-CGIR-jaOyFm
  LV Write Access         read/write
  LV Creation host, time server, 2022-09-21 18:03:28 +0800
  LV Status              available
  # open                 0
  LV Size                10.00 GiB
  Current LE             2560
  Segments               1
  Allocation             inherit
  Read ahead sectors     auto
  - currently set to     256
  Block device           253:2
  ……此处省略部分输出信息……
```

说明 可以使用 lvs 命令查看逻辑卷的简要信息。

4. 创建文件系统并挂载

将创建的逻辑卷 lv1 文件系统设置为 ext4，将其挂载到/mnt/vgdisk 目录，并查看其容量。

```
[root@server ~]# mkfs.ext4  /dev/vg1/lv1
mke2fs 1.46.5 (30-Dec-2021)
创建含有 2621440 个块（每块 4k）和 655360 个 inode 的文件系统
文件系统 UUID：39db204c-5f8e-4720-a060-57852535115a
超级块的备份存储于下列块：
        32768, 98304, 163840, 229376, 294912, 819200, 884736, 1605632

正在分配组表：完成
正在写入 inode 表：完成
创建日志（16384 个块）完成
写入超级块和文件系统账户统计信息：已完成
[root@server ~]# mkdir /mnt/vgdisk
[root@server ~]# mount /dev/vg1/lv1  /mnt/vgdisk
[root@server ~]# df -h /mnt/vgdisk
文件系统                容量   已用  可用   已用%     挂载点
/dev/mApper/vg1-lv1    9.8G   24K  9.3G    1%      /mnt/vgdisk
```

注意 若想使系统启动时自动加载文件系统，则需要在/etc/fstab 中添加相应配置参数，具体内容参考 9.3.6 小节。

9.5.3 扩容和缩容逻辑卷

逻辑卷在用户不断使用的过程中可能会遇到容量不足的问题，此时需要进行扩容操作。在 Linux 操作系统中，逻辑卷的扩容不能超过卷组的实际大小，否则会提示可用空间不足。除了扩容外，逻辑卷也可以进行缩容操作。但在缩容逻辑卷时需要特别注意，至少要保留原有的所有数据所需的空间。

1. 扩容逻辑卷

将 9.5.2 小节创建的逻辑卷 lv1 由 10GB 扩容为 20GB，扩容前先卸载并检测文件系统，如果逻辑卷的空间够用，则可以直接使用 lvextend 命令实现逻辑卷的扩容；若逻辑卷的空间不足，则可以先使用 vgextend 命令扩容卷组。扩容逻辑卷时，若担心数据安全，则可以先卸载逻辑卷，但是要确保没有人在使用该逻辑卷，具体操作如下。

（1）卸载逻辑卷。

```
[root@server ~]# umount /dev/vg1/lv1
```

（2）逻辑卷扩容为 20GB。

```
[root@server ~]# lvextend -L 20G  /dev/vg1/lv1
  Size of logical volume vg1/lv1 changed from 10.00 GiB (2560 extents) to 20.00 GiB
(5120 extents).
  Logical volume vg1/lv1 successfully resized.
```

（3）检查文件系统完整性。

```
[root@server ~]# fsck -f /dev/vg1/lv1
fsck，来自 util-linux 2.37.4
e2fsck 1.46.5 (30-Dec-2021)
第 1 步：检查 inode、块和大小
第 2 步：检查目录结构
第 3 步：检查目录连接性
第 4 步：检查引用计数
第 5 步：检查组概要信息
/dev/mApper/vg1-lv1: 11/655360 文件（0.0% 为非连续的），66753/2621440 块
```

（4）同步文件系统容量到内核。

```
[root@server ~]# resize2fs  /dev/vg1/lv1
resize2fs 1.46.5 (30-Dec-2021)
将 /dev/vg1/lv1 上的文件系统调整为 5242880 个块（每块 4k）。
/dev/vg1/lv1 上的文件系统现在为 5242880 个块（每块 4k）。
```

（5）挂载逻辑卷。

```
[root@server ~]# mount /dev/vg1/lv1 /mnt/vgdisk
```

（6）验证扩容结果。

```
[root@server ~]# df  -h  /mnt/vgdisk
文件系统              容量  已用  可用  已用%  挂载点
/dev/mApper/vg1-lv1   20G   24K   19G   1%    /mnt/vgdisk
```

使用 df 命令查看可以发现，/mnt/vgdisk 的容量从原来的 10GB 变为现在的 20GB。

2. 缩容逻辑卷

逻辑卷的缩容可以使用 lvreduce 命令。然而，需要谨慎使用该命令，主要原因是缩减逻辑卷的容

量后可能导致文件系统无法挂载，从而使整个逻辑卷不可用，进而可能导致文件数据丢失。

缩小逻辑卷容量不支持在线操作，因此在进行缩容操作之前，需要先卸载逻辑卷，再进行缩容，最后挂载以确保其正常使用。

将前文扩容好的逻辑卷缩容为 15GB 的具体操作如下。

（1）卸载逻辑卷。

```
[root@server ~]# umount  /dev/vg1/lv1
```

（2）检测文件系统的完整性。

```
[root@server ~]# fsck -f /dev/vg1/lv1
fsck，来自 util-linux 2.37.4
e2fsck 1.46.5 (30-Dec-2021)
第 1 步：检查 inode、块和大小
第 2 步：检查目录结构
第 3 步：检查目录连接性
第 4 步：检查引用计数
第 5 步：检查组概要信息
/dev/mApper/vg1-lv1：11/1310720 文件（0.0% 为非连续的），109927/5242880 块
```

（3）同步文件系统容量到内核。

```
[root@server ~]# resize2fs /dev/vg1/lv1   15G
resize2fs 1.46.5 (30-Dec-2021)
将 /dev/vg1/lv1 上的文件系统调整为 3932160 个块（每块 4k）。
/dev/vg1/lv1 上的文件系统现在为 3932160 个块（每块 4k）。
```

（4）将逻辑卷 lv1 缩减为 15GB。

```
[root@server ~]# lvreduce   -L 15G  /dev/vg1/lv1
  WARNING: Reducing active logical volume to 15.00 GiB.
  THIS MAY DESTROY YOUR DATA (filesystem etc.)
Do you really want to reduce vg1/lv1? [y/n]: y
  Size of logical volume vg1/lv1 changed from 20.00 GiB (5120 extents) to 15.00 GiB
(3840 extents).
  Logical volume vg1/lv1 successfully resized.
```

（5）挂载逻辑卷。

```
[root@server ~]# mount /dev/vg1/lv1   /mnt/vgdisk
```

（6）查看磁盘容量。

```
[root@server ~]# df -h /mnt/vgdisk
文件系统              容量  已用  可用   已用%    挂载点
/dev/mApper/vg1-lv1   15G   24K   14G    1%       /mnt/vgdisk
```

9.5.4 删除逻辑卷

对于逻辑卷、卷组和物理卷的修改及删除是服务器日常维护中的重要工作之一。这些设备通常涉及正在使用的数据，因此在删除它们时需要特别谨慎。

在 Linux 操作系统中，删除操作应按照先删除逻辑卷，再删除卷组，最后删除物理卷的顺序进行。下面是删除逻辑卷的具体操作。

（1）卸载逻辑卷。

```
[root@server ~]# umount  /dev/vg1/lv1
```

（2）使用 lvremove 命令删除逻辑卷。

```
[root@server ~]# lvremove /dev/vg1/lv1
Do you really want to remove active logical volume vg1/lv1? [y/n]: y
  Logical volume "lv1" successfully removed
```

（3）使用 vgremove 命令删除卷组。

```
[root@server ~]# vgremove vg1
  Volume group "vg1" successfully removed
```

（4）使用 pvremove 命令删除物理卷。

```
[root@server ~]# pvremove /dev/sdc  /dev/sdd
  Labels on physical volume "/dev/sdc" successfully wiped.
  Labels on physical volume "/dev/sdd" successfully wiped.
```

【拓展知识】

在 9.2.1 小节中已经介绍了 swap 分区的基本概念。swap 分区是特殊的硬盘空间，当实际内存不足时，操作系统会将一部分暂时不使用的数据从内存中移到 swap 分区中，以便为当前正在运行的程序释放足够的内存空间。接下来将讲解如何创建 swap 分区。

微课 9.8 swap 分区

1. 创建 swap 分区的步骤

创建 swap 分区一般需要以下 3 个步骤。

（1）分区：使用 fdisk 命令进行分区。

（2）格式化：使用 mkswap 命令把分区格式化为 swap 分区。

（3）使用 swap 分区。

2. mkswap 命令

mkswap 是 Linux 操作系统中用于创建 swap 分区的命令。当系统中没有 swap 分区或 swap 分区不够用时，可以新建一个 swap 分区。

mkswap 命令的格式如下。

```
mkswap  [选项]  设备名称或者文件   [交换区大小]
```

mkswap 命令的常用选项及其说明如表 9.15 所示。

表 9.15　mkswap 命令的常用选项及其说明

选项	说明
-c	建立 swap 分区前，先检查是否有损坏的区块
-f	在 SPARC 计算机上建立 swap 分区时，要加上此选项

3. 创建 swap 分区

（1）分区（以/dev/sde 为例）

使用 fdisk 命令实现磁盘分区，具体操作如下。

```
[root@server ~]# fdisk  /dev/sde
命令(输入 m 获取帮助)：n      #新建分区
```

```
Partition type:
   p   primary (0 primary, 0 extended, 4 free)
   e   extended
Select (default p): p
分区号 (1-4，默认 1): 1
起始 扇区 (2048-20971519，默认为 2048):
将使用默认值 2048
Last 扇区, +扇区 or +size{K,M,G} (2048-20971519，默认为 20971519): +2G
分区 1 已设置为 Linux 类型，大小设为 2 GiB
命令(输入 m 获取帮助): t     #修改分区的系统 ID
已选择分区 1
Hex 代码(输入 L 列出所有代码): 82
已将分区“Linux”的类型更改为“Linux swap / Solaris”

命令(输入 m 获取帮助): p      #输出分区信息
磁盘 /dev/sde: 10.7 GB, 10737418240 字节，20971520 个扇区
Units = 扇区 of 1 * 512 = 512 bytes
扇区大小(逻辑/物理): 512 字节 / 512 字节
I/O 大小(最小/最佳): 512 字节 / 512 字节
磁盘标签类型: dos
磁盘标识符: 0x02a3031a

 设备 Boot    Start      End     Blocks    Id  System
/dev/sde1     2048    4196351   2097152   82  Linux swap / Solaris

命令(输入 m 获取帮助): w
The partition table has been altered!

Calling ioctl() to re-read partition table.
正在同步磁盘。
[root@server ~]# partprobe  /dev/sde   #获取新的分区表
```

通过以上操作结果可以看到/dev/sde1 分区已被修改为 swap 分区。

（2）格式化

使用 mkswap 命令进行格式化，具体操作如下。

```
[root@server ~]# mkswap  /dev/sde1
正在设置交换空间版本 1，大小 = 2097148 KiB
无标签，UUID=2783a718-66a6-416c-84c0-2c6803997c87
```

（3）使用 swap 分区

在使用 swap 分区之前，先使用 free 命令查看内存和 swap 分区的使用情况，具体操作如下。

```
[root@server ~]# free
           total     used      free      shared   buff/cache   available
Mem:      2028088    726664    609568    24824    691856       1038788
```

```
Swap:       2097148           0     2097148
[root@server ~]# swapon /dev/sde1    #加载 Linux 操作系统中的 swap 分区
[root@server ~]# free
             total        used        free      shared    buff/cache   available
Mem:       2028088      728468      607704     24824      691916        1036984
Swap:       4194296           0     4194296
```

通过以上操作结果可以看到加载 swap 分区后容量增加了。

【项目实训】

小陈所在的公司在安装服务器时已经完成了硬盘的分区处理，但随着公司业务的发展，某些服务器的存储空间出现了不足的问题。解决这个问题的一种方法是添加新硬盘，并通过手动方式创建分区、创建文件系统并挂载。

就让我们和小陈一起完成“管理文件系统与磁盘”的实训吧！

此部分内容请参考本书配套的活页工单——“工单 9. 管理文件系统与磁盘”。

【项目小结】

通过学习本项目，读者应该了解了磁盘分区的基本概念，以及物理设备的命名规则；掌握了磁盘分区的具体操作方法，包括创建、检查和挂载分区；学习到了磁盘配额和逻辑卷的基本概念及管理方法，并了解了交换分区的作用和创建方式。同时，读者应该了解了/etc/fstab 文件的基本内容，并学会了通过修改/etc/fstab 文件实现磁盘分区的自动挂载。

项目 10 入门Shell自动化运维

10

【学习目标】

【知识目标】

- 了解 Shell 编程的基本步骤。
- 熟悉 Shell 变量的定义、类型、赋值。
- 熟悉 Shell 中条件测试的方法。
- 熟悉 Shell 中的流程控制语句。
- 了解 Shell 脚本调试的方法。

【能力目标】

- 能使用 Vim 等文本编辑器编写 Shell 脚本。
- 能熟练使用顺序、分支、循环等程序流程结构。
- 会使用 Shell 解决运维中的实际问题。
- 掌握将流程图改写为代码的方法，逐渐强化将流程图转换为代码的能力。

【素养目标】

- 提高沟通能力和表达能力，可以向他人清晰地表达项目过程。
- 培养合作意识，与小组成员互相帮助，取长补短。

【项目情景】

由于近期公司业务激增，小陈需要维护的服务器数量从几台增加到了几十台。随着服务器数量的增加，小陈明显感到工作压力的增加，也意识到现有的工作方法效率较低。面对这种情况，师傅建议小陈学习使用 Shell 脚本，以便利用 Shell 脚本来完成常规工作，提高工作效率。于是，小陈踏上了学习 Shell 脚本的道路。

任务 10-1 创建第一个 Shell 脚本

【任务目标】

通过前面的学习，小陈已经掌握了 Linux 操作系统的一些基础知识，但是还没有接触 Shell 脚本编程方面的内容。他决定尝试创建并编写自己的第一个 Shell 脚本，通过实际操作来掌握 Shell 编程的基本步骤和运行方法，并学习如何定义和使用变量。

因此，小陈制订了如下任务目标。

① 了解什么是 Shell 脚本。

② 会运行 Shell 脚本。

③ 掌握 Shell 中变量的定义和赋值。

10.1.1 创建并执行第一个 Shell 脚本

1. 创建 Shell 脚本

Shell 是用户与操作系统内核之间的接口，用于提供系统的用户界面，并具有相当丰富的功能。通过 Shell，用户可以编写简洁但功能强大的脚本文件。用户要求操作系统执行的所有任务几乎都是通过 Shell 与系统内核进行交互来完成的。Shell 作为用户与 Linux 操作系统内核的通信介质，除了支持各种变量和参数外，还提供类似于高级编程语言的控制结构，如输入/输出、循环、分支等。

微课 10.1 创建并执行第一个 Shell 脚本

在 Shell 脚本中，读者不仅需要使用前面学习过的 Linux 命令、正则表达式、管道符、重定向等语法规则，还需要将内部功能模块化，并通过逻辑语句进行处理，最终形成大家日常所见的 Shell 脚本。

首先创建一个简单的 Shell 脚本，用于将字符串“Hello world!”输出在终端显示器上。

```
[root@server ~]# cd                //回归用户主目录
[root@server ~]# nano firstshell.sh
//使用 Nano 编辑器创建名为 firstshell.sh 的脚本，并将其保存在当前目录中
  #!/bin/bash      //声明该脚本将使用/bin/bash 解释器来执行
  # 此脚本由 userchen 编写
  var="Hello world!"    #//给变量 var 赋值一个字符串
echo $var                   #//将变量 var 的值显示输出到终端
```

通常，Shell 脚本的名称只要符合命名规则即可，但为了避免被误以为是普通文件，建议将文件扩展名设置为.sh，以表示该文件是一个脚本文件。

> **注意**
>
> firstshell.sh 脚本中出现了以下 3 种不同的元素。
>
> ① 第一行的#!/bin/bash 不能省略，用来告诉系统使用的 Shell 解释器是“/bin/bash”。
>
> ② 第二行为注释行，以“#”开头，通常用于显示程序的功能、创建时间、修改时间和版权信息等，使得自己或他人在日后看到这个脚本内容时，可以快速知道该脚本的作用或给出一些警告信息。
>
> ③ 第三、四行是脚本的主程序部分，定义了一个变量“var”并将该变量输出到终端上。

2. 执行 Shell 脚本

执行 Shell 脚本的方式主要有 3 种：输入重定向到 Shell 脚本；以脚本名作为参数；将 Shell 脚本的权限设置为可执行后，通过输入完整路径进行脚本的执行。下面将详细介绍这 3 种执行方式。

（1）输入重定向到 Shell 脚本。可以使用输入重定向符“<”将输入内容重定向到 Shell 脚本中，作为脚本的输入。其一般形式如下。

```
[root@server ~]# bash < 脚本名
```

输入重定向到 Shell 脚本的命令及运行结果如下。

```
[root@server ~]# bash < firstshell.sh
Hello world!
```

Shell 从文件 firstshell.sh 中读取管道命令符，并执行它们。当 Shell 到达文件末尾时，就终止执行并将控制返回到 Shell 命令状态。此时，脚本名后面不能带参数。

（2）以脚本名作为参数。可以将 Shell 脚本的文件名作为参数传递给 Shell 解释器来执行脚本。其一般形式如下。

```
[root@server ~]# bash 脚本名 [参数]
```

以脚本名作为参数，并执行脚本的命令及运行结果如下。

```
[root@server ~]# bash firstshell.sh
Hello world!
```

其执行过程与第一种方式一样。这种方式的好处在于，脚本名后面可以带有参数，从而将参数值传递给程序中的命令，使得一个 Shell 脚本可以处理多种情况，就如同函数调用时可根据具体问题给定相应的实参一样。因此，这种方式可用来进行脚本调试。

（3）将 Shell 脚本的权限设置为可执行后，通过输入完整路径进行脚本的执行。首先需要给 Shell 脚本添加可执行权限，可以使用 chmod 命令进行设置。其次，可以直接通过输入脚本的完整路径来执行脚本。其一般形式如下。

```
[root@server ~]# chmod +x 脚本名
[root@server ~]# ./脚本名
```

执行具有可执行权限的 Shell 脚本的过程如下。

```
[root@server ~]# chmod a+x firstshell.sh
[root@server ~]# ./firstshell.sh
Hello world!
```

Shell 接收用户输入的命令（脚本名）并进行分析。如果 Shell 文件有可执行权限，但不是被编译过的程序，则 Shell 认为它是一个 Shell 脚本。Shell 将读取其中的内容，并加以解释执行。所以，从用户的角度来看，执行 Shell 脚本的方式与执行一般的可执行文件的方式相似。因此，用户开发的 Shell 脚本可以驻留在命令搜索路径的目录下（通常是“/bin”“/usr/bin”等），像普通命令一样使用。

10.1.2 Shell 变量的定义、类型、赋值

1. Shell 变量的定义

程序是在内存中运行的。在程序运行过程中，内存空间内的某些值是变化的。这个内存空间被称为变量。为了便于操作，可以对这个空间进行命名，这个名称就是变量名。

简单地说，变量就是用一个特定的字符串表示不固定的内容，变量的名称必须是合法的标识符。内存空间内的值就是变量值，在声明变量时可以不赋值，也可以直接赋初值。

微课 10.2 Shell 变量的定义

变量其实就是用来放置数值等内容的“容器”，想要使用它，就必须遵循一定的规则，首先需要了解如何在 Shell 中定义一个变量。

定义变量的语法格式如下。

```
变量名=变量值;
```

例如：

```
var="Hello world!"    #//给变量 var 赋值一个字符串
```

注意 在 Shell 中，当第一次使用某个变量名时，实际上就定义了这个变量。如果没有给出变量值，则变量会被赋值为空字符串。在 Shell 编程中，变量是非类型性质的，这意味着变量的数据类型是动态的，也就是说，不必指定变量类型。

2. 变量的类型

Linux 操作系统中的 Shell 变量分为 4 类，分别为自定义变量、环境变量、位置变量和预定义变量。

（1）自定义变量

自定义变量可以理解为局部变量或普通变量，只能在创建它们的 Shell 函数或 Shell 脚本中使用，用户自定义变量一般用小写字母来命名。自定义变量说明如表 10.1 所示。

表 10.1　自定义变量说明

目的	说明
定义自定义变量	变量名=变量值，变量名必须以字母或下画线开头，区分字母大小写，如 var='Hello world! '
使用自定义变量	$变量名
查看自定义变量	echo $变量名
取消自定义变量	unset 变量名
自定义变量作用范围	仅在当前 Shell 中有效

（2）环境变量

环境变量也可称为全局变量，可以在创建它们的 Shell 及其派生出来的任意子进程 Shell 中使用，一般用大写字母作为环境变量名，便于与自定义变量区分，系统自带的环境变量名不可以更改，其值可以修改。用户可以使用 export 命令创建自己的环境变量。环境变量的说明如表 10.2 所示。

表 10.2　环境变量的说明

目的	说明
定义环境变量	使用 export 命令声明即可。 例如，export back_dir=/home/backup 再如，export back_dir 可将自定义变量转换为环境变量
使用环境变量	$变量名或${变量名}
查看环境变量	echo $变量名或 env，如 env |-grep back_dir
取消环境变量	unset 变量名
环境变量作用范围	在当前 Shell 和子 Shell 中有效

（3）位置变量

Shell 中存在一些位置变量。位置变量用于在命令行、函数或脚本中传递参数，其变量名不能自定义，其作用是固定的。执行脚本时，通过在脚本后面给出具体的参数（多个参数用空格隔开）对相应的位置变量进行赋值。

$1、$2、$3……$9 代表接收的第 1～9 个参数，$10 以上需要用花括号括起来，如${10}代表接收的第 10 个参数。$*代表命令行中的所有参数。

例 10.1 位置参数在脚本中的使用。

```
[root@server ~]# nano weizhi.sh
 #!/bin/bash
# 位置参数在 Shell 中的使用。
```

```
echo $1 $2
[root@server ~]# chmod a+x weizhi.sh
[root@server ~]# ./weizhi.sh zhangqiang  liming
zhangqiang liming
```

其中，$1 表示脚本传递的第 1 个参数，$2 表示脚本传递的第 2 个参数。例 10.1 中，给 weizhi.sh 脚本赋予可执行权限并运行脚本，把传入的 zhangqiang 参数赋值给脚本中的$1，把传入的 liming 参数赋值给脚本中的$2，因此该脚本的运行结果为在屏幕上输出“zhangqiang liming”。

（4）预定义变量

预定义变量是 Bash 中定义好的变量，其作用是固定的，在 Shell 中可以直接使用。位置变量是预定义变量的一种。预定义变量的说明如表 10.3 所示。

表 10.3　预定义变量的说明

预定义变量	说明
$0	脚本名
$*	所有的参数
$@	所有的参数
$#	参数的个数
$$	当前进程的进程号
$!	运行的最后一个进程的进程号
$?	上一个命令的返回状态，0 表示成功，非 0 表示失败

例 10.2　预定义变量$?在脚本中的使用。

```
[root@server ~]# pwd
/root
[root@server ~]# echo $?
0
```

以上代码表示执行 pwd 命令后，使用 echo $?命令查看执行命令的状态返回值，返回值为 0，表示 pwd 命令的执行是成功的。

3. 变量的赋值

Shell 变量的赋值方式有 5 种：直接赋值、从键盘读入赋值、使用命令行参数赋值、利用命令的输出结果赋值和从文件中读入数据赋值。

（1）直接赋值

在 Shell 中，当第一次使用某变量名时，实际上就已经给变量赋值了。直接赋值的格式为“变量名=变量值”，如 var="Hello world! "。为了避免歧义，直接赋值时禁止在“=”两边添加空格，这与常见的编程语言有所不同。直接赋值举例如下。

```
A=5
```

以上语句中的“=”不是数学中的等号，而是赋值运算符，它的作用是将赋值运算符右侧的值赋给左侧的变量。其中，赋值运算符右侧的 5 就是变量的值，赋值运算符左侧的 A 就是变量名，A 被赋值后，A 就代表 5。

（2）从键盘读入赋值

在 Shell 脚本中，Shell 变量可以通过 read 命令从键盘读入输入的内容来赋值。

read 命令的格式如下。

```
read -p [提示信息]: [变量名]
```

通常，在 Shell 脚本需要和用户交互的场合，使用 read 命令来从标准输入读取单行数据。

例 10.3 使用 read 命令从键盘输入给变量赋值。

编写一个脚本 caizi.sh，自动生成一个 100 以内的随机数，提示用户猜数字，根据用户从键盘输入的数字，提示用户猜测结果，直至猜对时结束。

```
[root@server ~]# nano caizi.sh
#!/bin/bash
# 脚本生成一个 100 以内的随机数，提示用户猜数字，根据用户的输入，提
#示用户猜对了、猜小了或猜大了，直至用户猜对时结束
# RANDOM 为系统自带的系统变量，值为 0～32767 中的随机数
# 使用取余算法将随机数变为 1～100 中的随机数
num=$[RANDOM%100+1]
 echo "$num"
# 使用 read 命令提示用户猜数字
# 使用 if 判断用户猜数字的大小关系：-eq（等于）、-ne（不等于）、-gt（大于）、-ge（大于或等于）
#  -lt（小于）、-le（小于或等于）

while :
  do
    read -p "计算机生成了一个 1～100 的随机数,你猜: " cai
    if [ $cai -eq $num ];then
       echo "恭喜,猜对了"
       exit
    elif [ $cai -gt $num ]; then
       echo "Oops,猜大了"
    else
       echo "Oops,猜小了"
    fi
  done
[root@server ~]# chmod a+x caizi.sh
[root@server ~]# ./caizi.sh
22
计算机生成了一个 1～100 的随机数,你猜: 57
Oops,猜大了
计算机生成了一个 1～100 的随机数,你猜: 21
Oops,猜小了
计算机生成了一个 1～100 的随机数,你猜: 22
恭喜,猜对了
```

（3）使用命令行参数赋值

使用命令行参数赋值是直接在命令后面跟参数，系统用$1 来调用第一个参数，用$2 来调用第二个参数，这种赋值方法适用于参数经常变化且不需要交互的情况。在脚本中同时加入$1 和$2 并进行测试，具体如下。

```
[root@server ~]# nano weizhi.sh
#!/bin/bash
# 使用命令行参数赋值
echo $1 $2
[root@server ~]# chmod a+x weizhi.sh
[root@server ~]# ./weizhi.sh zhangqiang  liming
zhangqiang liming
```

（4）利用命令的输出结果赋值

在 Shell 程序中，可以将一个命令的输出结果当作变量的值，但需要在赋值语句中使用反引号。这种赋值方法可以直接处理上一个命令产生的数据。在生产环境中，把命令的结果作为变量的内容进行赋值的方法，在脚本开发时很常见，如按天打包网站的站点目录程序，生成不同日期的文件名等。

例 10.4 利用命令的输出结果赋值。

```
[root@server ~]#  cmd='date +%F'
[root@server ~]#  echo $cmd
2022-02-09
[root@server ~]# mkdir $cmd.bak
[root@server ~]# ls
2022-02-09.bak
```

（5）从文件中读入数据赋值

从文件中读入数据赋值适合处理大批量的数据，直接把相应的数据写入文件中，通过脚本中的命令把文件中的数据读取到脚本程序中以便使用。

通常是通过 while 循环一行行读入数据，即每循环一次，就从文件中读入一行数据，直到读取到文件的结尾。

例 10.5 从文件中读入数据赋值。

```
[root@server ~]# nano line.sh
#!/bin/bash
ls *.sh >execfile
while read line
 do
   echo $line
 done<execfile
[root@server ~]# chmod a+x line.sh
[root@server ~]# ./line.sh
3-4.sh
array_hosts_for.sh
array_hosts_while.sh
caishu.sh
count_sex.sh
……此处省略部分输出信息……
```

从以上代码可以看出，文件 execfile 的内容通过 while 循环被读入脚本，且每一行数据都赋值给了 line，之后用 echo 显示出来。这里文件的内容读取使用了 while 的输入重定向。

> **注意** 在 Shell 中，定义或引用变量应注意一些问题，如单引号、双引号和反引号的使用。使用单引号时，不管引号中是否有变量或者其他的表达式，都是原样输出；如果定义变量时使用双引号，则引号中的变量或者函数会先解析再输出内容，而不是把双引号中的变量名以及命令原样输出；反引号的作用是命令调用。也就是说，要显示变量的值使用双引号，单引号中是没有变量的，反引号等价于$()。使用反引号的 Shell 命令会被优先执行。

任务 10-2 条件测试与分支结构

【任务目标】

小陈通过任务 10-1 的学习，已经能够编写简单的 Shell 脚本并实现一些基础的功能。然而，要实现更复杂的流程控制功能，他需要继续学习条件测试与分支结构的相关内容。小陈决定继续深入研究这个主题，以提升自己的 Shell 编程技能。

因此，小陈制订了如下任务目标。

① 熟悉条件测试。

② 掌握条件语句的编写。

10.2.1 条件测试

在 Shell 中，各种条件结构通常都需要进行各种测试，然后根据测试结果执行不同的操作。测试判断有时也会与 if 等条件语句相结合，以减少程序运行的错误。

在 Shell 中，对指定的条件进行判断，执行条件测试表达式后通常会返回“真”或“假”，执行命令后的返回值为 0 表示真、非 0 表示假。

常见的条件测试类型有文件测试、整数测试、字符串测试、逻辑运算测试。

1. 文件测试

在 Shell 编程中，通常使用 test -e filename 命令来判断文件名“filename”是否存在。test 命令用来进行条件测试。

test 命令的格式如下。

```
test  <测试表达式>
```

> **注意** 使用 test 命令执行条件测试表达式时，test 命令和“<测试表达式>”之间至少有一个空格。

文件测试常用操作符及其说明如表 10.4 所示。

表 10.4 文件测试常用操作符及其说明

操作符	说明
-d	测试是否为目录
-a	测试目录或文件是否存在
-f	测试是否为文件
-r	测试当前用户是否可读

续表

操作符	说明
-w	测试当前用户是否可写
-x	测试当前用户是否可执行
-e	判断文件名是否存在

例 10.6 使用 test 命令判断/root 目录是否存在，如果存在则输出 true，否则输出 false。

```
[root@server ~]# test -d /root && echo true || echo false
true
```

注意

这里“&&”和“||”是逻辑运算符，稍后会讲到。

除 test 可以使用“<测试表达式>”外，还有一种方式也可以使用“<测试表达式>”，即使用方括号，其语法格式为“[<测试表达式>]”。通过方括号进行条件测试的方法，与 test 命令的用法相同，但推荐使用方括号，具体如下。

```
[root@server ~]# [ -d /root ]  && echo true || echo false
true
```

2. 整数测试

整数测试通常用于数值之间的运算。

其格式如下。

```
[整数 1 操作符 整数 2]
```

或者

```
test 整数 1 操作符 整数 2
```

整数测试常用操作符及其说明如表 10.5 所示。

表 10.5 整数测试常用操作符及其说明

操作符	说明
-eq	等于（Equal）
-ne	不等于（Not Equal）
-gt	大于（Greater Than）
-lt	小于（Lesser Than）
-le	小于或等于（Lesser or Equal）
-ge	大于或等于（Greater or Equal）

例 10.7 测试 192.168.2.0 网段有哪些主机在线，并将在线主机的 IP 地址记录在 up.txt 文件中。

```
[root@server ~]# nano  ping.sh
#!/bin/bash
>up.txt #清空 up.txt 文件的内容
i=1
while [ $i -le 254 ]
do
```

```
    ping -c1 192.168.2.$i &>/dev/null
     if [  $? -eq 0  ]; then
       echo "192.168.2.$i is up" | tee -a up.txt
     fi
        let i++
done
[root@server ~]# chmod a+x ping.sh
[root@server ~]# ./ping.sh
```

以上代码用于测试主机是否在线，使用了 while 循环，设置 i 的初值为 1，如果 i 小于或等于 254 且$?运行结果为 0，则主机是正常状态的。之后将在线状态的 IP 地址信息记录到 up.txt 文件中。

注意 /dev/null 是一个被称为 Linux 黑洞的文件，把输出信息重定向到这个文件等同于删除数据（类似于没有回收功能的垃圾箱），可以让用户的屏幕窗口界面保持简洁。

另外，可以使用 C 语言中的关系运算符比较两个变量的大小，比较的结果是布尔值，即 true 或 false，注意要使用双圆括号。

关系运算符常用操作符及其说明如表 10.6 所示。

表 10.6 关系运算符常用操作符及其说明

操作符	说明
==	等于
!=	不等于
>	大于
<	小于
<=	小于或等于
>=	大于或等于

例 10.8 关系运算的使用。

```
[root@server ~]# ((1<2));echo $?
0       //判断 1 小于 2，运行结果显示为真
[root@server ~]# ((1==2));echo $?
1       //判断 1 等于 2，运行结果显示为假
```

3. 字符串测试

字符串测试的作用包括比较字符串是否相同、测试字符串的长度是否为 0。

其语法格式如下。

```
[字符串 1=字符串 2]
```

或者

```
[字符串 1! =字符串 2]
```

或者

```
[-z 字符串]
```

字符串测试常用操作符及其说明如表 10.7 所示。

表 10.7　字符串测试常用操作符及其说明

操作符	说明
-z	判断字符串长度是否为 0
-n	判断字符串长度是否为非 0
!=	判断两个字符串是否不相等
=	判断两个字符串是否相等

例 10.9 判断当前用户是否为 root 用户，如果不是，则建议更换用户或者使用 sudo 命令完成 httpd 服务的安装。

```
[root@server ~]# nano installhttpd.sh
#!/bin/bash
if [ $USER  !=  root ]; then
   echo $USER " 用户你没有权限安装，请更换用户或者使用 sudo 命令"
   exit
fi
yum install -y httpd
[root@server ~]# chmod a+x installhttpd.sh
[root@server ~]# ./installhttpd.sh
```

以上代码首先通过[$USER !=　root]判断当前登录用户是不是 root 用户，如果不是，则退出 Shell 脚本并提示用户；如果是，则执行 httpd 服务的安装。

4．逻辑运算测试

在 Shell 条件测试中，使用逻辑运算测试可实现复杂的条件测试，逻辑运算符用于操作两个变量。其语法格式如下。

```
[表达式 1] 操作符 [表达式 2]
```

或者

```
命令 1 操作符 命令 2
```

常用逻辑运算符及其说明如表 10.8 所示。

表 10.8　常用逻辑运算符及其说明

操作符	说明
-a 或&&	“逻辑与”，若操作符两边均为真，则结果为真，否则为假
-o 或||	“逻辑或”，若操作符两边有一边为真，则结果为真，否则为假
!	“逻辑否”，若操作符两边均为假，则结果为真，否则为假

例 10.10 使用 test 命令判断/etc/yum.repos.d 目录是否存在。

```
[root@server ~]# test ! -e /etc/yum.repos.d
[root@server ~]# echo $?
1
```

通过 echo $?语句查看到返回值为 1，表示/etc/yum.repos.d 目录是存在的。

10.2.2 if 语句

流程控制语句有 3 类，分别为顺序语句、条件语句（分支语句）、循环语句。对于 if 语句，可以简单理解为汉语中的“如果……那么……”。if 语句在实际生产工作中使用非常频繁，因此要求读者必须牢固掌握其用法。

if 语句有 3 种类型：单分支 if 语句、双分支 if 语句、多分支 if 语句。

1. 单分支 if 语句

单分支 if 语句的语法格式如下。

```
if [ 条件表达式 ]; then
  命令序列
fi
```

每个 if 语句都以 if 开头，并带有 then，最后以 fi 结尾。if 单分支语句主体是“如果……那么……”，表示如果条件表达式的结果为真，则执行命令序列；如果条件表达式的结果为假，则什么都不执行，并退出判断。

例 10.11 利用单分支 if 语句判断文件是否存在。

```
[root@server ~]# nano panduan.sh
 #!/bin/bash
 if [ -f /etc/hosts ];then
    echo 存在
 fi
[root@server ~]# chmod a+x panduan.sh
[root@server ~]# ./panduan.sh
存在
```

注意 为了避免语法错误，在 if 语句中，把 then 和 if 放在一行并用分号隔开，方括号的“[”和“]”两侧都要有空格符分隔，即 if [条件表达式]。

2. 双分支 if 语句

单分支 if 语句的主体就是“如果……那么……”，而双分支 if 语句的主体为“如果……那么……否则……”。

双分支 if 语句的语法格式如下。

```
if [ 条件表达式 ]; then
   命令序列 1
else
   命令序列 2
fi
```

在双分支 if 语句中，如果条件表达式为真，那么执行命令序列 1，否则执行命令序列 2。接下来演示双分支 if 语句的用法，具体如例 10.12 所示。

例 10.12 判断当前用户是否为 root 用户，是则输出 yes，不是则输出 no。

```
[root@server ~]# nano panduanroot.sh
#!/bin/bash
if [ $USER = "root" ]; then
   echo yes
  else
   echo no
```

```
fi
[root@server ~]# chmod a+x panduanroot.sh
[root@server ~]# ./panduanroot.sh
yes
```

3. 多分支 if 语句

多分支 if 语句的主体为“如果……那么……否则……那么……否则……”。

多分支 if 语句的语法格式如下。

```
if [ 条件表达式 1 ];then
  命令序列 1
elif [ 条件表达式 2 ]; then
  命令序列 2
elif [ 条件表达式 3 ];then
   命令序列 3
else
   命令序列 4
fi
```

每个 elif 都要带有 then，最后结尾的 else 后面没有 then。

在多分支 if 语句中，如果条件表达式 1 为真，那么执行命令序列 1；或者条件表达式 2 为真，执行命令序列 2；或者条件表达式 3 为真，执行命令序列 3；否则执行命令序列 4。

接下来演示多分支 if 语句的用法，具体如例 10.13 所示。

例 10.13 根据输入的成绩，判断成绩的档次是优秀、良好、中等、及格还是不及格。

```
[root@server ~]# nano score.sh
#!/bin/bash
read -p "请输入您的成绩（0-100）: " score
if (( $score >= 90 )) && (( $score <= 100));then
   echo "$score,属于优秀档次！"
elif (( $score < 90 )) && (( $score >= 80 ));then
   echo "$score,属于良好档次！"
elif (( $score < 80 )) && (( $score >= 70 ));then
   echo "$score,属于中等档次！"
elif (( $score < 70 )) && (( $score >= 60 ));then
   echo "$score,属于及格档次！"
else
   echo "$score,属于不及格档次！"
fi
[root@server ~]# chmod a+x score.sh
[root@server ~]# ./score.sh
请输入成绩：78
78,属于中等档次！
```

本例中使用了 if 语句的双括号运算符，其语法格式如下。

```
if((表达式 1，表达式 2))
```

双括号运算符的特点如下。

① 在双括号结构中，所有表达式可以像 C 语言一样，如 a++、b--等。

② 在双括号结构中，所有变量可以不加入“$”符号作为前缀。

③ 双括号可以进行逻辑运算、四则运算。

④ 双括号结构扩展了 for、while、if 条件测试运算。

⑤ 双括号结构支持多个表达式运算，各个表达式之间用逗号分开。

双括号运算符不仅可以用在 if 语句中，也可以用在 case 分支及循环结构中，大大地简化了代码编写的复杂性，是对 Shell 中算术运算及赋值运算的扩展。

10.2.3 case 语句

case 语句相当于多分支 if 语句。多分支 if 语句看起来略微复杂，case 语句看起来比多分支 if 语句更加简洁、工整，因此 case 语句常应用在实现系统服务启动脚本等企业应用场景中。

下面介绍 case 语句的语法。

在 Shell 编程中，case 语句有固定的语法格式。

其语法格式如下。

```
case 变量值 in
条件表达式 1)
命令序列 1
;;
条件表达式 2)
命令序列 2
;;
条件表达式 3)
命令序列 3
;;
...............
*)
无匹配后执行的命令序列
;;
esac
```

在 case 语句中，程序会获取 case 语句中的变量值。如果变量值满足条件表达式 1，则执行命令序列 1；如果满足条件表达式 2，则执行命令序列 2；如果满足条件表达式 3，则执行命令序列 3；执行到双分号（;;）停止；如果都不满足，则执行“*）”后面的命令序列（此处的双分号可以省略）。只要满足一个条件表达式，就会跳出 case 语句主体，执行 esac 字符后面的命令。

常用的条件表达式操作符及其说明如表 10.9 所示。

表 10.9　常用的条件表达式操作符及其说明

操作符	说明
*	任意字符
?	任意单个字符

续表

操作符	说明
[abc]	a、b、c 其中之一
[a-n]	从 a 到 n 的任一字符
|	多重选择

接下来演示 case 语句的用法，具体如例 10.14 所示。

例 10.14 利用 case 语句实现一个简单的系统工具箱。

```
[root@server ~]# nano  system_manager.sh
#!/bin/bash
菜单(){
        cat <<-EOF
        ====================
        h 显示命令帮助
        f 显示磁盘分区
        d 显示磁盘挂载
        m 查看内存使用
        u 查看系统负载
        q 退出程序
        ======================
        EOF
}
菜单
while true
do
        read -p "请输入你想查看的系统状态对应码[h/f/d/m/u/q]: " sys
        case "$sys" in
                h)
                        clear
                        菜单
                        ;;
                f)
                        clear
                        lsblk
                        ;;
                d)
                        clear
                        df -h
                        ;;
                m)
                        clear
```

```
                free -m
                ;;
        u)
                clear
                uptime
                ;;
        q)
                break
                ;;
        "")
                ;;
        *)
                echo "error"

    esac
done
[root@server ~]# chmod a+x system_manager.sh
[root@server ~]# ./system_manager.sh
===================
h 显示命令帮助
f 显示磁盘分区
d 显示磁盘挂载
m 查看内存使用
u 查看系统负载
q 退出程序
=====================
请输入你想查看的系统状态对应码[h/f/d/m/u/q]:d

文件系统              容量    已用    可用    已用%   挂载点
devtmpfs              4.0M    0       4.0M    0%      /dev
tmpfs                 1.9G    0       1.9G    0%      /dev/shm
tmpfs                 777M    9.6M    768M    2%      /run
/dev/mApper/cs-root   56G     6.2G    49G     12%     /
/dev/sda1             1014M   321M    694M    32%     /boot
tmpfs                 389M    56K     389M    1%      /run/user/42
tmpfs                 389M    40K     389M    1%      /run/user/0
请输入你想查看系统状态对应码[h/f/d/m/u/q]:
```

本例中使用 cat 命令显示菜单，如果用户输入“h”，则显示命令帮助信息；如果用户输入“f”，则显示磁盘分区信息；如果用户输入“d”，则显示磁盘挂载情况；如果用户输入“m”，则查看内存使用情况；如果用户输入“u”，则查看系统负载；如果用户输入“q”，则跳出整个循环，即退出程序；如果用户输入为空，则不显示内容，否则显示错误。

任务 10-3 循环结构

【任务目标】

小陈通过前面的学习已经掌握了 Shell 变量定义、条件测试及分支控制等基础知识。然而，他发现在处理一些批量性和重复性的操作时仍感到无从下手。这时，师傅引导他学习循环结构，以解决批量操作的问题。为了维护好公司的每一台服务器，小陈立即开始学习循环结构的内容。

因此，小陈制订了如下任务目标。

① 掌握循环语句的编写。

② 能够调试 Shell 脚本。

10.3.1 for 循环语句

for 循环语句对每个变量依次赋值后，重复执行同一个命令序列。赋给变量的几个数值既可以在程序中以数值列表的形式提供，又可以在程序以外，以位置参数的形式提供。for 循环主要用于固定次数的循环，而不能用于守护进程及无限循环。

for 循环语句的语法格式如下。

```
for 变量名 in 取值列表
do
   命令序列
done
```

在 Shell 的 for 循环语句中，for 关键字后面会有一个“变量名”，变量名依次获取关键字后面的变量取值列表内容（以空格分隔），每次仅取一个，然后进入循环（do 和 done 之间的部分），执行循环内的所有命令序列，当执行到 done 时结束本次循环。之后“变量名”继续获取变量列表中的下一个变量值，继续执行循环内的命令序列，当执行到 done 时结束并返回。以此类推，直到获取变量列表中的最后一个值，并进入循环，执行到 done 结束。

例 10.15 使用 for 循环查询 192.168.2.0 网段上哪些主机在线，并将在线主机的 IP 地址记录在 ip.txt 文件中。

```
[root@server ~]# nano for_ip.sh
#!/bin/bash
for i in {2..254}
do
        {
        ip=192.168.2.$i
           ping -c1 -W1 $ip &>/dev/null
           if [ $? -eq 0 ];then
              echo "$ip" |tee -a ip.txt
           fi
        }&
done
        wait
        echo "Get IP Is Finish!!"
```

```
[root@server ~]# chmod a+x for_ip.sh
[root@server ~]# ./for_ip.sh
192.168.2.2
192.168.2.206
192.168.2.244
Get IP Is Finish!!
```

例 10.15 的代码含义如下：依次 ping 一次 192.168.2.0 网段上的第 2～254 台主机的 IP 地址，如果返回值为 0，则屏幕显示 IP 地址并将 IP 地址保存到 ip.txt 文件中。

10.3.2 while 循环语句和 until 循环语句

1. while 循环语句

while 循环语句主要用来重复执行一组命令或语句，常用于守护进程或持续运行的程序，其中循环次数既可以是固定的，又可以是不固定的。

while 循环语句也称为不定循环语句，其语法格式如下。

```
while 条件表达式
do
命令序列
done
```

while 循环语句会对条件表达式进行判断。如果条件表达式成立，则执行 do 和 done 之间的命令序列，直到条件表达式不成立才停止循环。

2. until 循环语句

until 循环语句也是一种不定循环语句，其语法格式如下。

```
until 条件表达式
do
命令序列
done
```

until 循环语句的用法与 while 循环语句的用法相反。until 循环语句是在条件表达式不成立时进入循环体执行命令序列，在条件表达式成立时终止循环。until 循环语句的应用场景很少，因此，读者简单了解即可。

> **注意** 在循环执行的命令序列中，有时可能需要根据条件退出循环或跳过一些循环，这时可使用 break 和 continue 语句。使用 break 语句，可立即终止当前循环的执行；使用 continue 语句，可不执行循环后面的语句，立即开始执行下一次循环。这两个语句只有放在循环语句的 do 和 done 之间才有效。

下面通过两个实例来认识 while 和 until 循环语句。

例 10.16 通过 while 循环语句测试远程主机。

```
[root@server ~]# nano while_ping.sh
#!/bin/bash
ip=192.168.2.194
```

```
while ping  -c1 -W1 $ip &>/dev/null
do
  sleep 1
done
echo "$ip is down!"
```

例 10.16 中的 while 循环条件判断为真时，一直重复循环；判断为假时，将停止循环。此脚本运行效果如下：如果该 IP 地址能 ping 通，则暂停 1s 后再次执行 ping 命令，直到 ping 不通时，在终端输出“192.168.2.194 is down!”。

例 10.17 通过 until 循环语句测试远程主机。

```
[root@server ~]# nano until_ping.sh
#!/bin/bash
ip=192.168.2.194
until ping -c1 -W1 $ip &>/dev/null
do
  sleep 1
done
echo "$ip is up!"
```

例 10.17 中的 until 循环会每隔 1s 执行一次 ping 192.168.2.194 命令，直到 ping 通后退出循环，并在终端输出“192.168.2.194 is up!”。

10.3.3 调试 Shell 脚本

编写 Shell 脚本时难免会出现一些错误。在较短的脚本中，存在错误时通常比较容易发现。然而，对于较长的 Shell 脚本，要发现其中的错误可能会很麻烦。在本小节中将介绍 Shell 脚本一般错误的调试和调试跟踪。

1. 一般错误

由于 Shell 脚本没有一个集成的开发环境，在一般的文本编辑器（如 Vim、Nano）中输入程序代码后，编辑器程序并不会对语法进行检查，因此在输入代码时经常会出现各种输入性错误。下面是一些常见的错误情况。

① 输入错误：输入错误的关键字、漏输入部分符号等。

② 字母大小写错误：Linux 操作系统是严格区分大小写字母的，Shell 中的所有关键字都使用小写字母表示，建议使用大写字母组合来表示变量名。

③ 循环错误：Shell 中的循环控制语句与一般的高级程序设计语言有所不同，输入时容易出错。

2. 调试跟踪

在脚本中，有时会出现这样一种情况：脚本能够顺利执行，没有语法错误，但程序执行的结果是错误的。这种错误称为逻辑错误，也比较难以调试。对于逻辑错误，通常的做法是对程序中的变量值进行跟踪，查看在不同状态下变量值是否按照设计进行变化。

在 Shell 脚本中，可以通过使用 sh 命令的方式来调用 Shell 脚本，从而对脚本的执行过程进行跟踪。在 sh 命令中，主要通过两个选项（-v 和-x）来跟踪 Shell 脚本的执行。

（1）-v 选项

sh 命令的-v 选项可使 Shell 在执行脚本过程中，将读入的每一个命令行都原样输出到终端。

（2）-x 选项

sh 命令的-x 选项可使 Shell 在执行脚本过程中，在执行的每一个命令行首用一个“+”加上对应的命令显示在终端上，并把每一个变量和该变量的值显示出来。使用该选项可更方便地跟踪程序的执行过程。

学思启示

编码规范对开发人员而言尤为重要，具体原因如下。

① 一个软件的生命周期中，80%的花费在于维护。

② 几乎没有一款软件在其整个生命周期中由最初的开发人员来维护。

③ 编码规范可以改善脚本的可读性，让开发人员迅速且全面地理解新的代码。

因此，在学习编程时，需要严格遵循语法要求，养成良好的编码规范。这些是一个优秀的开发人员的必备素质。

【拓展知识】

Shell 代码编写规范如下。

① 开头有“蛇棒”。所谓“蛇棒”其实就是在脚本的第一行出现的以“#!”开头的注释，它指明了当没有指定解释器的时候默认的解释器，常见用法如下。

```
#!/bin/bash
```

当然，解释器有很多种，除了 Bash 之外，也可以用以下命令查看本机支持的解释器。

```
[root@server ~]#  cat /etc/shells
/bin/sh
/bin/bash
/usr/bin/sh
/usr/bin/bash
```

当直接使用“./a.sh”来执行该脚本的时候，如果没有“蛇棒”，那么它会默认使用$SHELL 指定的解释器。

② 代码有注释。注释在 Shell 脚本中尤为重要。因为很多单行的 Shell 命令不是那么浅显易懂，没有注释会增加代码的维护成本。事实上，注释的意义不仅在于解释用途，还在于提醒用户一些注意事项。

具体来说，对于 Shell 脚本，注释一般包括以下几个部分：“蛇棒”；脚本的参数；脚本的用途；脚本的注意事项；脚本的写作时间、作者、版权等；各个函数的说明注释；一些较复杂的单行命令注释。

③ 参数要规范。当脚本需要接收参数的时候，首先要判断参数是否合乎规范，并给出合适的回显，方便使用者了解参数。

可以在脚本中加入以下代码来判断用户在运行脚本时是否输入了两个参数。如果参数数量为 2，则继续执行脚本，否则退出脚本并报错。

```
if[[$#!=2]];then
echo"Parameter incorrect."
exit 1
fi
```

④ 使用变量和“魔数”。编写脚本时，通常会在脚本开头定义一些重要的变量，确保这些变量的存在。例如，当在本地安装了很多 Java 版本时，可能需要指定一个 Java 版本来使用。此时通常会在脚本开头重新定义 JAVA_HOME 及 PATH 变量来进行控制。

```
source /etc/profile
export PATH="/usr/local/bin:/usr/bin:/bin:/usr/local/sbin:/usr/sbin:/sbin:/Apps
/bin/"
```

同时，一段好的脚本通常是不会存在很多硬编码在脚本中的“魔数”的。如果一定要有，则通常以一个变量的形式在脚本开头定义，并在调用的时候直接调用该变量，这样方便日后修改。

注意 “魔数”和“魔字符串”是指在代码中出现但没有解释的数字常量或字符串，又称“魔法值”。如果在某个脚本中使用了“魔数”，那么在几个月或几年后将很可能不知道它的含义是什么，这样会严重影响到脚本的可读性。

⑤ 缩进有规矩。对于 Shell 脚本，缩进问题是一个很严重的问题。因为很多需要缩进的地方（如 if、for 语句）都不长，所以造成大多数人忽略了缩进。此外，目前很多人不习惯使用函数封装功能，导致缩进功能被严重弱化。

事实上，正确使用缩进是很重要的，尤其是在编写函数的时候。否则，在阅读代码的时候很容易将函数体和直接执行的命令搞混。

常见的缩进方法主要有“soft tab”和“hard tab”两种。所谓“soft tab”就是使用 4 个空格进行缩进。所谓“hard tab”就是指使用“Tab”键进行缩进。这两种方法各有优劣，读者可以根据实际情况选用。

需要提醒的是，对于 if、for 语句等，读者最好不要把 then、do 等关键字单独写为一行。

⑥ 命名有标准。命名规范主要包含以下几点。

- 文件名规范，以“.sh”结尾，方便识别。
- 变量名要有含义，不要拼错。
- 统一命名风格，一般为小写字母+下画线。

⑦ 编码要统一。在编写 Shell 脚本的时候尽量使用 UTF-8 编码。但是在写注释及输入“log”等符号的时候尽量使用英文，毕竟不是所有的计算机都支持中文，中文在某些计算机上进行显示时可能会出现乱码。

这里还需注意一点，在 Windows 中使用 UTF-8 编码来编写 Shell 脚本时，一定要注意该 UTF-8 是否有字节顺序标记（Byte Order Mark BOM）。默认情况下，Windows 判断 UTF-8 格式是通过在文件开头加上“EF BB BF”这 3 个字符来实现的，但是 Linux 中默认无 BOM。因此，在 Windows 中编写脚本时，一定要注意将编码改成 UTF-8 无 BOM，一般使用 Notepad++之类的编辑器即可修改。否则，该 Shell 脚本在 Linux 中运行的时候会识别到开头的 3 个字符，从而报告一些无法识别命令的错误。

当然，对于跨平台写脚本，还有一个比较常见的问题就是换行符不同。Windows 中的换行符默认是“rn”，而 UNIX 中是“n”。这里有两种小工具可以非常方便地解决这个问题，分别是 dos2UNIX 和 UNIX2dos。

⑧ 权限记得加。这一点很多人经常忘记，不加执行权限会导致 Shell 脚本无法直接执行。

⑨ 日志和回显。日志的重要性不必多说，能够方便日后纠错，其在大型的项目中的重要性更加明显。如果一个 Shell 脚本是供用户直接在命令行使用的，那么最好能够在执行时实时回显执行过程，方便用户掌控。有时候为了提高用户体验，会在回显中添加一些特效，如颜色和闪烁等。

⑩ 密码要移除。不要把密码硬编码在 Shell 脚本中，尤其是当脚本托管在其他平台上时。

⑪ 太长要分行。在调用某些程序的时候，参数可能会很长，为了保证较好的阅读体验，可以用反斜线来进行分行，具体示例如下。

```
./configure \
-prefix=/usr \
-sbin-path=/usr/sbin/nginx \
-conf-path=/etc/nginx/nginx.conf \
```

注意

反斜线前有一个空格。

【项目实训】

Linux 操作系统在服务器上有广泛的应用，其作为服务器系统较高效且稳定，并且不会遇到版权问题带来的麻烦。大规模应用的 Linux 服务器需要专业的人员来管理，这些人员就是 Linux 系统运维工程师（Operations，Ops）。Ops 的主要工作是搭建运行环境，使程序员编写的代码能够在服务器上高效、稳定、安全地运行。

通常，Ops 面对的不是几台服务器，而是成千上万台服务器。如果重复进行同样的工作成千上万次，则效率太低。因此，必须将人力工作自动化。Shell 脚本是实现 Linux 操作系统自动管理和自动化运维的必备工具，Linux 操作系统的底层和基础应用软件的核心大多涉及 Shell 脚本。每个合格的 Ops 都应该能够熟练编写 Shell 脚本，以提高运维工作效率，减少不必要的重复劳动。

就让我们和小陈一起完成“入门 Shell 自动化运维”的实训吧！

此部分内容请参考本书配套的活页工单——“工单 10. 入门 Shell 自动化运维”。

【项目小结】

通过学习本项目，读者应该学会了创建和运行 Shell 脚本的方法，掌握了 Shell 脚本中变量的定义及赋值、分支结构、循环结构和脚本调试的基本方法。

在 Linux 操作系统的运维中，很多配置工作是通过 Shell 脚本进行自动化运维来完成的。通过学习 Shell 脚本编程，可以大大提升 Ops 的工作效率，减少不必要的操作。

项目 11 使用LNMP架构部署网站

【学习目标】

【知识目标】

- 了解 LNMP 架构的含义。
- 熟悉 Nginx 服务器。
- 熟悉 MariaDB 数据库。
- 熟悉 PHP-FPM 服务。

【能力目标】

- 能熟练使用 Nginx 部署 Web 服务器。
- 能熟练使用 MariaDB 数据库。
- 能够正确架设 LNMP 环境。
- 能够运维管理 LNMP 环境。

【素养目标】

- 能够严格按照职业规范要求进行安全操作。

【项目情景】

小陈最近获得了一台闲置的服务器，他计划利用这台服务器搭建 LNMP 环境，部署个人博客网站，记录自己在 Linux 方面的学习心得。因此，小陈希望学习如何部署 LNMP 环境。

任务 11-1 了解 LNMP 架构

【任务目标】

小陈计划在 LNMP 架构下部署自己的个人博客网站。在开始实际部署之前，小陈决定先了解 LNMP 架构的概念、基本工作流程及常用的部署方式。

因此，小陈制订了如下任务目标。

① 了解 LNMP。

② 了解 Nginx、MySQL 和 PHP。

③ 熟悉 LNMP 架构的工作原理和部署方式。

微课 11.1 LNMP 是什么

11.1.1 LNMP 是什么

LNMP 指的是在 Linux 操作系统中分别安装 Nginx 网页服务器、MySQL 数据库服务器和 PHP 开发服务器，以及一些对应的扩展软件而构成的一种动态网站运行环境。

LNMP 简单地说就是 Linux+Nginx+MySQL+PHP 或者 Linux+Nginx+MariaDB+PHP。

相较于 LAMP（即 Linux+Apache+MySQL+PHP），LNMP 使用 Nginx 网页服务器取代了 Apache 网页服务器。Nginx 是一款高性能的 HTTP 网页服务器和反向代理服务器，它的执行效率极高，配置比 Apache 的更简单，所以在短时间内被国内外很多大型公司所采用，大有取代 Apache 的势头（目前 Apache 和 Ngnix 的应用量基本持平），这也是本节采用 LNMP 的原因。LNMP 组合如图 11.1 所示。

图 11.1　LNMP 组合

11.1.2　Nginx 是什么

Nginx 是一款高性能的开源 Web 服务器软件，它采用事件驱动模型和异步非阻塞 I/O 处理方式，能够处理大量并发连接，同时占用较少的系统资源。Nginx 被广泛应用于高流量的网站和 Web 应用程序中。

1. Nginx 的功能

Nginx 的功能有很多，如作为 Web 服务器、反向代理服务器、负载均衡服务器和缓存服务器等。

（1）Web 服务器

与 Apache 相比，Nginx 能支持的并发连接更多，占用的服务器资源较少，并且请求的处理效率较高。

（2）反向代理服务器

Nginx 可以用作 HTTP 服务器或数据库服务器的代理服务器，与 HAProxy 代理软件的功能相似。但 Nginx 的代理功能相对简单，处理请求的效率不及 HAProxy。

（3）负载均衡服务器

Nginx 可以用作负载均衡服务器，将客户端的请求流量分配给后端多个应用程序服务器，从而提高 Web 服务器的性能、可伸缩性与可靠性。

（4）缓存服务器

Nginx 可以用作缓存服务器，与专业的缓存软件的功能相似。

2. Nginx 的优点

Nginx 的优点主要有 5 个，分别是高性能、高可靠性、高扩展性、灵活性和安全性。

① 高性能：Nginx 采用事件驱动模型和异步非阻塞 I/O 处理方式，能够处理大量并发连接，同时占用较少的系统资源。

② 高可靠性：Nginx 具有优秀的容错能力和稳定性，支持热部署，能够在不中断服务的情况下进行软件升级。

③ 高扩展性：Nginx 支持模块化架构，用户可以根据需要选择和定制不同的模块，以满足不同的应用场景需求。

④ 灵活性：Nginx 支持反向代理、负载均衡、HTTP 缓存等多种应用场景，可以根据需要进行配置和调整。

⑤ 安全性：Nginx 具有丰富的安全功能，如安全套接字层（Secure Socket Layer，SSL）/传输层安全（Transport Layer Security，TLS）协议加密、基于 IP 地址的访问控制、请求限速等，可以有效保护 Web 应用程序的安全。

11.1.3 MySQL、MariaDB是什么

1. MySQL

MySQL是一种开源的关系数据库管理系统（Relational Database Management System，RDBMS），由瑞典的MySQL AB公司开发，后该公司被Sun公司收购，现在MySQL属于Oracle旗下的产品。MySQL支持多种操作系统，包括Linux、Windows和macOS等，以及多种编程语言，如C、C++、Java、Python等。MySQL具有高性能、高可靠性和高安全性等特点，在Web应用程序、企业应用程序等各种场景中被广泛应用。

MySQL数据库有很多版本，具体介绍如下。

（1）Alpha版本：一般只在软件开发公司内部运行，不对外公开。

（2）Beta版本：完成功能开发和所有测试工作后的产品，不会存在较大的功能或性能漏洞。

（3）RC版本：属于正式发布前的版本，是最终测试版本，可进一步收集漏洞或不足之处，并对其进行修复和完善。

（4）GA版本：软件产品正式发布的版本，也是生产环境中使用的版本。

2. MariaDB

MariaDB由MySQL的创始人米凯尔·维德纽斯（Michael Widenius）主导开发，MariaDB数据库管理系统是MySQL数据库的一个分支，主要由开源社区维护，采用GPL授权许可。MariaDB数据库的目的是完全兼容MySQL数据库，包括API和命令行，使之能轻松成为MySQL数据库的替代品。MariaDB数据库在扩展功能、存储引擎，以及一些新的功能改进方面都强过MySQL数据库。在存储引擎方面，使用XtraDB来代替MySQL数据库的InnoDB。

11.1.4 PHP是什么

PHP是一种开源的服务器脚本语言，用于Web开发和动态网页生成。它可以嵌入超文本标记语言（Hypertext Markup Language，HTML）中，也可以作为独立的脚本运行。PHP支持多种数据库，如MySQL、Oracle、PostgreSQL等，以及多种协议，如HTTP、简单邮件传送协议（Simple Mail Transfer Protocol，SMTP）、FTP等。PHP的语法简单易学，具有很好的可移植性和扩展性，因此被广泛应用于Web开发领域。许多知名的网站和Web应用程序，如Facebook（现更名为Meta）、Wikipedia、WordPress等都是使用PHP开发的。PHP具有以下几个主要特点。

（1）开源、免费

PHP是一个受众多且拥有众多开发者的开源软件项目，Linux + Nginx + MySQL + PHP是它的经典安装部署方式，相关的软件都是开源、免费的，所以使用PHP可以节约大量的正版授权费用。PHP作为一种开源软件，缺乏大型科技公司的支持背景，但它的持续迭代和性能持续增强却是鼓舞人心的，PHP社区用实际行动给予各种质疑强有力的回击。

（2）快捷、高效

PHP的内核是用C语言编写的，基础好、效率高，可以用C语言开发高性能的扩展组件。PHP的核心包含数量超过1000的内置函数，功能应有尽有，开箱即用，程序代码简洁。PHP数组支持动态扩容，能大幅提高开发效率。PHP是一门弱类型语言，程序编译通过率高，相对其他强类型语言开发效率高。PHP天然热部署，在PHP-FPM运行模式下进行代码文件覆盖即可完成热部署。经过20多年的发展，在互联网上可以搜索出海量的PHP参考资料供参考、学习。

（3）性能提升

PHP 版本越高，整体性能越高。根据官方介绍，PHP 7.0 的性能是 PHP 5.6 的 2 倍，PHP 7.4 比 PHP 7.0 快了约 30%，PHP 8.0 在性能上相对 PHP 7.4 大约改进了 10%。PHP 8.0 引入了即时编译器特性，同时加入了多种新的语言功能。PHP 拥有自己的核心开发团队，保持每 5 年发布一个大版本。

（4）跨平台

每个平台都有对应的 PHP 解释器版本，针对不同平台均编译出目标平台的二进制码（PHP 解释器），PHP 开发的程序可以不经修改运行在 Windows、Linux、UNIX 等多种操作系统上。

（5）常驻内存

PHP-CLI 模式下可以实现程序常驻内存，各种变量和数据库连接都能长久保存在内存中，实现资源复用，比较常用的做法是结合 Swoole 组件编写 CLI 框架。

（6）页面级生命周期

在 PHP-FPM 模式下，所有的变量都是页面级的。无论是全局变量还是类的静态成员，都会在页面执行完毕后被清空。这种模式对程序员水平要求低，占用内存非常少，特别适用于中小型系统的开发。

11.1.5 LNMP 架构工作原理

1. Nginx 与 PHP 的协同工作机制

Nginx 是一种静态 Web 服务器和 HTTP 请求转发器，它可以直接回应客户端对静态资源的请求，对动态资源的请求需要通过快速通用网关接口（Fast Common Gateway Interface，FastCGI）转发给后台的脚本程序解析服务器进行处理。FastCGI 采用了客户端/服务器（Client/Server，C/S）架构，可以将 Web 服务器和脚本程序解析服务器相分离，让 Web 服务器专一地处理静态请求和转发动态请求，而脚本程序解析服务器则专一地处理动态请求。

在 LNMP 架构的服务器中，处理 PHP 动态资源的后台服务器是 PHP FastCGI 进程管理器（PHP FastCGI Process Manager，PHP-FPM）。PHP-FPM 启动后包含 Master 和 Worker 两种进程：Master 进程只有一个，负责监听、接收来自 Nginx 服务器的请求和管理调度 Worker 进程；Worker 进程一般有多个，每个进程的内部都嵌入了一个 PHP 解释器，负责解析、执行 PHP 程序。

由此可见 Nginx 服务器负责处理静态资源请求，PHP-FPM 负责处理 PHP 脚本程序，两者都遵循 FastCGI 协议进行通信，以完成协同工作。

2. LNMP 服务器的工作流程

LNMP 服务器的工作流程如图 11.2 所示。

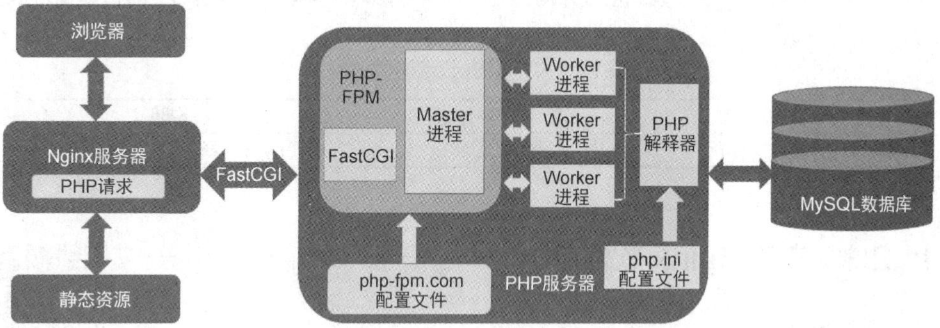

图 11.2 LNMP 服务器的工作流程

LNMP 服务器的具体工作流程如下。

（1）用户通过浏览器发送 HTTP Request（请求）到 Nginx 服务器，该服务器响应并处理请求。如果请求的是静态资源，则该服务器直接将静态资源[如（串联样式表（Cascading Style Sheets，CSS）、图片、视频等]返回。

（2）如果请求的是动态资源，则 Nginx 服务器将 PHP 脚本程序通过 FastCGI 传输给 PHP-FPM，由 PHP-FPM 响应，并将 PHP 脚本程序交给 Worker 进程（内嵌了 PHP 解释器）解析执行。可以同时启动多个 Worker 进程，并进行并发执行。

（3）PHP 脚本程序执行完毕，将解析后的脚本返回到 PHP-FPM，PHP-FPM 再通过 FastCGI 将脚本信息传送给 Nginx 服务器。

（4）Nginx 服务器以 HTTP Response（响应）的形式将信息传送给浏览器，浏览器进行解析与渲染后再呈现给用户。

11.1.6 LNMP 架构部署方式

部署 LNMP 架构的方式有多种，一般根据应用的实际情况来进行选择。常见的 LNMP 部署方式有以下 3 种。

（1）使用 dnf 安装：简单，部署速度快，适合初学者，不能定制化部署。

（2）使用二进制源码：部署需要的时间长，需要配置的项较多，但能够自由定制。

（3）使用一键安装包：简单，部署时间适中，可以进行定制化部署。

任务 11-2 安装与配置 Nginx 服务器

【任务目标】

小陈经过比较后发现，作为一种高性能的静态 Web 服务器，Nginx 具有占用内存少且具备强大的并发能力的特点。因此，小陈决定使用 Nginx 来搭建他的个人博客服务器。

因此，小陈制订了如下任务目标。

① 掌握 Nginx 服务器的基本安装方法。

② 熟悉 Nginx 服务器主配置文件。

③ 能够配置虚拟主机。

说明 为了学习方便，小陈的服务器部署在虚拟机环境下，以最小化方式安装了 CentOS Stream 9，以 NAT 模式连接外网；客户端使用物理机模拟。虚拟机节点的具体规划如表 11.1 所示。

表 11.1 虚拟机节点的具体规划

主机名称	IP 地址	说明
Server	192.168.100.200	LNMP 服务器

11.2.1 安装 Nginx 软件包

微课 11.2 安装 Nginx

1. 安装 Nginx

（1）安装 Nginx 所需要的依赖库软件。配置启用 epel-release 源，增加可用的 rpm 软件包。

```
[root@server ~]# dnf config-manager --set-enabled crb
[root@server ~]# dnf install epel-release epel-next-release
```

（2）使用 dnf 安装 Nginx 软件包。

```
[root@server ~]# dnf install nginx -y
```

（3）启动 Nginx 服务，设置其为开机自启动并检查服务状态。

```
[root@server ~]# systemctl start nginx
[root@server ~]# systemctl enable nginx
[root@server ~]# systemctl status nginx
 nginx.service - The nginx HTTP and reverse proxy server
     Loaded: loaded (/usr/lib/systemd/system/nginx.service; enabled; vendor preset:
disabled)
     Active: active (running) since Tue 2022-08-23 22:39:27 CST; 29s ago
    ……此处省略部分输出信息……
```

（4）查看 80 端口的监听状态。

```
[root@server ~]# netstat -ntpl|grep nginx
tcp     0    0 0.0.0.0:80         0.0.0.0:*          LISTEN     4069/nginx: master
tcp6    0    0 :::80              :::*               LISTEN     4069/nginx: master
```

（5）查看 Nginx 进程的运行状态。

```
[root@server ~]# ps aux|grep nginx
root      4069  0.0  0.0  10024   944 ?      Ss   22:39   0:00 nginx: master process
/usr/sbin/nginx
nginx     4070  0.0  0.1  13900  4904 ?      S    22:39   0:00 nginx: worker process
nginx     4071  0.0  0.1  13900  4896 ?      S    22:39   0:00 nginx: worker process
root     4105  0.0  0.0 221680  2360 pts/1   S+   22:46  0:00 grep --color=auto nginx
```

2. 配置防火墙

配置防火墙，启用服务器的 80 端口。

```
[root@server ~]# firewall-cmd --permanent --zone=public --add-port=80/tcp
success
[root@server ~]# firewall-cmd --reload
success
```

3. 关闭 SELinux 安全系统

关闭 SELinux 安全系统，具体命令如下。

```
[root@server ~]# setenforce 0
[root@server ~]# nano /etc/selinux/config
  SELINUX=disabled  #将 SELINUX 选项的值修改为 disabled
```

4. 访问测试页面

在物理机的浏览器地址栏中访问“http://192.168.100.200”，打开 Nginx 服务器的测试页面，如图 11.3 所示。

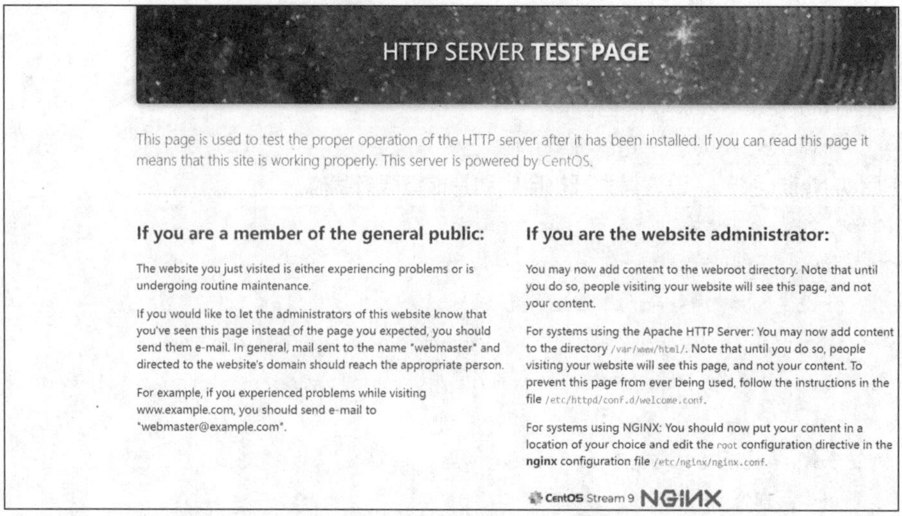

图 11.3　Nginx 服务器的测试页面

11.2.2　熟悉 Nginx 的配置文件

安装完 Nginx 后，需记住表 11.2 所示的 Nginx 的常用目录/文件名。

表 11.2　Nginx 的常用目录/文件名

目录/文件名	说明
/usr/share/nginx/html	存放网站内容
/etc/nginx/nginx.conf	Nginx 的主配置文件
/etc/nginx/conf.d	存放虚拟主机的配置文件
/var/log/nginx	存放日志文件

1. Nginx 主配置文件

Nginx 主配置文件/etc/nginx/nginx.conf 中的每条命令必须以分号结束，其中以#开头的行是注释行。整个配置文件以“块”的形式组织在一起，每个块一般以一对花括号表示（全局块例外）。

微课 11.3　熟悉 Nginx 的配置文件

Nginx 的配置文件相当简洁，主要分为 3 个部分：全局块、events 块、http 块。

（1）全局块：用于配置服务器整体运行的配置命令，如 worker_processes 1。

（2）events 块：用于进行 Nginx 服务器与用户的网络连接，如 worker_connections 1024。

（3）http 块：包含两个子块，即 http 全局块和 server 块。

nginx.conf 文件的组织结构如下。

```
……                              #全局块
events {                        #events 块
……
}
http {                          #http 块（协议级别的配置）
……                              #http 全局块
```

```
   server{                   #server 块（服务器级别的配置）
……                           #server 全局块
location [PATTERN] {         #location 块（请求级别的配置）
……
}
location [PATTERN] {
……
}
      }
   server{                   #server 块
    ……
         }
      }
```

以下配置文件为 Nginx 的默认主配置文件，读者可自行参考学习。

```
# For more information on configuration, see:
#   * Official English Documentation: http://nginx.org/en/docs/
#   * Official Russian Documentation: http://nginx.org/ru/docs/
##定义 Nginx 运行的用户和用户组
user nginx;
##Nginx 进程数，通常设置为 auto 或者和 CPU 的数量相等
worker_processes auto;
##全局错误日志定义类型，包括 debug、info、notice、warn、error、crit 等
error_log /var/log/nginx/error.log;
##PID 文件
pid /run/nginx.pid;

# Load dynamic modules. See /usr/share/doc/nginx/README.dynamic.
include /usr/share/nginx/modules/*.conf;

events {
##单个工作进程最大连接数，默认是 1024。该数字越大，表示能同时处理的连
##接数越多，该值不能超过 worker_rlimit_nofile 的值
worker_connections 1024;
}

http {
   ##自定义日志格式 main
log_format  main  '$remote_addr - $remote_user [$time_local] "$request" '
                  '$status $body_bytes_sent "$http_referer" '
                  '"$http_user_agent" "$http_x_forwarded_for"';
    ##请求日志保存位置，使用自定义格式 main
```

```
    access_log  /var/log/nginx/access.log  main;
    ##允许以 sendfile 方式传输文件
    sendfile            on;
    ##防止网络阻塞
    tcp_nopush          on;
    ##启用或关闭 Nginx 使用 TCP_NODELAY 选项的功能。这个选项仅在将连接转
    ##变为长连接的时候或者 upstream 发送响应到客户端的时候才会启用
    tcp_nodelay         on;
    ##设置保持客户端连接活跃状态的超时时间，单位为 s
    keepalive_timeout   65;
    ##设置类型哈希表的最大值
    types_hash_max_size 4096;
    ##引入文件扩展名与文件类型映射表
    include             /etc/nginx/mime.types;
    ##设置默认文件类型，默认为 Application/octet-stream
    default_type        Application/octet-stream;

    # Load modular configuration files from the /etc/nginx/conf.d directory.
        # See http://nginx.org/en/docs/ngx_core_module.html#include
        # for more information.
    ##加载/etc/nginx/conf.d 目录下的所有虚拟机配置文件
    include /etc/nginx/conf.d/*.conf;
server {
        ##监听端口，默认为 80
        listen       80;
        listen       [::]:80;
        ##设置基于域名的主机
        server_name  _;
##服务器的默认网站根目录位置
 root         /usr/share/nginx/html;

        # Load configuration files for the default server block.
        include /etc/nginx/default.d/*.conf;
##404 错误页
        error_page 404 /404.html;
        location = /404.html {
        }
##50x 错误页
        error_page 500 502 503 504 /50x.html;
        location = /50x.html {
        }
```

```
    }


}
```

2. 配置 Nginx 虚拟主机

Nginx 提供了 3 种类型的虚拟主机，包括基于域名的虚拟主机、基于 IP 地址的虚拟主机和基于端口的虚拟主机。接下来将逐一介绍这 3 种虚拟主机的配置方法。

（1）配置基于域名的虚拟主机

① 创建基础站点目录。

这里不再使用 Nginx 默认的站点目录，在生产环境下也不建议使用默认目录。可手动创建需要的站点目录并设置相关权限。

```
[root@server ~]# mkdir -p /www/{web/,blog/}      #创建两个网站目录
[root@server ~]# tree /www
/www
├── blog
└── web
[root@server ~]# chown -R nginx.nginx /www/     #设置访问权限为 Nginx 用户和组
[root@server ~]# ll /www/
总用量 0
drwxr-xr-x 2 nginx nginx 6  8月 25 23:13 blog
drwxr-xr-x 2 nginx nginx 6  8月 25 23:13 web
```

② 创建默认首页文件。

创建好站点目录后，接下来创建两个站点的默认首页文件。

```
[root@server ~]# echo "welcome to xhr's web-server" >>/www/web/index.html
[root@server ~]# echo "welcome to xhr's blog-server" >>/www/blog/index.html
[root@server ~]# cat /www/web/index.html
welcome to xhr's web-server
[root@server ~]# cat /www/blog/index.html
welcome to xhr's blog-server
```

③ 配置虚拟主机。

在/etc/nginx/conf.d/目录下新建名为 ceshi.conf 的虚拟主机配置文件，内容如下。

```
server {
   listen      80;
   server_name  www.xhr.com;             #网站域名
   location / {
   root   /www/web;                      #网站目录
   index  index.html index.htm;          #网站首页

      try_files $uri $uri/ =404;
   }
   error_page 404 /4html;
   error_page 500 502 503 504 /50x.html;
```

```
    location = /50x.html {
        root /usr/share/nginx/html;
    }
}

server {
    listen       80;
    server_name  blog.xhr.com;          #网站域名
    location / {
    root   /www/blog;                   #网站目录
    index  index.html index.htm;        #网站首页

        try_files $uri $uri/ =404;
    }
    error_page 404 /4html;
    error_page 500 502 503 504 /50x.html;
    location = /50x.html {
        root /usr/share/nginx/html;
    }
}
```

注意 对于 Nginx 而言，server_name 参数可以是一个域名，也可以是多个域名并列，域名之间用空格隔开。访问多个域名时，其实访问的是同一个网站，其格式如下。

```
server_name  www.xhr.com  www1.xhr.com  www2.xhr.com;
```

在 server_name 中还可以使用通配符“*”，它同样是由 3 部分组成的，其格式如下。

```
server_name   *.xhr.com   www.xhr.*;
```

④ 修改/etc/hosts 文件，实现本机地址解析。

因为服务器是用来在本地测试的，没有公网上的正式域名，所以这里采取本机地址解析的方法（生产环境下请用其他方式解析域名），操作如下。

```
[root@server ~]# echo "192.168.100.200  www.xhr.com" >>/etc/hosts
[root@server ~]# echo "192.168.100.200  blog.xhr.com" >>/etc/hosts
[root@server ~]# cat /etc/hosts
127.0.0.1   localhost localhost.localdomain localhost4 localhost4.localdomain4
::1         localhost localhost.localdomain localhost6 localhost6.localdomain6
192.168.100.200  www.xhr.com
192.168.100.200 blog.xhr.com
```

⑤ 检查语法并重载服务配置文件。

```
[root@server ~]# nginx -t
nginx: the configuration file /etc/nginx/nginx.conf syntax is ok
nginx: configuration file /etc/nginx/nginx.conf test is successful
[root@server ~]# nginx -s reload
```

⑥ 使用浏览器测试。

在服务器中打开浏览器并访问对应的域名，访问结果如图 11.4 所示。（注意：使用物理机访问可能会出错。）

图 11.4　使用域名访问的结果

（2）配置基于 IP 地址的虚拟主机

① 添加 IP 地址。

Linux 操作系统支持 IP 别名的功能。配置基于 IP 地址的虚拟主机，即给 Nginx 服务器主机配置多个不同的 IP 地址，所以需要在同一物理网卡中使用 nmcli 命令添加多个不同的 IP 地址。具体操作命令如下。

```
[root@server ~]# nmcli connection modify ens160 +ipv4.addresses 192.168.100.203/24
[root@server ~]# nmcli connection modify ens160 +ipv4.addresses 192.168.100.204/24
[root@server ~]# nmcli connection up ens160
```

② 修改虚拟机配置文件。

修改/etc/nginx/conf.d/目录下 ceshi.conf 虚拟机配置文件，内容如下。

```
server {
    listen      80;
    server_name  192.168.100.203;
    location / {
    root   /www/web;
    index  index.html index.htm;
        try_files $uri $uri/ =404;
    }
    error_page 404 /4html;
    error_page 500 502 503 504 /50x.html;
    location = /50x.html {
        root /usr/share/nginx/html;
    }
}
server {
    listen      80;
    server_name  192.168.100.204;
    location / {
    root   /www/blog;
    index  index.html index.htm;
        try_files $uri $uri/ =404;
    }
    error_page 404 /4html;
    error_page 500 502 503 504 /50x.html;
    location = /50x.html {
        root /usr/share/nginx/html;
    }
}
```

③ 检查语法并重载服务配置文件。

```
[root@server ~]# nginx -t
nginx: the configuration file /etc/nginx/nginx.conf syntax is ok
nginx: configuration file /etc/nginx/nginx.conf test is successful
[root@server ~]# nginx -s reload
```

④ 使用浏览器测试。

在客户端中打开浏览器并访问对应的 IP 地址，访问结果如图 11.5 所示。

图 11.5　使用 IP 地址访问的结果

（3）配置基于端口的虚拟主机

通过前文中两种虚拟主机配置方式可以看出，虚拟机配置相当简单。基于端口的虚拟主机配置也一样，开放不同的端口给 Nginx，客户端通过不同的端口来访问不同的虚拟主机即可。

① 修改虚拟机配置文件。

修改/etc/nginx/conf.d/目录下 ceshi.conf 虚拟机配置文件，内容如下。

```
server {
    listen       8001;
    server_name  192.168.100.203;
    location / {
    root    /www/web;
    index  index.html index.htm;

        try_files $uri $uri/ =404;
    }
    error_page 404 /4html;
    error_page 500 502 503 504 /50x.html;
    location = /50x.html {
        root /usr/share/nginx/html;
    }
}
server {
    listen       8002;
    server_name  192.168.100.203;
    location / {
    root    /www/blog;
    index  index.html index.htm;

        try_files $uri $uri/ =404;
    }
    error_page 404 /4html;
    error_page 500 502 503 504 /50x.html;
    location = /50x.html {
```

```
        root /usr/share/nginx/html;
    }
}
```

② 配置防火墙。

配置防火墙，启用服务器的 TCP 的 8001 和 8002 端口。

```
[root@server ~]# firewall-cmd --permanent --zone=public --add-port=8001/tcp
Success
[root@server ~]# firewall-cmd --permanent --zone=public --add-port=8002/tcp
success
[root@server ~]# firewall-cmd --reload
success
```

③ 检查语法并重载服务配置文件。

```
[root@server ~]# nginx -t
nginx: the configuration file /etc/nginx/nginx.conf syntax is ok
nginx: configuration file /etc/nginx/nginx.conf test is successful
[root@server ~]# nginx -s reload
```

④ 使用浏览器测试。

在客户端中打开浏览器并访问对应的端口，访问结果如图 11.6 所示。

图 11.6　使用端口访问的结果

任务 11-3　安装 MariaDB 数据库

【任务目标】

小陈通过之前的学习了解到，MariaDB 是 MySQL 的一个分支，并且在几乎所有方面都与 MySQL 兼容，甚至在某些方面更优越。最重要的是，MariaDB 由一个开放的社区进行维护，不存在版权问题。小陈决定在自己的服务器上使用 MariaDB 来提供数据库服务。

因此，小陈制订了如下任务目标。

① 能够正确安装 MariaDB。

② 熟悉 MariaDB 的配置。

③ 能完成 MariaDB 的基本管理操作。

11.3.1　安装并初始设置 MariaDB

在 LNMP 架构中，早期的 M 表示 MySQL 数据库系统，因为早期的 Linux 发行版多数使用 MySQL。而近年来，RHEL 及 CentOS 等新的发行版本中，开始陆续采用 MariaDB 代替 MySQL。MariaDB 兼容 MySQL，支持多种类型的操作系统及编程语言。MariaDB 可用于 GPL、次要 GPL（Lesser GPL，LGPL）和 BSD 等多种许可协议，避免了 MySQL 被 Oracle 公司收购后引发的许可证问题；它提供了多种存储引擎（包括高性能存储引擎），用于与其他 RDBMS 的数据源一起工作。

微课 11.4　安装并初始设置 MariaDB

MariaDB 和 MySQL 在性能上基本保持一致，两者的操作命令也十分相似。从务实的角度来讲，在掌握了 MariaDB 数据库的命令和基本操作之后，在今后的工作中即使遇到 MySQL

数据库，也可以快速上手。

1. 安装 MariaDB

CentOS Stream 9 的资源库中已经包含 MariaDB，所以这里直接安装 MariaDB 即可。

```
[root@server ~]# dnf install  -y mariadb mariadb-server
```

2. MariaDB 初始设置

这里要做 3 件事情。首先启动 MariaDB 服务，然后将其设置为开机自启动，最后查看其运行状态。

```
[root@server ~]# systemctl start mariadb
[root@server ~]# systemctl enable mariadb
[root@server ~]# systemctl status mariadb
```

11.3.2 初始化并登录 MariaDB

1. 初始化 MariaDB 数据库

MariaDB 数据库安装完毕并成功启动后不要立即使用。为了确保数据库的安全性和正常运转，需要先对数据库程序进行初始化操作。这个初始化操作涉及以下 5 个步骤。

（1）设置管理员在数据库中的密码（注意，该密码并非管理员在系统中的密码，这里的密码默认应该为空值，可直接按“Enter”键）。

（2）设置管理员在数据库中的专有密码。

（3）删除匿名用户，并禁止管理员远程登录数据库，以确保数据库上运行的业务的安全性。

（4）删除默认的测试数据库，取消测试数据库的一系列访问权限。

（5）刷新授权表，使初始化的设定立即生效。

```
[root@server ~]# mysql_secure_installation

NOTE: RUNNING ALL PARTS OF THIS SCRIPT IS RECOMMENDED FOR ALL MariaDB
      SERVERS IN PRODUCTION USE!  PLEASE READ EACH STEP CAREFULLY!

In order to log into MariaDB to secure it, we'll need the current
password for the root user. If you've just installed MariaDB, and
haven't set the root password yet, you should just press enter here.

Enter current password for root (enter for none):
#输入管理员原始密码，默认为空值，直接按“Enter”键即可
OK, successfully used password, moving on...

Setting the root password or using the UNIX_socket ensures that nobody
can log into the MariaDB root user without the proper authorisation.

You already have your root account protected, so you can safely answer 'n'.

Switch to UNIX_socket authentication [Y/n] n    #管理员账户已受保护，输入“n”
 ... skipping.
```

```
You already have your root account protected, so you can safely answer 'n'.

Change the root password? [Y/n] y                    #修改管理员账户的密码，输入“y”
New password:                                        #输入新的密码“000000”
Re-enter new password:                               #再次输入密码“000000”
Password updated successfully!
Reloading privilege tables..
 ... Success!

By default, a MariaDB installation has an anonymous user, allowing anyone
to log into MariaDB without having to have a user account created for
them.  This is intended only for testing, and to make the installation
go a bit smoother.  You should remove them before moving into a
production environment.

Remove anonymous users? [Y/n] y                      #删除匿名用户，输入“y”
 ... Success!

Normally, root should only be allowed to connect from 'localhost'.  This
ensures that someone cannot guess at the root password from the network.

Disallow root login remotely? [Y/n] y                #禁止管理员远程登录，输入“y”
 ... Success!

By default, MariaDB comes with a database named 'test' that anyone can
access.  This is also intended only for testing, and should be removed
before moving into a production environment.

Remove test database and access to it? [Y/n] y #删除测试数据库，输入“y”
 - Dropping test database...
 ... Success!
 - Removing privileges on test database...
 ... Success!

Reloading the privilege tables will ensure that all changes made so far
will take effect immediately.

Reload privilege tables now? [Y/n] y   #刷新授权表，使初始化的设定立即生效，输入“y”
 ... Success!

Cleaning up...
```

```
All done!  If you've completed all of the above steps, your MariaDB
installation should now be secure.

Thanks for using MariaDB!
```

2. 登录 MariaDB 数据库

配置完毕后即可以 root 用户身份（初始化时设置的密码是 000000）登录 MariaDB 数据库，具体操作如下。

```
[root@server ~]# mysql -uroot -p000000
Welcome to the MariaDB monitor.  Commands end with ; or \g.
Your MariaDB connection id is 11
Server version: 10.5.16-MariaDB MariaDB Server
Copyright (c) 2000, 2018, Oracle, MariaDB Corporation Ab and others.
Type 'help;' or '\h' for help. Type '\c' to clear the current input statement.
MariaDB [(none)]>
```

当出现“MariaDB [(none)]>”提示符时，表示登录成功。

11.3.3 管理 MariaDB

微课 11.5 管理 MariaDB

1. 数据库操作

对数据库的常用操作包括创建数据库、选择数据库和删除数据库。

（1）创建数据库

登录数据库后，使用 create database 数据库名;命令完成对数据库的创建，此后可以使用 show databases;命令来查看目前所有的数据库信息。

MariaDB 数据库默认自带 3 个数据库：information_schema 数据库，用于存储相关信息；mysql 数据库，用于存储授权表；performance_schema 数据库，用于存储数据库性能参数，可以用来提升数据库的性能。

创建 couman 数据库的操作如下。

```
MariaDB [(none)]> create database couman;    //创建 couman 数据库
Query OK, 1 row affected (0.01 sec)

MariaDB [(none)]> show databases;            //显示目前所有数据库的信息
+--------------------+
| Database           |
+--------------------+
| information_schema |
| couman             |
| mysql              |
| performance_schema |
+--------------------+
4 rows in set (0.00 sec)
```

（2）选择数据库

当需要对某一数据库进行操作时，首先需要选择该数据库，可使用 use 数据库名;命令来实现。

选择 couman 数据库的操作如下。

```
MariaDB [(none)]> use  couman;
Database changed
MariaDB [couman]>
```

（3）删除数据库

使用 drop database 数据库名;命令可以删除指定数据库。删除数据库时，连同数据库中的所有表(包括其中的数据)和数据库目录都会被删除。

删除 couman 数据库的操作如下。

```
MariaDB [(none)]> drop database couman;
Query OK, 0 rows affected (0.01 sec)
```

当删除不存在的数据库时，会提示错误信息。为了避免这种情况发生，可以在命令中加入 if exists 子句。删除一个可能不存在的数据库的操作如下。

```
MariaDB [(none)]> drop database couman;
ERROR 1008 (HY000): Can't drop database 'couman'; database doesn't exist
MariaDB [(none)]> drop database if exists couman;
Query OK, 0 rows affected, 1 warning (0.00 sec)
```

2. 数据表操作

创建数据库之后，需要进一步创建和管理数据表。每个表由行和列组成，每行是一条记录，每条记录包含多个列（字段）。对数据表的常用操作主要包括创建表、修改表、克隆表、删除表。

（1）创建表

创建表的 SQL 语句的语法格式如下。

```
create table 表名(字段名 1 字段类型[字段约束],
                  字段名 2 字段类型[字段约束], ...,
                  字段名 n 字段类型[字段约束],
                  [表约束]) [Type|Engine=表类型|存储引擎];
```

字段类型也称列类型，规定了某个字段所允许输入的数据类型。常见的字段类型如表 11.3 所示。

表 11.3　常见的字段类型

字段类型	说明
INT	整型，4 字节
FLOAT	数值类型，支持浮点数或小数
DOUBLE	数值类型，支持双精度浮点数
TIME	HH:MM:SS 格式的时间字段
DATE	YYYYMMDD 格式的日期字段
CHAR	字符类型，最大长度为 255
VARCHAR	字符串类型，最大长度为 255
YEAR	YYYY 或 YY 格式的年字段

字段约束用于进一步约束某个字段允许输入的数据。常见的字段约束如表 11.4 所示。

表 11.4　常见的字段约束

约束	说明
null 或 not null	允许字段为空或不为空，默认为 null
default	指定字段的默认值
auto_increment	设置 INT 型字段能够自动生成递增 1 的整数

表约束用于确定表的主键、外键和索引等。常见的表约束如表 11.5 所示。

表 11.5　常见的表约束

约束	说明
primary key	指定主键
foreign key	指定外键
index	指定索引
unique	指定唯一索引
fulltext	指定全文索引

表类型指明表中数据存储的格式，MariaDB 数据库支持多个存储引擎作为不同类型的处理器。MariaDB 默认处理器的为 innoDB，对应的存储引擎为 InnoDB。MariaDB 数据库支持的表存储引擎如表 11.6 所示。

表 11.6　MariaDB 数据库支持的表存储引擎

表存储引擎	说明
InnoDB	支持表级锁、行级锁，支持事务，支持外键约束，不支持全文索引，表空间文件相对较大
MRG_MYISAM	此引擎也被称为 MERGE 存储引擎，如果一些 MyISAM 表的表结构完全相同，则可以将这些 MyISAM 表合并成一个 MRG_MYISAM 虚拟表
MyISAM	支持表级锁，不支持行级锁，不支持事务，不支持外键约束，支持全文索引，表空间文件相对较小
BLACKHOLE	类似于/dev/null，不真正存储数据。写入的任何数据都会消失，一般用于记录 binlog，作为复制的中继
PERFORMANCE_SCHEMA	PERFORMANCE_SCHEMA 数据库中表的类型均为 PERFORMANCE_SCHEMA，此数据库用于存储与数据库的性能相关的信息，用户无法创建及使用这种存储引擎的表
CSV	将 CSV 文件（以逗号分隔字段的文本文件）作为 MariaDB 表文件
ARCHIVE	创建此种类型的表往往用于存储归档信息、安全审计信息、历史信息等。创建数据仓库时，可能会用到此种表类型，使用 ARCHIVE 表类型的表只支持选择和插入操作，不支持更新和删除操作，支持行级锁
MEMORY	内存存储引擎，速度快，但是一旦断电数据将会丢失，支持哈希索引，支持表级锁，常用于临时表
FEDERATED	用于访问其他远程 MariaDB 服务器上表的存储引擎接口
Aria	Aria 是 MyISAM 存储引擎的增强版，支持自动崩溃安全恢复（MyISAM 不支持）

一旦数据库创建成功，会在/var/lib/mysql 目录下生成一个与数据库同名的目录。表创建成功后会在该目录下生成“表名.frm”文件来表示新建的表格式，表数据和索引放在“表名.ibd”文件中。

这里要创建以下 3 个表。

① 员工信息表（employee），字段包括员工序号（eno）、姓名（ename）、性别（sex）、项目组（groups）。

② 考核内容表（exam），字段包括内容序号（exid）、考核内容（cxname）。

③ 员工考核信息表(score), 字段包括序号(scid)、员工序号(eno)、内容序号(exid)、成绩(score)。操作过程如下。

```
MariaDB [(none)]> create database couman;  //创建 couman 数据库
Query OK, 1 row affected (0.01 sec)

MariaDB [(none)]> show databases;           //显示目前所有数据库的信息
+--------------------+
| Database           |
+--------------------+
| information_schema |
| couman             |
| mysql              |
| performance_schema |
+--------------------+
4 rows in set (0.00 sec)
MariaDB [(none)]> use  couman;   //选择数据库
Database changed
MariaDB [couman]> create table employee (eno varchar(10) not null,ename varchar(30)
not null, sex int(5) default  0 , groups varchar(20),primary key(eno));
//创建 employee 表
Query OK, 0 rows affected (0.00 sec)

MariaDB [couman]> describe employee ;          //查看表的结构
+--------+-------------+------+-----+---------+-------+
| Field  | Type        | Null | Key | Default | Extra |
+--------+-------------+------+-----+---------+-------+
| eno    | varchar(10) | NO   | PRI | NULL    |       |
| ename  | varchar(30) | NO   |     | NULL    |       |
| sex    | int(5)      | YES  |     | 0       |       |
| groups | varchar(20) | YES  |     | NULL    |       |
+--------+-------------+------+-----+---------+-------+
4 rows in set (0.02 sec)

MariaDB [couman]> create table exam(exid varchar(10) not null,exname varchar(50)
not null ,primary key (exid));   //创建 exam 表
Query OK, 0 rows affected (0.01 sec)

MariaDB [couman]> describe exam;           //查看表的结构
+--------+-------------+------+-----+---------+-------+
| Field  | Type        | Null | Key | Default | Extra |
+--------+-------------+------+-----+---------+-------+
```

```
| exid   | varchar(10) | NO   | PRI | NULL    |       |
| exname | varchar(50) | NO   |     | NULL    |       |
+--------+-------------+------+-----+---------+-------+
2 rows in set (0.00 sec)

MariaDB [couman]> create table score(scid int(10) not null auto_increment,eno varchar(10) not null,exid varchar(10) not null,score int(5),primary key (scid), constraint foreign key (exid) references exam(exid) , constraint foreign key (eno) references employee(eno));                    //创建 score 表
Query OK, 0 rows affected (0.01 sec)

MariaDB [couman]> describe score;         //查看表的结构
+-------+-------------+------+-----+---------+----------------+
| Field | Type        | Null | Key | Default | Extra          |
+-------+-------------+------+-----+---------+----------------+
| scid  | int(10)     | NO   | PRI | NULL    | auto_increment |
| eno   | varchar(10) | NO   | MUL | NULL    |                |
| exid  | varchar(10) | NO   | MUL | NULL    |                |
| score | int(5)      | YES  |     | NULL    |                |
+-------+-------------+------+-----+---------+----------------+
4 rows in set (0.00 sec)

MariaDB [couman]> show tables;          //列出已经创建的表
+--------------------+
| Tables_in_couman   |
+--------------------+
| employee           |
| exam               |
| score              |
+--------------------+
3 rows in set (0.00 sec)
```

（2）修改表

修改表的 SQL 语句的语法格式如下。

```
alter table 表名 操作1[, 操作2, ...];
```

可以对表的结构进行修改，包括添加、删除或修改字段，更改表名或类型等。命令包括 add、change、modify、drop 和 rename 等。

在 employee 表中增加一个字段“email”，可以使用 add 命令，具体操作如下。

```
MariaDB [couman]> alter table employee add email varchar(20);
Query OK, 1 row affected (0.01 sec)
Records: 1  Duplicates: 0  Warnings: 0
```

```
MariaDB [couman]> describe employee;
+--------+-------------+------+-----+---------+-------+
| Field  | Type        | Null | Key | Default | Extra |
+--------+-------------+------+-----+---------+-------+
| eno    | varchar(10) | NO   | PRI | NULL    |       |
| ename  | varchar(30) | NO   |     | NULL    |       |
| sex    | int(5)      | YES  |     | 0       |       |
| groups | varchar(20) | YES  |     | NULL    |       |
| email  | varchar(20) | YES  |     | NULL    |       |
+--------+-------------+------+-----+---------+-------+
5 rows in set (0.00 sec)
```

使用 change 命令把 employee 表中的字段“email”改为“mail”，具体操作如下。

```
MariaDB [couman]> alter table employee change email mail varchar(20);
Query OK, 1 row affected (0.00 sec)
Records: 1  Duplicates: 0  Warnings: 0

MariaDB [couman]> describe employee;
+--------+-------------+------+-----+---------+-------+
| Field  | Type        | Null | Key | Default | Extra |
+--------+-------------+------+-----+---------+-------+
| eno    | varchar(10) | NO   | PRI | NULL    |       |
| ename  | varchar(30) | NO   |     | NULL    |       |
| sex    | int(5)      | YES  |     | 0       |       |
| groups | varchar(20) | YES  |     | NULL    |       |
| mail   | varchar(20) | YES  |     | NULL    |       |
+--------+-------------+------+-----+---------+-------+
5 rows in set (0.01 sec)
```

使用 modify 命令把 employee 表中的字段“mail”的类型改为 char(50)，具体操作如下。

```
MariaDB [couman]> alter table employee  modify column mail char(50);
Query OK, 1 row affected (0.00 sec)
Records: 1  Duplicates: 0  Warnings: 0

MariaDB [couman]> desc employee;
+--------+-------------+------+-----+---------+-------+
| Field  | Type        | Null | Key | Default | Extra |
+--------+-------------+------+-----+---------+-------+
| eno    | varchar(10) | NO   | PRI | NULL    |       |
| ename  | varchar(30) | NO   |     | NULL    |       |
| sex    | int(5)      | YES  |     | 0       |       |
| groups | varchar(20) | YES  |     | NULL    |       |
| mail   | char(50)    | YES  |     | NULL    |       |
```

```
+--------+------------+------+-----+--------+-------+
5 rows in set (0.00 sec)
```

使用 drop 命令删除 employee 表中的“mail”字段，具体操作如下。

```
MariaDB [couman]> alter table employee drop mail;
Query OK, 1 row affected (0.00 sec)
Records: 1 Duplicates: 0 Warnings: 0

MariaDB [couman]> desc employee;
+--------+------------+------+-----+--------+-------+
| Field  | Type       | Null | Key | Default | Extra |
+--------+------------+------+-----+--------+-------+
| eno    | varchar(10) | NO   | PRI | NULL   |       |
| ename  | varchar(30) | NO   |     | NULL   |       |
| sex    | int(5)     | YES  |     | 0      |       |
| groups | varchar(20) | YES  |     | NULL   |       |
+--------+------------+------+-----+--------+-------+
4 rows in set (0.00 sec)
```

使用 rename 命令更改数据库中 employee 表的名称为 employee_inf，具体操作如下。

```
MariaDB [couman]> alter table employee rename to employee_inf;
Query OK, 0 rows affected (0.00 sec)
MariaDB [couman]> show tables;
+--------------------+
| Tables_in_couman   |
+--------------------+
| employee_inf       |
| exam               |
| score              |
+--------------------+
3 rows in set (0.00 sec)
```

（3）克隆表

克隆表的 SQL 语句的语法格式如下。

```
create table 新表名 as select * from 源表名;
```

克隆的内容包括表结构、表中的数据和约束，并用源表数据填充副本。

将 employee_inf 表克隆为 employee 表，具体操作如下。

```
MariaDB [couman]> create table employee as select * from employee_inf;
Query OK, 1 row affected (0.01 sec)
Records: 1 Duplicates: 0 Warnings: 0
MariaDB [couman]> show tables;
+--------------------+
| Tables_in_couman   |
+--------------------+
```

```
| employee            |
| employee_inf        |
| exam                |
| score               |
+---------------------+
```

(4) 删除表

删除表的 SQL 语句的语法格式如下。

```
drop  table 表名1[, 表名2, ...];
```

drop 命令可用于删除一个或多个已存在的表，表结构和表中的数据都将被删除。

删除 employee_inf 表，具体操作如下。

```
MariaDB [couman]> drop table employee_inf;
Query OK, 0 rows affected (0.00 sec)
MariaDB [couman]> show tables;
+---------------------+
| Tables_in_couman    |
+---------------------+
| employee            |
| exam                |
| score               |
+---------------------+
3 rows in set (0.00 sec)
```

注意 如果出现“ERROR 1217 (23000): Cannot delete or update a parent row: a foreign key constraint fails”错误，则可能是因为 MariaDB 在 innoDB 中设置了 foreign key 关联，造成无法更新或删除数据。可以通过设置 FOREIGN_KEY_CHECKS 变量来避免这种情况出现。

```
MariaDB [couman]> SET FOREIGN_KEY_CHECKS = 0;
```

当表删除完成后，再通过设置将其复原。

```
MariaDB [couman]> SET FOREIGN_KEY_CHECKS = 1;
```

3. 处理表数据

创建数据库和表后，下一步要做的就是处理数据。一般情况下，需要使用 SQL 语句来增加、更新、查询和删除数据表中的记录。

(1) 增加记录

增加记录的 SQL 语句的语法格式如下。

```
insert into 表名 (字段1, 字段2, ..., 字段n)
    values (字段1的值, 字段2的值, ..., 字段n的值);
```

向 employee 表中插入记录，具体操作如下。

```
MariaDB [couman]> insert into employee  (eno,ename,sex,groups) values(1001,
'wangli',1,'dgroup01');
Query OK, 1 row affected (0.00 sec)
```

```
MariaDB [couman]> insert into employee  (eno,ename,sex,groups) values(1002,
'liuning',1,'dgroup01');
Query OK, 1 row affected (0.01 sec)

MariaDB [couman]> insert into employee  (eno,ename,sex,groups) values(1003,
'zhangqi',0,'dgroup02');
Query OK, 1 row affected (0.01 sec)

MariaDB [couman]> select * from employee;
+------+---------+------+----------+
| eno  | ename   | sex  | groups   |
+------+---------+------+----------+
| 1001 | wangli  |    1 | dgroup01 |
| 1002 | liuning |    1 | dgroup01 |
| 1003 | zhangqi |    0 | dgroup02 |
+------+---------+------+----------+
4 rows in set (0.00 sec)
```

向 exam 表中插入记录，具体操作如下。

```
MariaDB [couman]> insert into exam (exid,exname) values(10001,'test');
Query OK, 1 row affected (0.00 sec)

MariaDB [couman]> insert into exam (exid,exname) values(10002,'program');
Query OK, 1 row affected (0.00 sec)

MariaDB [couman]> insert into exam (exid,exname) values(10003,'english');
Query OK, 1 row affected (0.01 sec)
MariaDB [couman]> select * from exam;
+-------+---------+
| exid  | exname  |
+-------+---------+
| 10001 | test    |
| 10002 | program |
| 10003 | english |
+-------+---------+
3 rows in set (0.00 sec)
```

向 score 表中插入记录，具体操作如下。

```
MariaDB [couman]> insert into score (eno,exid,score) values(1001,10001,87);
Query OK, 1 row affected (0.00 sec)

MariaDB [couman]> insert into score (eno,exid,score) values(1001,10002,94);
```

```
Query OK, 1 row affected (0.01 sec)

MariaDB [couman]> insert into score (eno,exid,score) values(1002,10003,72);
Query OK, 1 row affected (0.01 sec)

MariaDB [couman]> insert into score (eno,exid,score) values(1003,10001,85);
Query OK, 1 row affected (0.00 sec)

MariaDB [couman]> select * from score;
+------+------+-------+-------+
| scid | eno  | exid  | score |
+------+------+-------+-------+
|    1 | 1001 | 10001 |   87  |
|    2 | 1001 | 10002 |   94  |
|    3 | 1002 | 10003 |   72  |
|    4 | 1003 | 10001 |   85  |
+------+------+-------+-------+
4 rows in set (0.00 sec)
```

（2）更新记录

更新记录的 SQL 语句的语法格式如下。

```
update 表名 set 字段名1=值，字段名2=值，...，字段名n=值，where 匹配条件;
```

例如，将 employee 表中的 wangli 的姓名改为 wangming，项目组改为 dgroup02，具体操作如下。

```
MariaDB [couman]> update employee set ename='wangming',groups='dgroup02' where
ename='wangli';
Query OK, 1 row affected (0.00 sec)
Rows matched: 1  Changed: 1  Warnings: 0

MariaDB [couman]> select * from employee;
+------+----------+------+----------+
| eno  | ename    | sex  | groups   |
+------+----------+------+----------+
| 1001 | wangming |    1 | dgroup02 |
| 1002 | liuning  |    1 | dgroup01 |
| 1003 | zhangqi  |    0 | dgroup02 |
+------+----------+------+----------+
3 rows in set (0.01 sec)
```

（3）查询记录

查询记录的 SQL 语句的语法格式如下。

```
select  字段名  from 表名 where 匹配条件;
```

例如，查询 employee 表中所有员工的姓名，具体操作如下。

```
MariaDB [couman]>  select ename from employee;
```

```
+----------+
| ename    |
+----------+
| wangming |
| liuning  |
| zhangqi  |
+----------+
3 rows in set (0.00 sec)
```

（4）删除记录

删除记录的 SQL 语句的语法格式如下。

```
delete from 表名 where 匹配条件;
```

删除 score 表中 wangming 员工的所有信息，具体操作如下。

```
MariaDB [couman]> delete from score where eno=(select eno from employee where ename='wangming');
Query OK, 2 rows affected (0.00 sec)

MariaDB [couman]> select * from score;
+------+------+-------+-------+
| scid | eno  | exid  | score |
+------+------+-------+-------+
|    3 | 1002 | 10003 |  72   |
|    4 | 1003 | 10001 |  85   |
+------+------+-------+-------+
2 rows in set (0.00 sec)
```

4. 数据库的权限管理

（1）数据库权限介绍与处理逻辑

MariaDB 数据库服务采用了基于白名单的权限策略，这意味着明确指定了哪些用户可以执行哪些操作，但无法明确指定哪些用户不能执行哪些操作。权限验证主要通过 MariaDB 中的 5 个数据字典表（mysql.user、mysql.db、mysql.tables_priv、mysql.columns_priv、mysql.proc_priv）来实现对不同粒度权限需求的控制。表 11.7 列出了 MariaDB 数据库中的授权表。

表 11.7 MariaDB 数据库中的授权表

表名	说明
mysql.user	定义了允许连接数据库服务器的用户名、密码和可以连接的主机
mysql.db	定义了连接到数据库服务器的用户可以使用的数据库，以及在这些数据库中能进行的操作
mysql.tables_priv	定义了连接到数据库服务器的用户可以访问具体的表，以及对表中可执行的操作
mysql.columns_priv	定义了连接到数据库服务器的用户可以访问表中的具体字段，以及对字段可执行的操作
mysql.proc_priv	存储过程和函数相关的权限

当用户登录数据库时，会根据这几张表中的内容来决定用户的访问权限，决定过程如下。首先，从 mysql.user 表中的 host、user、passwd 这 3 个字段判断连接的 IP 地址、用户名、密码是否存在表中，存在则通过身份验证。其次，进行权限分配，检查全局表 mysql.user，如果 mysql.user 中对应的操作权

限为 Y，则此用户对所有数据库的操作权限为 Y，将不再检查 mysql.db、mysql.tables_priv 和 mysql.columns_priv 中的权限；如果为 N，则到 mysql.db 表中检查此用户对应的具体数据库，并得到 mysql.db 中为 Y 的权限。如果 mysql.db 中为 N，则检查 mysql.tables_priv 表中此数据库对应的具体表，取得表中的权限 Y，并以此进行类推。

MariaDB 数据库提供了两种方法修改授权表中的访问权限。可以使用 insert、update 和 delete 等 SQL 语句手动修改权限表中的信息或者使用 grant 和 revoke 命令。对比这两种方法，后一种更加简单且方便。

grant 命令用于授予权限，而 revoke 命令用于撤销权限。

grant 命令的格式如下。

```
grant 权限级别 [(字段名)]  on  数据库名.表名  to 用户名@域名或 IP 地址[Identified by 'password']  [with grant option];
```

revoke 命令的格式如下。

```
revoke 权限级别 [(字段名)]  on  数据库名.表名  from 用户名@域名或 IP 地址;
```

数据库的权限级别如表 11.8 所示，如果针对数据库所有内容或所有访问地址进行设置，则可以使用“%”。

表 11.8　数据库的权限级别

权限级别	简要说明
ALL [PRIVILEGES]	授予除 GRANT OPTION 外的所有权限
ALTER	允许执行 ALTER TABLE 操作
ALTER ROUTINE	允许修改或删除存储过程和函数
CREATE	允许创建数据库和表对象
CREATE ROUTINE	允许创建存储过程和函数
CREATE TABLESPACE	允许创建、修改或删除表空间及日志文件组
CREATE TEMPORARY TABLES	允许执行 CREATE TEMPORARY TABLES 语句创建临时表
CREATE VIEW	允许创建/修改视图
CREATE USER	允许执行 CREATE USER、DROP USER、RENAME USER 和 REVOKE ALL PRIVILEGES 语句
DELETE	允许执行 DELETE 语句
DROP	允许删除数据库/表或视图
EVENT	允许使用 EVENT 对象
EXECUTE	允许用户执行存储程序
FILE	允许用户读写文件
GRANT OPTION	允许将授予的权限再由该用户授予其他用户
INDEX	允许创建/删除索引
INSERT	允许执行 INSERT 语句
LOCK TABLES	允许对拥有 SELECT 权限的表对象执行 LOCK TABLES 语句
PROCESS	允许用户执行 SHOW PROCESSLIST 语句查看当前所有连接
PROXY	允许使用 PROXY
REFERENCES	尚未应用
RELOAD	允许执行 FLUSH 操作
REPLICATION CLIENT	允许用户与复制环境中的 Master/Slave 连接
REPLICATION SLAVE	允许复制环境的 Slave 端从 Master 端读取数据
SELECT	允许执行 SELECT 语句
SHOW DATABASES	允许执行 SHOW DATABASES 语句显示所有数据库
SHOW VIEW	允许执行 SHOW CREATE VIEW 语句查看视图定义

续表

权限级别	简要说明
SHUTDOWN	允许关闭数据库
SUPER	允许执行管理操作，如执行 CHANGE MASTER TO、KILL、PURGE BINARY LOGS、SET GLOBAL 等语句
TRIGGER	允许创建或删除触发器
UPDATE	允许执行 UPDATE 语句
USAGE	意指没有权限（No Privileges）

通常在管理数据库权限时可以基于以下几点来设置用户权限。

① 只赋予能满足用户需要的最小权限，防止用户操作不当。例如，若用户只需要查询数据信息，则只赋予其 SELECT 权限，不用赋予其 UPDATE、INSERT 或 DELETE 权限。

② 创建用户的时候限制用户登录的主机，一般是限制指定 IP 地址或者内网 IP 地址段。

③ 如果安装完数据库后自动创建了无密码用户，则最好将这些用户删除。

④ 为每个用户设置满足密码复杂度的密码。

⑤ 定期清理不需要的用户，回收权限或者删除用户。

（2）数据库权限及用户管理

① grant 命令的使用。创建一个只允许本地登录的用户 zhangping，并允许其将权限赋予其他用户，密码为 Zhangping11!!。

```
mysql>grant all privileges on *.* to zhangping@'localhost' identified by "Zhangping11!!" with grant option;
```

以上代码中相关内容的说明如下。

all privileges：表示所有权限，也可以是 SELECT、UPDATE 等具体权限。

on：用来指定权限针对的数据库和表。

.：第一个“*”用来指定数据库名称，第二个“*”用来指定表名。如果使用“*”，则表示所有。

to：表示将权限赋予某个用户。

zhangping@'localhost'：表示 zhangping 用户，@后面接限制的主机，可以是 IP 地址、IP 地址段、域名及“%”，“%”表示任何地方。

identified by：指定用户的登录密码。

with grant option：表示该用户可以将自己的权限赋予其他用户。

本任务中要求实现用户授权，具体操作如下。

```
MariaDB [(none)]> grant select on *.* to 'dpuser0101'@'localhost' identified by 'Mabc123!' with grant option;
Query OK, 0 rows affected (0.00 sec)

MariaDB [(none)]> grant all privileges on couman.* to 'dpuser0102'@'%' identified by 'Mabc123!' with grant option;
Query OK, 0 rows affected (0.00 sec)

MariaDB [(none)]> grant select,insert,update,delete on *.* to 'dpuser0201'@'%' identified by 'Mabc123!' with grant option;
Query OK, 0 rows affected (0.00 sec)
```

```
MariaDB [(none)]> grant  all  privileges on *.* to 'dpuser0202'@'%' identified by 'Mabc123!' with grant option;
Query OK, 0 rows affected (0.00 sec)
```

② 权限刷新。当管理员对用户的权限进行了修改操作后，这些操作能否即时生效呢？答案是看情况。

a. 如果是通过 GRANT、REVOKE、SET PASSWORD、RENAME USER 等命令执行的修改，那么权限将马上生效，因为这些命令会触发系统将授权表重新载入内存。

b. 如果使用的是手动修改字典表方式（INSERT、UPDATE、DELETE），那么权限并不会马上生效，除非重启 MariaDB 服务，或者管理员用户主动触发授权表的重新加载。

当授权表被重新加载后，对当前已连接的客户端又会产生哪些影响呢？具体影响如下。

a. 表或列粒度的权限将在客户端下次执行操作时生效。

b. 数据库级的权限将在客户端执行 USE db_name 语句且切换数据库时生效。

c. 全局权限和密码修改对当前已连接的客户端无效，下次连接时才会生效。

所以，为了使设置的权限立即生效，可以使用 flush 命令，具体操作如下。

```
MariaDB [(none)]> flush  privileges;
Query OK, 0 rows affected (0.00 sec)
```

③ 查看权限。查看当前用户权限的操作如下。

```
MariaDB [(none)]> show  grants;
```

查看 dpuser0101 用户权限的操作如下。

```
MariaDB [(none)]>  show grants for 'dpuser0101'@'localhost';
+------------------------------------------------------------------
| Grants for dpuser0101@localhost
+------------------------------------------------------------------
|  GRANT  SELECT  ON  *.*  TO  'dpuser0101'@'localhost'  IDENTIFIED  BY  PASSWORD '*24F9C499064DD7A0D0C63266A009D32112AD6B1B' WITH GRANT OPT
+------------------------------------------------------------------
```

查看 dpuser0102 用户权限的操作如下。

```
MariaDB [(none)]> show grants for 'dpuser0102'@'%';
+------------------------------------------------------------------
| Grants for dpuser0102@%
+------------------------------------------------------------------
|  GRANT  ALL  PRIVILEGES  ON  *.*  TO  'dpuser0102'@'%'  IDENTIFIED  BY  PASSWORD '*24F9C499064DD7A0D0C63266A009D32112AD6B1B' WITH GRANT OPT
| GRANT ALL PRIVILEGES ON 'couman'.* TO 'dpuser0102'@'%' WITH GRANT OPTION
+------------------------------------------------------------------
```

④ 回收权限。回收用户 zhangping 的权限的操作如下。

```
MariaDB [(none)]> revoke  delete  on  *.*  from  'zhangping'@'localhost';
```

⑤ 对用户重命名。将用户 zhangping 重命名为 liqiang 的操作如下。

```
MariaDB [(none)]> rename user 'zhangping'@'localhost' to 'liqiang'@'localhost';
```

⑥ 修改用户密码。将用户 liqiang 的密码修改为 liqiang123！的操作如下。

```
MariaDB [(none)]> set password for liqiang@localhost=password('liqiang123!');
```

⑦ 删除用户。删除数据库中的用户 liqiang 的操作如下。

```
MariaDB [(none)]> drop user liqiang@localhost;
```

5. 数据库的备份与恢复

数据库的备份与恢复是非常重要的。由意外或者其他人为失误导致的数据丢失，会造成数据的严重损失。因此，定期进行数据库备份是非常有必要的。

在 MariaDB 数据库中，可以使用命令进行数据备份与恢复。它是将数据库中的数据备份成一个扩展名为“.sql”的文本文件，此文件可以用于数据库的恢复。

（1）备份数据库。用于进行数据备份的命令是 mysqldump。这个命令存储于 mariadb 目录的 bin 目录中。

mysqldump 命令的格式如下。

```
mysqldump -u 用户名  -p   数据库名 > 备份文件名
```

例如，备份 couman 数据库到 root 用户的主目录，备份名为 couman.sql，具体操作如下。

```
[root@server ~]#  mysqldump -u root -p  couman > /root/couman.sql
Enter password:                  //输入数据库管理员密码
```

（2）恢复数据库。恢复数据库要使用 mysql 命令。

mysql 命令的格式如下。

```
mysql  -u 用户名 -p  数据库名 <备份文件
```

输入命令后，根据提示输入相应密码就可以完成数据库的恢复。需要注意的是，在恢复数据库之前要先删除已有的数据库，再重建数据库，最后恢复该数据库。

```
MariaDB [(none)]> drop database couman;     //删除 couman 数据库
Query OK, 0 rows affected (0.001 sec)
MariaDB [(none)]> create database couman;  //重建 couman 数据库
Query OK, 1 row affected (0.000 sec)
MariaDB [(none)]> use couman;
Database changed
MariaDB [couman]> show tables;              //查看重建的 couman 数据库
Empty set (0.00 sec)
MariaDB [couman]> exit
Bye
[root@server ~]# mysql -u root -p couman < /root/couman.sql  //恢复数据库
Enter password:                   //输入数据库管理员密码
[root@server ~]# mysql -u root -p
Enter password:                   //输入数据库管理员密码
MariaDB [(none)]> use couman;
MariaDB [couman]> show tables;    //查看恢复后的 couman 数据库
+------------------+
| Tables_in_couman |
+------------------+
| employee         |
| exam             |
| score            |
```

```
+------------------+
3 rows in set (0.00 sec)
```

6. 重置 MariaDB 数据库管理员密码

在工作及学习的过程中，很多人在初始设置之后会较长时间不再使用 MariaDB 数据库，可能会遗忘数据库管理员密码，这时就需要通过重置密码来登录数据库。不同版本的 MariaDB 数据库在进行密码重置时方法略有差异，下面介绍的方法适用于 10.1.20-MariaDB 及更高版本。这里以 10.5.16-MariaDB 版本为例，具体的操作过程如下。

（1）确认数据库版本。

```
[root@server ~]# mysql --version
mysql  Ver 15.1 Distrib 10.5.16-MariaDB, for Linux (x86_64) using  EditLine wrApper
```

（2）关闭数据库。

```
[root@server ~]# systemctl stop mariadb   //关闭数据库
```

（3）在没有权限检查的情况下重新启动数据库服务器。

如果在不加载有关用户权限的情况下运行 MariaDB，则可以使用 root 用户的权限访问数据库命令行而无须提供密码。为此，需要停止数据库加载授权表，该表中存储了用户权限信息。因为这个操作有安全风险，所以要跳过网络以防止其他客户端连接。

```
[root@server ~]# mysqld_safe --skip-grant-tables --skip-networking &
//没有密码和所有权限的情况下进行数据库连接
[1] 2728
[root@server     ~]#     230102     15:39:49     mysqld_safe     Logging     to
'/var/log/mariadb/mariadb.log'.
230102 15:39:49 mysqld_safe A mysqld process already exists

[1]+  退出 1               mysqld_safe --skip-grant-tables --skip-networking

[root@server ~]# mysql -u root -p       //以 root 用户身份登录数据库
Enter password:                         //不需要密码，直接按“Enter”键
Welcome to the MariaDB monitor.  Commands end with ; or \g.
Your MariaDB connection id is 4
Server version: 10.5.16-MariaDB MariaDB Server

Copyright (c) 2000, 2018, Oracle, MariaDB Corporation Ab and others.

Type 'help;' or '\h' for help. Type '\c' to clear the current input statement.

MariaDB [(none)]>
```

（4）更改数据库管理员密码。

```
MariaDB[(none)]> ALTER USER 'root'@'localhost' IDENTIFIED BY 'new_password';
//设置新的密码，请以自己认为合适的密码替换“new_password”
Query OK, 3 rows affected (0.00 sec)
MariaDB [(none)]> FLUSH PRIVILEGES;     //刷新系统权限相关表
```

```
Query OK, 0 rows affected (0.00 sec)
MariaDB [(none)]> exit                       //退出数据库
Bye
[root@server ~]# mysqladmin -u root -p shutdown  //使用安全模式关闭数据库
Enter password:                              //输入新密码
```

（5）重启并登录数据库。

```
[root@server ~]# systemctl start mariadb    //启动数据库
[root@server ~]# mysql -u root -p           //使用新密码登录数据库
Enter password:                             //输入新密码
Welcome to the MariaDB monitor.  Commands end with ; or \g.
Your MariaDB connection id is 2
Server version: 5.5.64-MariaDB MariaDB Server

Copyright (c) 2000, 2018, Oracle, MariaDB Corporation Ab and others.

Type 'help;' or '\h' for help. Type '\c' to clear the current input statement.

MariaDB [(none)]>
```

任务 11-4　安装配置 PHP 环境

【任务目标】

Nginx 服务器本身无法处理 PHP 程序，因此需要与 PHP-FPM 服务配合来解析 PHP 程序。为了完成 LNMP 平台的搭建，小陈需要进一步学习如何配置 PHP 环境。

因此，小陈制订了如下任务目标。

① 配置 EPEL 源。

② 正确安装 PHP-FPM 软件。

③ 正确架设 LNMP 平台。

微课 11.6　安装配置 PHP 环境

11.4.1　安装 PHP 环境

PHP-FPM 是用于解析 PHP 程序的 FastCGI 管理程序，提供了 Nginx 服务器和 PHP 语言交互的接口。

PHP-FPM 是配置 PHP-FPM 服务的软件包，它作为 PHP 环境扩展模块进行安装。在某些版本的 Linux 操作系统中，默认不提供 PHP-FPM 包，建议在系统中安装 EPEL 源。如果安装过程中 EPEL 源中没有我们需要的软件包，则可以考虑安装 Remi 源。

1. 配置 EPEL 源

具体命令如下。

```
[root@server ~]# dnf install epel-release
```

2. 安装 PHP-FPM 软件

（1）使用 dnf 命令安装 PHP-FPM 软件。

使用 dnf 命令安装 php、php-mysqlnd、php-fpm 软件包。其中，php-mysqlnd 是 PHP 的扩展模块，

可以使 PHP 程序连接 MySQL；php-fpm 用来并发处理所有的 PHP 动态请求。

```
[root@server ~]# dnf install -y php php-mysqlnd php-fpm
```

（2）启用 PHP-FPM 服务，将其置为开机自启动并检查运行状态。

```
[root@server ~]# systemctl start php-fpm
[root@server ~]# systemctl enable php-fpm
[root@server ~]# systemctl status php-fpm
php-fpm.service - The PHP FastCGI Process Manager
     Loaded: loaded (/usr/lib/systemd/system/php-fpm.service; enabled; vendor preset: disabled)
     Active: active (running) since Wed 2022-08-24 21:35:53 CST; 17s ago
  ……此处省略部分输出信息……
```

（3）查看 PHP 版本。

```
[root@server ~]# php --version
PHP 8.0.20 (cli) (built: Jun  8 2022 00:33:06) ( NTS gcc x86_64 )
Copyright (c) The PHP Group
Zend Engine v4.0.20, Copyright (c) Zend Technologies
    with Zend OPcache v8.0.20, Copyright (c), by Zend Technologies
```

11.4.2 配置 PHP-FPM 服务

1. 主配置文件

PHP-FPM 的主配置文件为/etc/php-fpm.conf，主要包含 PHP-FPM 的全局配置文件，一般不需要修改。

在 PHP-FPM 的配置文件中，以分号开头的行是注释行。下面为了方便介绍 PHP-FPM 配置文件中的代码，过滤了文件中原有的注释行。

查看/etc/php-fpm.conf 文件中的有效配置（过滤掉以分号开头的注释行）内容，具体如下。

```
[root@server ~]# cat  /etc/php-fpm.conf |grep -v "^;"


include=/etc/php-fpm.d/*.conf        #载入进程池的配置文件
[global]                             #全局设置
pid = /run/php-fpm/php-fpm.pid       #PHP-FPM 进程的 PID 文件


error_log = /var/log/php-fpm/error.log       #错误日志
daemonize = yes                              #后台执行 PHP-FPM，默认值为 yes
```

2. 进程池配置文件

PHP-FPM 作为一个独立的服务运行，PHP-FPM 的进程池中运行了多个子进程，用来并发处理所有的 PHP 动态请求。Nginx 服务器接收到 PHP 动态请求时，会转发给 PHP-FPM，PHP-FPM 服务调用进程池中的子进程来处理动态请求。如果进程池中的资源耗尽，则会导致请求无法处理。

PHP-FPM 进程池的配置文件存放在/etc/php-fpm.d/目录中，配置文件名一般以".conf"作为扩展名。PHP-FPM 默认只配置了一个进程池，其配置文件是/etc/php-fpm.d/www.conf。

查看到的/etc/php-fpm.d/www.conf 文件中的有效配置内容如下。

```
[root@server ~]# cat /etc/php-fpm.d/www.conf |grep -v "^;"
```

```
[www]                         #进程池名
user = apache                 #运行 PHP-FPM 子进程的用户
group = apache                #运行 PHP-FPM 子进程的用户组

listen = /run/php-fpm/www.sock   #监听本地套接字文件
listen.acl_users = apache,nginx
#当系统支持 POSIX ACL 时，可以设置使用此选项。当设置了此选项时，
将会忽略 listen.owner 和# listen.group。值是逗号分割的用户名列表。PHP 5.6.5 之后的版本才能使用此选项

listen.allowed_clients = 127.0.0.1 #允许访问 FastCGI 进程的 Nginx 服务器的 IP 地址
pm = dynamic                  #设置为动态模式

pm.max_children = 50          #最大子进程数

pm.start_servers = 5          #启动时进程数

pm.min_spare_servers = 5      #最小空闲进程数

pm.max_spare_servers = 35 #最大空闲进程数
slowlog = /var/log/php-fpm/www-slow.log     #慢查询日志路径
php_admin_value[error_log] = /var/log/php-fpm/www-error.log   #错误日志路径
php_admin_flag[log_errors] = on              #记录错误

php_value[session.save_handler] = files     #使用文件存储 PHP 会话
php_value[session.save_path]    = /var/lib/php/session #PHP 会话保存路径
php_value[soap.wsdl_cache_dir]  = /var/lib/php/wsdlcache
```

11.4.3　配置 Nginx 服务器对 PHP 程序的支持

Nginx 服务器本身只是一个静态 Web 服务器，无法处理 PHP 程序。可通过配置 Nginx 服务器以支持 PHP。当 Nginx 服务器接收到客户端的 PHP 请求时，它会将请求发送给后端的 PHP-FPM 进行处理，然后接收 PHP-FPM 返回的处理结果，并将结果返回给客户端。这样就实现了 Nginx 对 PHP 程序的支持。

微课 11.7　配置 Nginx 服务器对 PHP 程序的支持

```
[root@server ~]# cd /etc/php-fpm.d
[root@server php-fpm.d]# cp www.conf www.conf.bak
[root@server php-fpm.d]# cat www.conf.bak | grep -v "^;"  >www.conf
[root@server php-fpm.d]# nano www.conf

#修改以下参数
user = nginx
group = nginx
```

```
listen.owner = nginx
listen.group = nginx
listen.mode = 0660
```

1. 配置 Nginx 服务器的虚拟主机

以默认的虚拟主机为例，配置 Nginx 服务器支持 PHP 程序，具体操作如下。

（1）使用 Nano 编辑器打开/etc/nginx/conf.d/default.conf 文件。

```
[root@server ~]# nano /etc/nginx/conf.d/default.conf
```

（2）配置 location / { }块。在 index 参数的最前面增加"index.php"，即设置网站的首页为"index.php"。

（3）删除 location ~ \.php$ { } 块前的"#"注释符。

（4）配置 location ~ \.php$ { } 块。

① 修改网站的根目录，将 root 参数值更改为"/usr/share/nginx/html"。

② 将参数 SCRIPT_FILENAME 值更改为"$document_root$fastcgi_script_name"。

（5）保存配置文件。

修改完毕的/etc/nginx/conf.d/default.conf 文件的内容如下。

```
server {
   listen      80;
   server_name  server_domain_or_IP;
   location / {
   root   /usr/share/nginx/html;
   index index.php index.html index.htm;

      try_files $uri $uri/ =404;
   }
   error_page 404 /4html;
   error_page 500 502 503 504 /50x.html;
   location = /50x.html {
         root /usr/share/nginx/html;
   }
   location ~ \.php$ {
      root   /usr/share/nginx/html;
      try_files $uri =404;
      fastcgi_pass UNIX:/run/php-fpm/www.sock;
      fastcgi_index index.php;
      fastcgi_param SCRIPT_FILENAME $document_root$fastcgi_script_name;
      include fastcgi_params;
   }
}
```

2. 检查 Nginx 和 PHP-FPM

（1）检查配置文件/etc/nginx/nginx.conf 语法的正确性。

```
[root@server ~]# nginx -t
nginx: the configuration file /etc/nginx/nginx.conf syntax is ok
```

```
nginx: configuration file /etc/nginx/nginx.conf test is successful
```

（2）重新载入 Nginx 配置。

```
[root@server ~]# nginx -s reload
```

> **说明** 使用 nginx –s reload 命令与 systemctl restart nginx 命令都可以更新 Nginx 配置，它们的区别如下。
>
> ① 使用 nginx –s reload 命令表示向 Nginx 发送 reload（重新加载）信号，可以不停止服务即平滑地更新 Nginx 配置文件。
>
> ② 使用 systemctl restart nginx 命令需重启 Nginx，会造成服务中断，不适用于生产环境。

（3）检查配置文件/etc/php-fpm.conf 语法的正确性。

```
[root@server ~]# php-fpm  -t
[25-Aug-2022 13:05:13] NOTICE: configuration file /etc/php-fpm.conf test is successful
```

（4）重新载入 PHP-FPM 服务。

```
[root@server ~]# systemctl reload php-fpm
```

3. 测试 LNMP 服务器

在 LNMP 服务器上创建 PHP 测试页面文件 phpinfo.php，将文件保存到网站的根目录/usr/share/nginx/html 中，phpinfo.php 的内容如下。

```
[root@server ~]# nano /usr/share/nginx/html/phpinfo.php

<?php phpinfo(); ?>
```

在本地物理机上打开浏览器，在其地址栏中输入“http://192.168.100.200/phpinfo.php”并进行访问，其结果如图 11.7 所示，表示 LNMP 环境部署成功。（建议测试完成之后删除 phpinfo.php 文件。）

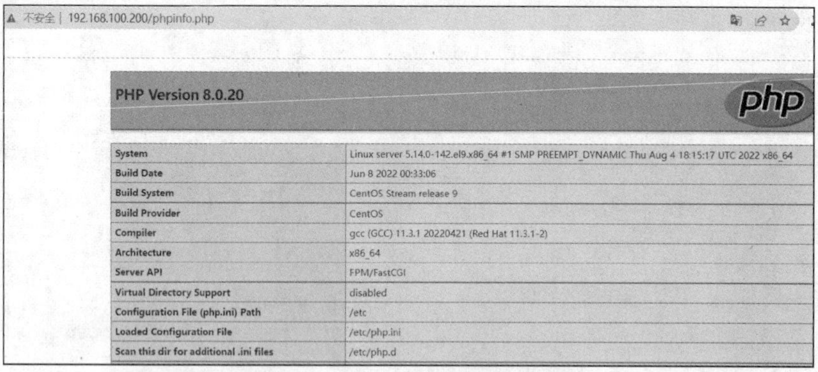

图 11.7　访问 PHP 测试页面的结果

任务 11-5　部署基于 LNMP 的 WordPress 博客网站

【任务目标】

通过之前的学习，小陈成功地部署了 LNMP 平台，离自己的目标也越来越近了。他下一步的工作是在 LNMP 平台上部署自己的博客网站。WordPress 是一种使用 PHP 语言和 MySQL 数据库开发的免费个人博客网站，用户可以在 WordPress 网站上获取 WordPress 网站的安装包，并在 LNMP 服务器上搭建自己的博客网站。接下来，小陈计划在单节点 LNMP 服务器上部署 WordPress 网站。

因此，小陈制订了如下任务目标。

① 获取 WordPress 程序代码。

② 在 LNMP 平台上安装 WordPress。

③ 完成参数配置。

11.5.1 安装 WordPress

微课 11.8 安装 WordPress

WordPress 是一种开源的内容管理系统（Content Management System，CMS），用于创建和管理网站。它基于 PHP 语言和 MySQL 数据库，提供了丰富的功能和插件，利用它可以轻松创建各种类型的网站，如个人博客、商业网站、新闻门户等。WordPress 具有易用性、灵活性和可扩展性等特点，用户可以通过安装不同的主题和插件来定制网站风格和功能。WordPress 是目前最流行的 CMS 之一，被广泛应用于全球各地的网站建设。

1. 下载 WordPress 至网站根目录并解压缩

操作命令及运行结果如下。

```
[root@server ~]#  cd /usr/share/nginx/html
[root@server html]# wget http://WordPress.org/latest.tar.gz
[root@server html]# tar -xzvf latest.tar.gz
[root@server html]# ls
404.html  50x.html  icons  index.html  index.php  latest.tar.gz  nginx-logo.png
phpinfo.php  poweredby.png  system_noindex_logo.png  WordPress
```

> **注意** 此时，WordPress 所在的目录是/usr/share/nginx/html/WordPress。这个目录就是 WordPress 网站的根目录，后面配置其他参数时会用到。当然，用户也可以将其修改为其他目录。

2. 创建上传目录

使用 WordPress 的过程中需要上传图片和附件，因此，需要创建一个专用的上传目录。

```
[root@server html]# mkdir ./WordPress/wp-content/uploads
```

3. 修改网站根目录权限

将网站根目录的权限用户更新为 Nginx 对应的用户，以解决 WordPress 更新版本、上传主题或安装插件时，提示需要 FTP 登录凭证或无法创建目录的问题。

```
[root@server html]#  chown -R nginx:nginx /usr/share/nginx/
html/WordPress
```

11.5.2 为 WordPress 创建 MariaDB 数据库环境

微课 11.9 为 WordPress 创建 MariaDB 数据库环境

以 root 用户身份登录 MariaDB 数据库，创建 WordPress 数据库，创建 wp 用户（密码为 KUt*&3421），并授予 wp 用户对 WordPress 数据库的所有权限。

注意

生产环境下一定要注意密码的强度。弱密码很容易被黑客攻破，存在极大的安全隐患。

```
[root@server html]# mysql -u root -p000000
MariaDB [(none)]> CREATE DATABASE WordPress;
Query OK, 1 row affected (0.001 sec)
MariaDB [(none)]> CREATE USER wp@localhost IDENTIFIED BY 'KUt*&3421';
Query OK, 0 rows affected (0.006 sec)
MariaDB [(none)]> GRANT ALL PRIVILEGES ON WordPress.* TO wp@localhost IDENTIFIED
BY 'KUt*&3421';
Query OK, 0 rows affected (0.001 sec)
MariaDB [(none)]> FLUSH PRIVILEGES;
Query OK, 0 rows affected (0.001 sec)
MariaDB [(none)]> exit
```

11.5.3 配置 WordPress

微课 11.10 配置 WordPress

将工作目录切换到 WordPress 网站所在目录下，将 WordPress 安装包中的模板配置文件 wp-config-sample.php 复制为 wp-config.php。

修改配置文件中的数据库名、数据库用户名、数据库密码等。配置完成之后，wp-config.php 的主要内容如下。

```
[root@server ~]# cd  /usr/share/nginx/html/WordPress
[root@server WordPress]# cp wp-config-sample.php  wp-config.php
[root@server WordPress]# nano wp-config.php
……此处省略部分输出信息……
/** The name of the database for WordPress */
define( 'DB_NAME', 'WordPress' );       #数据库名

/** Database username */
define( 'DB_USER', 'wp' );              #数据库用户名

/** Database password */
define( 'DB_PASSWORD', 'KUt*&3421' );   #数据库密码

/** Database hostname */
define( 'DB_HOST', 'localhost' );       #数据库主机

/** Database charset to use in creating database tables. */
define( 'DB_CHARSET', 'utf8' );         #数据表默认编码格式

/** The database collate type. Don't change this if in doubt. */
```

```
define( 'DB_COLLATE', '' );
……此处省略部分输出信息……
```

11.5.4 配置基于 IP 地址的 Nginx 虚拟主机

11.2.2 小节介绍过 Nginx 中虚拟主机的 3 种配置方法，此处配置一个基于 IP 地址的虚拟主机。

微课 11.11 配置基于 IP 地址的 Nginx 虚拟主机

1. 配置服务器 IP 地址

使用 nmcli 命令为服务器添加第二个 IP 地址（192.168.100.210）。

```
[root@server ~]# nmcli connection modify ens160 +ipv4.addresses 192.168.100.210/24
[root@server ~]# nmcli connection up ens160
```

2. 创建基于 IP 地址的 Nginx 虚拟主机

以/etc/nginx/conf.d/default.conf 配置文件为模板，创建新的虚拟主机配置文件/etc/nginx/conf.d/WordPress.conf，并修改其中的 server_name 和 root 参数。

```
[root@server ~]# cp /etc/nginx/conf.d/default.conf /etc/nginx/conf.d/WordPress.conf
[root@server ~]# nano /etc/nginx/conf.d/WordPress.conf
server {
    listen       80;
    server_name  192.168.100.210;
    location / {
    root    /usr/share/nginx/html/WordPress;
    index index.php index.html index.htm;

        try_files $uri $uri/ =404;
    }
    error_page 404 /4html;
    error_page 500 502 503 504 /50x.html;
    location = /50x.html {
        root /usr/share/nginx/html;
    }
    location ~ \.php$ {
       root    /usr/share/nginx/html/WordPress;
        try_files $uri =404;
        fastcgi_pass UNIX:/run/php-fpm/www.sock;
        fastcgi_index index.php;
        fastcgi_param SCRIPT_FILENAME $document_root$fastcgi_script_name;
        include fastcgi_params;
    }
}
```

11.5.5　通过 Web 界面完成 WordPress 配置

在本地物理机的浏览器地址栏中输入“http://192.168.100.210”并访问，会出现 WordPress 安装程序，拖动右侧的滑块至最下方，选择“简体中文”选项，之后单击“继续”按钮。

微课 11.12　通过 Web 界面完成 WordPress 配置

在进入的 WordPress 安装界面中填写必要的信息，单击该界面左下角的“安装 WordPress”按钮，即可安装 WordPress，如图 11.8 所示。

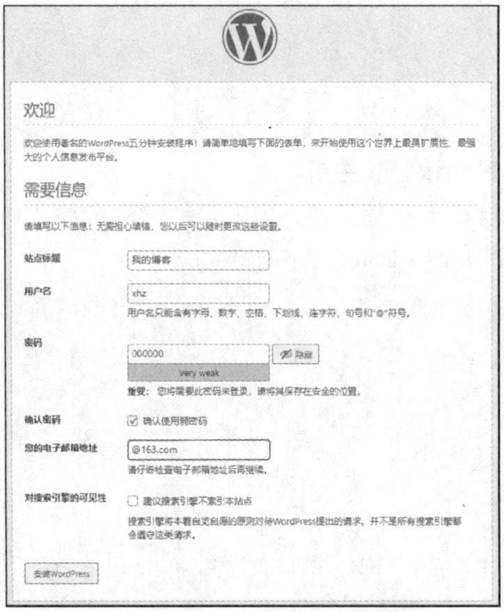

图 11.8　WordPress 安装界面

安装完毕后，使用设置好的用户名和密码登录 WordPress 网站系统，进入 WordPress 仪表盘界面，如图 11.9 所示。

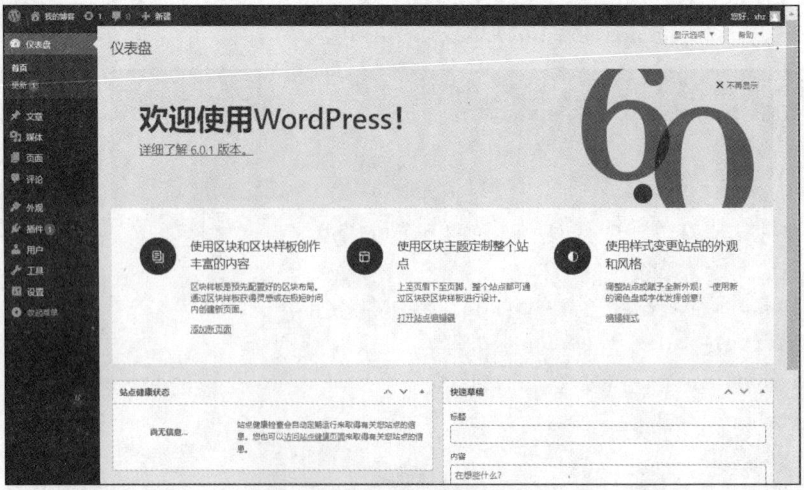

图 11.9　WordPress 仪表盘界面

在 WordPress 仪表盘界面左上角单击图标，进入 WordPress 的个人博客首页，如图 11.10 所示。

图 11.10　WordPress 的个人博客首页

至此，单节点的 WordPress 网站部署完成。

学思启示

团队精神是大局意识、协作精神和服务精神的集中体现，其核心是协同合作，反映的是个体利益和整体利益的统一，并保证组织的高效运转。在现代社会中，任何个人都离不开团队，每个人都需要融入团队。人与人之间通过分工协作、各司其职，形成合力，才能更好地完成工作。就像LNMP平台中的Linux、Nginx、MariaDB和PHP组合在一起，共同搭建出广受业界好评的动态网站环境一样。

【拓展知识】

至此，大家应该已经跃跃欲试，想要架设自己的个人网站了，那么架设网站前应该了解什么知识呢？

读者日常访问的网站由域名、网站源程序和主机共同组成。其中，域名是帮助用户快速访问服务器主机的解决方案；网站源程序是针对各种应用需求而编写的一组应用代码；主机则是用于存放网页源码并能够将网页内容展示给用户的服务器。下面介绍一些与服务器主机相关的知识及选购技巧，希望能对大家有所帮助。

虚拟主机：在一台服务器中划分一定的磁盘空间供用户放置网站信息、存放数据等；仅提供基础的网站访问、数据存放与传输功能；能够极大地降低用户费用，也几乎不需要用户来维护网站以外的服务；适用于小型网站。

虚拟专用服务器（Virtual Private Server，VPS）：在一台服务器中利用 OpenVZ、Xen 或 KVM 等虚拟化技术模拟出多台“主机”（即 VPS），每台主机都有独立的 IP 地址、操作系统；不同 VPS 之间的磁盘空间、内存、CPU、进程与系统配置完全隔离，用户可自由使用分配到的主机中的所有资源，为此需要具备一定的维护系统的能力；适用于小型网站。

弹性计算服务（Elastic Compute Service，ECS，通常称为云服务器）：一种整合了计算、存储、网络，能够做到弹性伸缩的计算服务；使用起来与 VPS 几乎一样，区别是云服务器建立在一组集群服务器中，每台服务器都会保存一台主机的映像（备份），从而大大提升了安全性和稳定性；具备灵活性与扩展性；用户只需按使用量付费即可；适用于大、中、小型网站。

独立服务器：仅提供给用户使用，其使用方式分为租用方式与托管方式。租用方式是用户将服务器的硬件配置要求告知互联网数据中心（Internet Data Center，IDC）服务商，以月、季、年为单位来租用它们的物理设备，这些物理设备由IDC服务商的机房负责维护，用户一般需要自行安装相应的软件并部署网站服务，这减轻了用户在物理设备上的投入，比较适用于大中型网站。托管方式则是用户需要自行购置服务器物理设备，并将其交给IDC服务商进行管理（需要缴纳管理服务费）；用户对服务器硬件配置有完全的控制权，自主性强，但需要自行维护、修理服务器物理设备；比较适用于大、中型网站。

另外，需要注意的是，在选择服务器主机供应商时一定要了解清楚，综合分析后再购买。

【项目实训】

LNMP平台已经成为目前常用的Web服务器架构平台之一。使用LNMP架构来部署企业或个人的网站已经成为每个Linux系统运维人员必备的基本技能要求。小陈将使用LNMP架构来搭建自己的个人博客网站，并以此为平台，分享自己在工作中积累的经验和相关技巧。

就让我们和小陈一起完成“使用LNMP架构部署网站”的实训吧！

此部分内容请参考本书配套的活页工单——“工单11.使用LNMP架构部署网站”。

【项目小结】

通过学习本项目，读者应该了解了LNMP架构平台的特点和工作原理，掌握了Nginx服务器、MariaDB数据库及PHP-FPM服务的安装和配置方法；并成功地使用LNMP环境搭建了基于WordPress的个人博客网站。

Nginx是一种支持数百万级TCP连接的服务器，具有高度的模块化和自由软件许可证，因此有很多第三方模块可供选择。它还是一个跨平台服务器，可以在Linux、Windows、FreeBSD、Solaris、AIX、macOS等操作系统上运行。

MariaDB数据库是一款开源软件，在近年来得到了Linux发行商和广大互联网用户的广泛关注。作为目前广受关注的MySQL数据库的衍生版，它被视为开源数据库MySQL的替代品。

PHP-FPM是一个PHP FastCGI管理器，旨在将FastCGI进程管理整合到PHP包中。PHP-FPM能够有效控制内存和进程，并平滑地重载PHP配置。

LNMP架构非常强大，其配置方法灵活多变。要完全掌握它并不容易，需要通过在学习中的多次实践和总结来不断提升使用技能。